PONS

Der große Abi-Check
CHEMIE

PONS GmbH
Stuttgart

PONS

Der große Abicheck
CHEMIE

Dieser Titel basiert in Teilen auf 978-3-12-929969-2.

1. Auflage 2019

Autoren: Paul Gietz, Axel Justus und Werner Schierle
Gesamtüberarbeitung und Bilder: Redaktion PONS Klett Lerntraining
Logoentwurf: Erwin Poell, Heidelberg
Logoüberarbeitung: Sabine Redlin, Ludwigsburg
Titelfoto: Shutterstock, New York (Haken: Erica Truex; Hintergrund: AnnaKu, Moleküle: Shawn Hempel)
Illustrationen: Martin Lay
Satz: tebitron gmbh, Gerlingen
Druck: medienhaus Plump GmbH, Rheinbreitbach

Printed in Germany
ISBN 978-3-12-562582-2

SO ARBEITEN SIE MIT DIESEM BUCH

SO IST DER ABI-CHECK AUFGEBAUT

PONS Der Große Abi-Check Chemie deckt in vierzehn Kapiteln die wichtigen Themenbereiche ab, die Sie für die Oberstufe und das Abitur im Fach Chemie brauchen: von **Energetik** über **organische Chemie** bis zur **chemischen Bindung**.

SO SIND DIE KAPITEL AUFGEBAUT

Auf den ersten Seiten des Kapitels lernen und wiederholen Sie das wichtigste Basiswissen zu einem Thema.

Auf der letzten Seite des jeweiligen Kapitels können Sie Ihren Lernstand in schnellen Wissenschecks anhand von Aufgaben überprüfen.

WISSEN + CHECK = ABI-ERFOLG!

Abivorbereitung muss effizient sein! Deshalb sind die wichtigsten Fakten zu einem Kapitel für Sie in übersichtliche Boxen gepackt.

So arbeiten Sie sich schnell Box für Box vor, ohne sich durch lange Texte zu kämpfen – und haben trotzdem das ganze Abiwissen parat. Haben Sie alle Boxen eines Kapitels abgehakt?

Dann ab zum **Wissenscheck**. Hier können Sie prüfen, ob das, was Sie gelernt haben, schon sitzt oder ob Sie das Kapitel noch einmal wiederholen sollten. Die Lösungen finden Sie gleich darunter. Beantworten Sie die Fragen und setzen Sie einen Haken hinter jede richtig beantwortete Frage!

INHALT

1 REAKTIONSKINETIK

Die Reaktionsgeschwindigkeit

DIE CHEMISCHE REAKTION

Ein wichtiges Anliegen der Chemie ist es, chemische Reaktionen in der Geschwindigkeit ihres Ablaufs zu beeinflussen, z. B. um ein gewünschtes Produkt bei einer Synthesereaktion im technischen Maßstab möglichst rasch zu gewinnen.

DER ZEITLICHE VERLAUF EINER REAKTION

Reagiert verdünnte Salzsäure mit Zinkpulver, lässt sich der Reaktionsfortschritt am Volumen des entstehenden Wasserstoffs verfolgen. Die zunächst starke Volumenzunahme wird im Verlauf der Reaktion immer geringer, d. h. für gleiche Zeitintervalle Δt wird die zugehörige Volumenzunahme ΔV immer kleiner. Der Quotient aus ΔV und Δt kann zur Beschreibung der Reaktionsgeschwindigkeit herangezogen werden. Da bei dieser Reaktion der Volumenzunahme des Wasserstoffs eine Abnahme der Oxoniumionenkonzentration $c(H_3O^+)$ entspricht, kann auch deren zeitliche Veränderung zur Erfassung der Reaktionsgeschwindigkeit dienen. Sowohl $c(H_3O^+)$ als auch die Konzentrationsabnahme Δc lassen sich aus den Versuchsdaten berechnen (siehe S. 8).

Da bei diesem Beispiel die Konzentration der Oxoniumionen im Verlauf der Reaktion abnimmt, besitzt $\Delta c = c(t_1 + \Delta t) - c(t_1)$ ein negatives Vorzeichen. Anstelle der Abnahme der Oxoniumionenkonzentration kann man auch die Zunahme der Zinkionenkonzentration verfolgen. Allgemein wird man bei einer Reaktion dasjenige Edukt oder Produkt zur Messung heranziehen, das sich am einfachsten quantitativ bestimmen lässt.

REAKTIONSGESCHWINDIGKEIT

Verfolgt man z. B. die Konzentration eines sich bildenden Stoffes, so kann man die mittlere Reaktionsgeschwindigkeit $\overline{v}$ im Zeitintervall Δt angeben durch:

$$\overline{v} = \frac{c(t_1 + \Delta t) - c(t_1)}{\Delta t} = \frac{\Delta c}{\Delta t}$$

Die auf diese Weise ermittelte Reaktionsgeschwindigkeit ist ein Mittelwert, dessen Größe von der gewählten Zeitspanne Δt abhängt. Wird die Konzentrationsabnahme eines reagierenden Stoffes bestimmt, so ist Δc negativ. Damit die Geschwindigkeit einen positiven Wert annimmt wird in diesem Fall definiert:

$$\overline{v} = -\frac{\Delta c}{\Delta t}$$

BERECHNUNG VON $c(H_3O^+)$ UND $c(Zn^{2+})$ AUS V(WASSERSTOFF)

Bei der Reaktion von Zink und Salzsäure

$$Zn + 2\ H_3O^+ \longrightarrow Zn^{2+} + 2\ H_2O + H_2$$

ergibt sich: $\Delta n(H_3O^+) = -2\ \Delta n(H_2)$

$$= -2 \frac{\Delta V(\text{Wasserstoff})}{V_m(H_2)}$$

und damit folgende Konzentrationsänderung:

$$\Delta c(H_3O^+) = \frac{\Delta n\ (H_3O^+)}{V(\text{Salzsäure})} = -2 \frac{\Delta V(\text{Wasserstoff})}{V_m(H_2) \cdot V(\text{Salzsäure})}$$

Die Konzentration $c_t(H_3O^+)$ zu einem bestimmten Zeitpunkt t lässt sich mithilfe der Ausgangskonzentration $c_0(H_3O^+)$ berechnen:

$$c_t(H_3O^+) = c_0(H_3O^+) + \Delta c(H_3O^+)$$

Aus $\Delta n(Zn^{2+}) = \Delta n(H_2)$ erhält man

$$c_t(Zn^{2+}) = \frac{V_t(\text{Wasserstoff})}{V_m(H_2) \cdot V(\text{Salzsäure})}$$

CHEMISCHE REAKTION

Für das Eintreten einer chemischen Reaktion müssen die Teilchen der Reaktionspartner zusammenstoßen. Um einen erfolgreichen **Zusammenstoß** hervorzurufen, ist eine bestimmte Mindestenergie der Teilchen und die richtige räumliche Orientierung erforderlich. Dieser Mindestenergiebetrag an kinetischer Energie wird als **Aktivierungsenergie** einer Reaktion bezeichnet.

Die Geschwindigkeit einer Reaktion ist umso größer, je mehr **Zusammenstöße pro Zeiteinheit** in einer bestimmten Volumeneinheit und damit auch je mehr wirksame Zusammenstöße stattfinden.

Die Erhöhung der Anzahl der Zusammenstöße kann auf zwei Wegen erfolgen:

1) Durch die Erhöhung der Teilchenanzahl der Reaktionspartner pro Volumeneinheit, d. h. durch die Erhöhung der **Konzentration**.
2) Durch die Erhöhung der kinetischen Energie der Teilchen, d. h. durch die Erhöhung ihrer **Geschwindigkeit**. Sie stoßen dadurch zum einen häufiger, zum anderen aber auch heftiger zusammen, was die Wahrscheinlichkeit eines wirksamen Zusammenstoßes zusätzlich erhöht. Mit steigender Temperatur nimmt also der Anteil der Teilchen zu, die eine für einen erfolgreichen Zusammenstoß notwendige **Mindestenergie** aufweisen.

RTG-REGEL

Aus der Erfahrung ergibt sich folgende Regel: Bei vielen Reaktionen bewirkt eine Temperaturerhöhung um 10 °C etwa eine Verdoppelung der Reaktionsgeschwindigkeit (RGT-Regel).

REAKTIONEN ZWISCHEN STOFFEN IN VERSCHIEDENEN PHASEN

Bei Reaktionen, die zwischen Stoffen in verschiedenen Phasen ablaufen, ist die Größe der Oberfläche (der Zerteilungsgrad) von ausschlaggebender Bedeutung, da nur die Teilchen reagieren können, die an der Oberfläche miteinander zusammenstoßen. In der Praxis versucht man z. B. durch feines Pulverisieren die Oberfläche zu vergrößern. Der größtmögliche Zerteilungsgrad für einen Stoff liegt vor, wenn er z. B. in Lösung in Form seiner Moleküle oder Ionen vorliegt. Daher strebt man an, möglichst viele Reaktionen in einem geeigneten Lösungsmittel ablaufen zu lassen.

KATALYSATOREN

Katalysatoren erhöhen die Geschwindigkeit chemischer Reaktionen, indem sie ihre Aktivierungsenergie herabsetzen. Ihre Wirkung beruht meist darauf, dass der Katalysator mit einem der Edukte eine oder mehrere Zwischenverbindungen eingeht, sodass damit ein anderer Reaktionsweg mit niedrigerer Aktivierungsenergie ermöglicht wird. Bei der Bildung des Produkts aus den Zwischenverbindungen wird der Katalysator wieder freigesetzt.

REAKTIONSGESCHWINDIGKEIT UND DEREN BEEINFLUSSUNG

1. Umsetzung von Zink mit Salzsäure

Zur Bestimmung der Reaktionsgeschwindigkeit werden in einer geschlossenen Apparatur (Erlenmeyerkolben mit angeschlossenem Kolbenprober) 2 g Zinkpulver mit 5 ml Salzsäure (c = 2 mol/l) zur Reaktion gebracht. Das Volumen des entstehenden Wasserstoffs wird in Abhängigkeit von der Zeit gemessen:

t **(s)**	0	60	120	180	240	300	360
V **(ml)**	0	25	36	44	49	53	55

Formulieren Sie die Reaktionsgleichung.

2. Nennen Sie alle Möglichkeiten, die prinzipiell geeignet sind, chemische Reaktionen zu beschleunigen.

3. Geben Sie eine Erklärung dafür, wie sich die genannten Veränderungen im Bereich der kleinsten Teilchen auswirken.

LÖSUNGEN

1. Reaktionsgleichung:
   $Zn + 2\,H_3O^+ \longrightarrow Zn^{2+} + 2\,H_2O + H_2$
2. Möglichkeiten:
   a. Erhöhung der Konzentration der Reaktionsteilnehmer
   b. Erhöhung der Reaktionstemperatur
   c. Erhöhung des Zerteilungsgrads bei Reaktionen von Stoffen in verschiedenen Phasen
   d. Verwendung eines Katalysators
3. Erklärung:
   Zu a: Höhere Konzentration bedeutet eine höhere Teilchenanzahl pro Volumeneinheit und damit auch eine höhere Wahrscheinlichkeit für einen wirksamen Zusammenstoß der Teilchen der Reaktionspartner, der zu einem Umsatz führt.
   Zu b: Höhere Reaktionstemperatur bedeutet eine höhere Geschwindigkeit der Teilchen, damit stoßen sie häufiger und heftiger zusammen, somit steigt auch die Wahrscheinlichkeit für einen wirksamen Zusammenstoß.

2 CHEMISCHES GLEICHGEWICHT

Das chemische Gleichgewicht und die Beeinflussung seiner Lage

CHEMISCHES GLEICHGEWICHT UND MASSENWIRKUNGSGESETZ

Bei einer Reaktion im Gleichgewichtszustand ist die Geschwindigkeit der Hinreaktion gleich der Geschwindigkeit der Rückreaktion (dynamisches Gleichgewicht). Für diese Reaktionen gilt das Massenwirkungsgesetz (MWG):

„Für jedes chemische Gleichgewicht ist das Produkt aus den Konzentrationen der rechts in der Reaktionsgleichung stehenden Teilchen dividiert durch das Produkt der Konzentrationen der links stehenden Teilchen bei einer Temperatur konstant."

Mithilfe des MWG können Reaktionen im Gleichgewichtszustand quantitativ erfasst werden. So lassen sich bei bekannter Stoffmengenkonzentration durch Einsetzen die **Gleichgewichtskonstante** für eine bestimmte Temperatur oder bei bekannter Konstante und bekannten Ausgangskonzentrationen die Stoffmengenkonzentrationen der beteiligten Stoffe im Gleichgewichtszustand berechnen. Wichtig bei der Berechnung ist, dass Stoffmengenkonzentrationen eingesetzt werden müssen.

DAS PRINZIP VON BRAUN UND LE CHATELIER

Die Lage des chemischen Gleichgewichts (und damit die Konzentrationen der beteiligten Stoffe im Gleichgewicht) lässt sich von außen durch eine Änderung der Stoffmengen, durch Zufuhr oder Entzug von thermischer Energie und bei Reaktionen, an denen Gase beteiligt sind, durch Änderung des Volumens beeinflussen, sofern sich die Teilchenanzahl in der Gasphase bei der Reaktion ändert. Die Zufuhr eines Reaktionspartners verschiebt ein Gleichgewicht in die Richtung, die einen Teil dieser Komponente verbraucht. Die Wegnahme eines Reaktionspartners verschiebt ein Gleichgewicht in die Richtung, die einen Teil der Komponente entstehen lässt. Entzug von thermischer Energie begünstigt die exotherme Reaktion, Zufuhr von thermischer Energie die endotherme Reaktion. Eine Vergrößerung des Volumens begünstigt die Reaktion, die zu mehr Teilchen in der Gasphase führt, eine Verringerung wirkt sich umgekehrt aus.

Henri Le Chatelier

Karl Ferdinand Braun

PRINZIP VOM KLEINSTEN ZWANG

1887 und 1888 formulierten Karl Ferdinand Braun und Henri Le Chatelier ein Prinzip, das die Gesetzmäßigkeiten bei der Verschiebung eines Gleichgewichts zusammenfasste: „Übt man auf ein im Gleichgewicht befindliches chemisches System Zwang aus durch Zufuhr bzw. Entzug von thermischer Energie, durch Änderung des Volumens oder der Stoffmengen, so verschiebt sich das Gleichgewicht in die Richtung, in der die Folgen des Zwangs (Temperatur-, Druck- und Konzentrationsänderung) verringert werden." Mit diesem Prinzip vom kleinsten Zwang lässt sich also die Richtung der Gleichgewichtsverschiebungen bei einer Beeinflussung des Gleichgewichts angeben. Mit dem MWG lassen sich Gleichgewichte und Gleichgewichtsverschiebungen quantitativ beschreiben.

AMMONIAK

Ammoniak ist eine der bedeutendsten anorganischen Grundchemikalien und wird in großen Mengen industriell aus Stickstoff und Wasserstoff erzeugt.

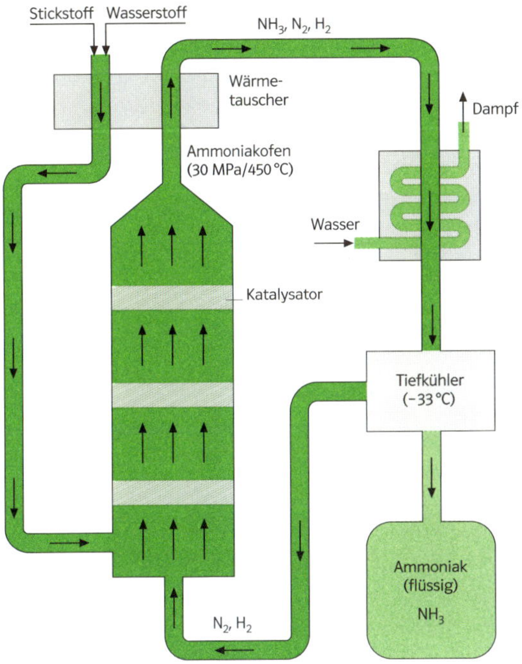

Die Ammoniaksynthese verläuft unter starker **Wärmeentwicklung**, deshalb ist der Katalysator in Rohren oder in mehreren Schichten angeordnet. Das kalte Synthesegas aus Stickstoff und Wasserstoff wird durch Kompressoren auf den Reaktionsdruck gebracht.

Erst nach Durchlaufen eines Wärmeaustauschers mit dem austretenden heißen Gasgemisch kommt das nun erhitzte **Synthesegas** in den Kontaktraum mit dem **Katalysator**. So wird die vorgesehene Reaktionstemperatur eingehalten. Reaktoren mit einer Tagesproduktion von 1500 Tonnen Ammoniak haben eine Höhe von 30 m bei einem Innendurchmesser von 2,4 m und einer Masse von 400 Tonnen. Als Katalysator dienen 6 bis 20 mm dicke, poröse Eisenkörner, denen noch Metalloxide beigemischt sind. Moderne Reaktoren enthalten bis zu 100 Tonnen Katalysator.

Das Synthesegas kommt etwa 30 Sekunden mit dem Katalysator in Berührung. In dieser kurzen Zeit stellt sich nicht das Gleichgewicht mit der maximalen Ammoniakausbeute ein. Es ist wirtschaftlicher, die Gase rasch über den Katalysator strömen zu lassen, da der Verzicht auf den maximalen Ammoniakanteil durch die viel größeren Gasmengen überkompensiert wird. Die Synthese wird im Kreislauf betrieben, da so das gebildete Ammoniak durch Kühlung als Flüssigkeit abgetrennt und das Synthesegas wieder in den Synthesereaktor geführt wird. Meist durchströmt das Gas zur Ausbeutesteigerung noch einen zweiten Synthesereaktor.

CHEMISCHES GLEICHGEWICHT

Phosphortrichlorid reagiert mit Chlor zu Phosphorpentachlorid. Dabei stellt sich ein chemisches Gleichgewicht ein:

$PCl_3(g) + Cl_2(g) \rightleftharpoons PCl_5(g)$

In einem Behälter mit dem Volumen $V = 50\,l$ wird eine Stoffportion Phosphortrichlorid mit der Stoffmenge $n = 20\,mol$ und eine Stoffportion Chlor mit der Stoffmenge $n = 30\,mol$ auf eine Temperatur von 300 °C erhitzt. Nach der Gleichgewichtseinstellung findet man im Behälter eine Stoffmenge Phosphorpentachlorid von $n(PCl_5) = 8$ mol.

1. Geben Sie die Stoffmengen von Phosphortrichlorid und Chlor im Gleichgewichtszustand an.
2. Formulieren Sie das Massenwirkungsgesetz dieser Reaktion und berechnen Sie die Gleichgewichtskonstante.
3. Erläutern Sie folgenden Sachverhalt: Wird der Behälter auf 180 °C abgekühlt, so liegt im Gleichgewichtszustand eine Stoffmenge Phosphorpentachlorid von $n = 12\,mol$ vor.

LÖSUNGEN

1. Da Phosphortrichlorid und Chlor laut Reaktionsgleichung im Stoffmengenverhältnis 1:1 zu $n = 8\,mol$ Phosphorpentachlorid reagieren, betragen die Stoffmengen im Gleichgewichtszustand:
   $n(PCl_3) = 20\,mol - 8\,mol = 12\,mol$;
   $n(Cl_2) = 30\,mol - 8\,mol = 22\,mol$

2. Massenwirkungsgesetz: $K_c = \frac{c(PCl_5)}{c(PCl_3) \cdot c(Cl_2)}$

   Zur Berechnung der Gleichgewichtskonstanten müssen die Konzentrationen der Stoffe im Gleichgewicht bekannt sein.
   Nach $c = n/V$ ergibt sich:
   $c(PCl_5) = 8\,mol/50\,l = 0{,}16\,mol/l$;
   $c(PCl_3) = 0{,}24\,mol/l$; $c(Cl_2) = 0{,}44\,mol/l$

   $K_c = \frac{0{,}16\,mol/l}{0{,}24\,mol/l \cdot 0{,}44\,mol/l} = 1{,}5\,l/mol$

3. Da bei tieferen Temperaturen die Stoffmenge von Phosphorpentachlorid größer ist, muss die Synthesereaktion für Phosphorpentachlorid exotherm sein, da nach dem Prinzip von Braun und Le Chatelier bei tieferen Temperaturen die exothermen Teilreaktionen bevorzugt ablaufen.

HETEROGENES GLEICHGEWICHT

$CO_2(g) + C(s) \rightleftharpoons 2\,CO(g)$

Das Gleichgewicht zwischen Kohlenstoffmonooxid und Kohlenstoffdioxid bei Anwesenheit von glühendem Kohlenstoff nennt man Boudouard-Gleichgewicht. Es stellt ein typisches heterogenes Gleichgewicht dar, bei dem bei der Formulierung des Massenwirkungsgesetzes die als konstant anzusehende Konzentration (Aktivität) des Feststoffes nicht berücksichtigt werden muss.

Große Bedeutung besitzt das Boudouard-Gleichgewicht beim Hochofenprozess.

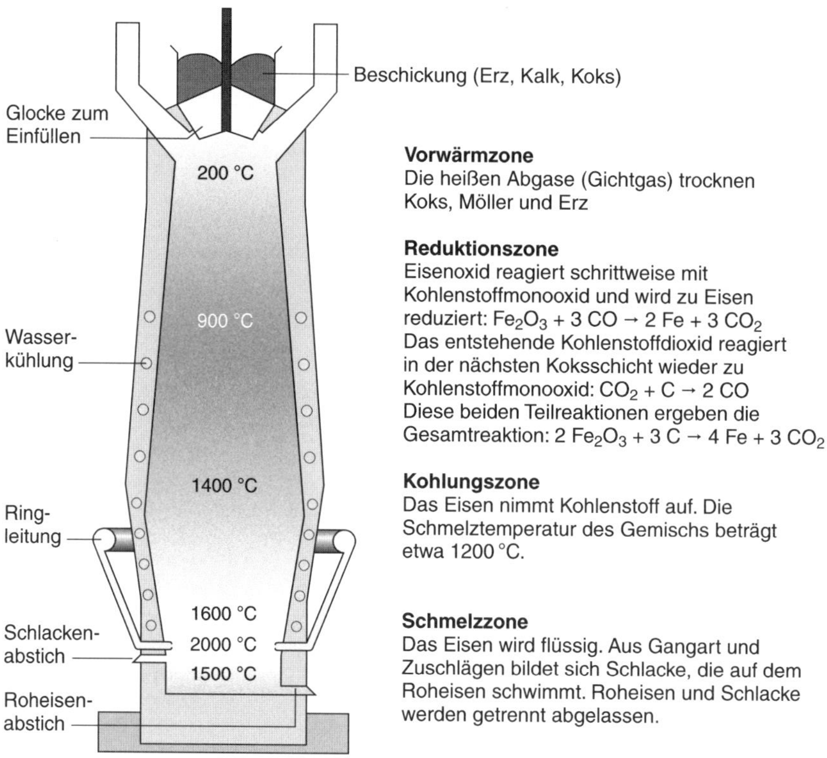

Aufbau eines Hochofens und Reaktionszonen

DAS GEGENSTROMPRINZIP

Der Hochofen arbeitet nach dem Gegenstromprinzip: Möller und Koks wandern kontinuierlich einem heißen Gasstrom entgegen. Im Bereich der Windformen (Verbrennungs- und Schmelzzone) reagiert der Sauerstoff des Heißwinds mit dem Kohlenstoff des Kokses zu Kohlenstoffdioxid.

Diese stark exotherme Reaktion liefert den Hauptteil der Wärme im Hochofen. Das gebildete Kohlenstoffdioxid wird beim Aufstieg durch den glühenden Koks wieder zu Kohlenstoffmonooxid reduziert, dabei bildet sich das Boudouard-Gleichgewicht aus. Die Lage dieses Gleichgewichts ist temperaturabhängig, bei 900 – 1000 °C liegt fast ausschließlich Kohlenstoffmonooxid vor.

Dieses reduziert die Eisenoxide und wird dabei selbst zu Kohlenstoffdioxid oxidiert, das wiederum in der nächsten Koksschicht zu Kohlenstoffmonooxid reduziert wird. Diese Vorgänge wiederholen sich, bis weiter oben im Hochofen bei Temperaturen bis ca. 700 °C nach dem Boudouard-Gleichgewicht der Anteil von Kohlenstoffdioxid überwiegt.

Bei der Bildung von Kohlenstoffdioxid entsteht fein verteilter Kohlenstoff, der im unteren Teil des Schachtes, in dem die Temperatur ausreichend hoch ist, auch unmittelbar als Reduktionsmittel wirken kann.

DER NATÜRLICHE KREISLAUF DES KALKS

$$CaCO_3(s) + CO_2(aq) + H_2O(l)$$

$$\rightleftharpoons Ca^{2+}(aq) + 2\ HCO_3^-(aq)$$

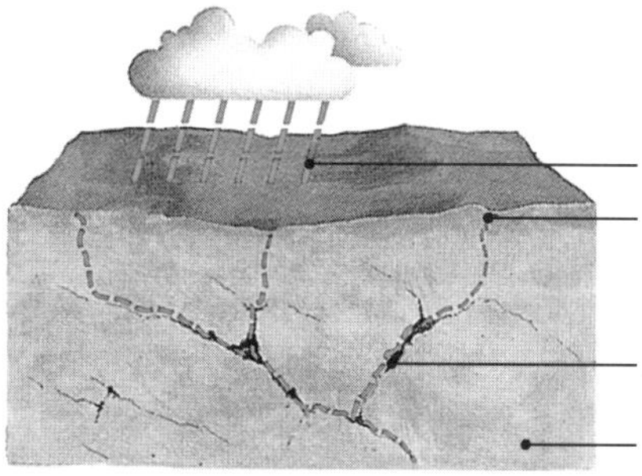

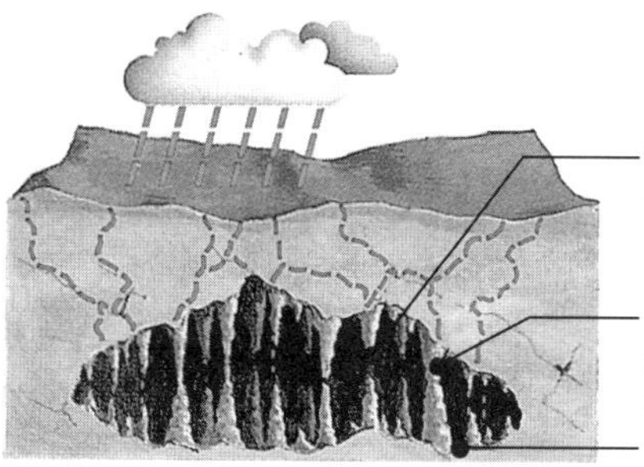

In Landschaften, deren Untergrund aus Kalkstein besteht, gibt es häufig Spalten und Höhlen im Gestein. Sie entstehen durch die Wirkung des kohlenstoffdioxidhaltigen Wassers, das durch Ritzen und Fugen im Gestein versickert und dabei mit dem schwer löslichen Calciumcarbonat reagiert. Dabei bildet sich ein chemisches Gleichgewicht aus.

CHEMISCHES GLEICHGEWICHT DES REGENWASSERS

Regenwasser nimmt beim Durchgang durch die Luft Kohlenstoffdioxid auf und erhält dadurch einen pH-Wert von etwa 5,7. Das Bodenwasser ist darüber hinaus durch Huminsäuren und durch Kohlenstoffdioxid aus dem Abbau organischen Materials sauer.

Kommt dieses Wasser mit Kalkstein in Berührung, reagiert das schwer lösliche Calciumcarbonat zu hydratisierten Calcium- und Hydrogencarbonationen.. Dabei stellt sich ein chemisches Gleichgewicht ein.

WASSERHÄRTE

Die durch gelöstes Calciumcarbonat hervorgerufene Wasserhärte bezeichnet man als temporäre Härte, da sie durch Kochen (Gleichgewichtsverschiebung!) beseitigt werden kann.

Sind daneben noch Sulfationen gelöst, z.B. durch Lösen von Gips, $CaSO_4$, so wird die dadurch hervorgerufene Wasserhärte als permanente Härte bezeichnet, da sie durch Kochen nicht beseitigt werden kann. Beide „Härten" zusammen ergeben die Gesamthärte des Wassers.

AUSWIRKUNGEN DES HARTEN WASSERS

Seife kann ihre Waschwirkung (Oberflächenspannung herabsetzen, Schmutz dispergieren) nur ausüben, wenn freie, hydratisierte Seifenanionen vorliegen. Dies kann man z. B. daran erkennen, dass weiches Wasser mit etwas Seife geschüttelt, Schaum erzeugt. Im Gegensatz dazu erfolgt dies in hartem Wasser nicht, man beobachtet jedoch weiße Flöckchen von Kalkseife. Erst wenn alle Ca^{2+}- (und Mg^{2+})-Ionen zu Kalkseife reagiert haben, können weitere Seifenanionen ihre Waschwirkung entfalten. Die Folge ist ein **hoher Seifenverbrauch**, bevor die Waschwirkung überhaupt einsetzt. Gelegentlich lagern sich die Kristalle der Kalkseife auch im Gewebe als harte Krusten ab, sodass das Gewebe im Laufe der Zeit vergraut, verfilzt und brüchig wird, da die Ablagerungen einzelne Fasern der Fäden zerschneiden. Auch verliert die Wäsche ihre Saugfähigkeit.

Die Gleichgewichtsverschiebung durch das Erhitzen von hartem Wasser führt zu **Kalkablagerungen** in Gefäßen, auf Heizstäben und in Rohren. Die Ablagerungen führen zu einer wesentlich schlechteren Übertragung von thermischer Energie auf die aufzuheizende Flüssigkeit, dies zieht einen höheren Energieverbrauch und schließlich auch Defekte nach sich. In Rohren wird der Querschnitt verengt, sodass weniger Wasser fließen kann.

BOUDOUARD-GLEICHGEWICHT

Wenn man Luft in sog. „Generatoröfen“ durch eine 1-3 m mächtige Koksschicht leitet und den Koks von unten her entzündet, verbrennt der Kohlenstoff im unteren Bereich zu Kohlenstoffdioxid, da hier ein Luftüberschuss vorhanden ist.

Im oberen Teil erhält man ein Gasgemisch, das außer Kohlenstoffdioxid und den nicht reagierenden Bestandteilen der Luft Kohlenstoffmonooxid enthält. Untersuchungen ergaben folgende Volumenverhältnisse:

Temperatur (°C)	400	500	600	700	800	900	1000
Volumenanteil φ (Kohlenstoffdioxid) (%)	99	95	77	42	10	3	1
Volumenanteil φ (Kohlenstoffmonooxid) (%)	1	5	23	58	90	97	99

1. Formulieren Sie jeweils die Reaktionsgleichung für die Bildung von Kohlenstoffdioxid und Kohlenstoffmonooxid.
2. Formulieren Sie das Massenwirkungsgesetz für die Gleichgewichtsreaktion zur Bildung von Kohlenstoffmonooxid.
3. Erläutern Sie die Veränderung der Gleichgewichtskonstanten mit steigender Temperatur.
4. Lässt sich die Lage des Gleichgewichts durch Druckveränderungen beeinflussen? Begründen Sie.
5. Welche Aussage kann man über die Reaktionsenthalpie bei der Bildung von Kohlenstoffmonooxid machen? Begründen Sie.

LÖSUNGEN

1. $C\,(s) + O_2\,(g) \longrightarrow CO_2\,(g)$ und $CO_2\,(g) + C\,(s) \rightleftharpoons 2\,CO\,(g)$
2. $K_c = \frac{c^2(CO)}{c(CO_2)}$ bzw. $K_p = \frac{p^2(CO)}{p(CO_2)}$
3. K_p und K_c werden größer, da bei erhöhter Temperatur mehr Kohlenstoffmonooxid gebildet wird.
4. Da sich die Anzahl der Gasteilchen bei der Reaktion ändert (Volumen vergrößernde Reaktion), ist die Lage des Gleichgewichts vom Druck abhängig.
5. Die Reaktionsenthalpie muss positiv sein, da bei hohen Temperaturen nach Le Chatelier und Braun endotherme (Wärme verbrauchende) Reaktionen begünstigt werden, also $\Delta_r H > 0$.

3 ENERGETIK

Die Berechnung der Verbrennungsenthalpie

ENERGIEGEWINNUNG

Zahlreiche chemische Reaktionen werden ausschließlich zur Nutzung der dabei frei werdenden thermischen Energie durchgeführt, wie z. B. die Verbrennung von gasförmigen und flüssigen Kohlenwasserstoffen, Kohle oder Holz. Hierauf basiert ein sehr großer Teil unserer gesamten Energieversorgung.

REAKTIONSENTHALPIE

Bei der Verbrennungsenthalpie handelt es sich um die Reaktionsenthalpie der Reaktion eines Stoffes mit Sauerstoff. Die Reaktionsenthalpien werden aus den molaren Bildungsenthalpien der an der Reaktion beteiligten Stoffportionen berechnet, hierbei gilt allgemein:

$$\Delta_r H = \sum_i \Delta n_i \cdot \Delta_f H_{m_i}$$

Die Reaktionsenthalpie ist die Summe der Produkte aus Stoffmenge und molarer Bildungsenthalpie der Reaktionsteilnehmer.

VERBRENNUNG VON PROPAN

Die Vorgehensweise soll am Beispiel der Verbrennung von Propan erläutert werden. Zur Berechnung müssen die molaren Bildungsenthalpien der Verbindungen gegeben sein, die der Elemente in ihrem stabilsten Zustand ist null.

Wenn bei der Reaktion Wasser entsteht, muss angegeben sein, ob dessen Aggregatzustand flüssig oder gasförmig ist (beim Kondensieren entsteht zusätzlich Kondensationswärme, die man dann berücksichtigen muss). Ferner benötigt man noch die Reaktionsgleichung:

$$C_3H_8 + 5\,O_2 \longrightarrow 3\,CO_2 + 4\,H_2O(g)$$

REAKTIONSGLEICHUNG

Der Angabe einer Reaktionsenthalpie liegt immer eine Reaktionsgleichung zugrunde. Es ist zweckmäßig, die Reaktionsenthalpie für die Stoffmengen anzugeben, deren Beträge den Faktoren der Reaktionsgleichung entsprechen. Reagiert z. B. 1 mol Propan mit 5 mol Sauerstoff, so ist $\Delta n(C_3H_8) = -1\,\text{mol}$ und $\Delta n(O_2) = -5\,\text{mol}$, da bei der Reaktion 1 mol Propan und 5 mol Sauerstoff „verbraucht" werden.

Dabei werden 3 mol Kohlenstoffdioxid und 4 mol Wasserdampf gebildet, es ist also $\Delta n(CO_2) = +3\,\text{mol}$ und $\Delta n(H_2O(g)) = +4\,\text{mol}$.

Die Standardreaktionsenthalpie $\Delta_r H°$ für die Reaktion ergibt sich mit den Tabellenwerten der molaren Standardbildungsenthalpien aus folgender Summe:

$$\begin{aligned}\Delta_r H° &= -1\,\text{mol} \cdot \Delta_f H°_m(C_3H_8) - 5\,\text{mol} \cdot \Delta_f H°_m(O_2) + 3\,\text{mol} \cdot \Delta_f H°_m(CO_2) + \\ &\quad 4\,\text{mol} \cdot \Delta_f H°_m(H_2O(g)) \\ &= -1\,\text{mol}(-104\,\text{kJ/mol}) - 5\,\text{mol}(0\,\text{kJ/mol}) + 3\,\text{mol}(-393\,\text{kJ/mol}) + \\ &\quad 4\,\text{mol}(-242\,\text{kJ/mol}) \\ &= +104\,\text{kJ} - 1179\,\text{kJ} - 968\,\text{kJ} = -2043\,\text{kJ}\end{aligned}$$

Bei ganz exakter Berechnung müsste noch berücksichtigt werden, dass die Bildungsenthalpien und damit auch die Reaktionsenthalpien temperaturabhängig sind und die Verbrennungsreaktionen üblicherweise nicht bei Standardbedingungen ablaufen. Die dadurch verursachten Abweichungen sind jedoch so gering, dass sich die Standardreaktionsenthalpien mit einem sehr kleinen Verlust an Genauigkeit auf die entsprechenden Reaktionen bei anderen Temperaturen übertragen lassen.

VERBRENNUNG VON METHAN UND PROPAN

Welche Stoffportion setzt bei ihrer vollständigen Verbrennung mehr thermische Energie frei, *m*(Methan) = 1 kg oder *m*(Propan) = 1 kg?
Im Folgenden werden die Verbrennungsenthalpien berechnet.
Angabe:
Die molaren Standard-Bildungsenthalpien sind:
$\Delta_f H°_m(H_2O(g)) = -242$ kJ/mol; $\Delta_f H°_m(CO_2) = -393$ kJ/mol;
$\Delta_f H°_m(CH_4) = -75$ kJ/mol und $\Delta_f H°_m(C_3H_8) = -104$ kJ/mol.

METHAN

Reaktionsgleichung der Verbrennung von Methan:

$$CH_4 + 2\,O_2 \longrightarrow CO_2 + 2\,H_2O(g)$$

Berechnung:

$$\Delta_r H° = -1\,\text{mol} \cdot \Delta_f H°_m(CH_4) + 1\,\text{mol} \cdot \Delta_f H°_m(CO_2) + 2\,\text{mol} \cdot \Delta_f H°_m(H_2O(g))$$
$$= 75\,\text{kJ} - 393\,\text{kJ} - 484\,\text{kJ} = -802\,\text{kJ}$$

$n(CH_4) = 1$ mol; $\Delta_r H° = -802$ kJ; $\Rightarrow$ $\Delta_r H°_m = -802$ kJ/mol

$n(CH_4) = m/M = 1000\,\text{g} \cdot \text{mol}/16\,\text{g} = 62{,}5$ mol; $\Delta_r H° = -802\,\text{kJ/mol} \cdot 62{,}5\,\text{mol} = -50\,125$ kJ

PROPAN

Reaktionsgleichung der Verbrennung von Propan:

$$C_3H_8 + 5\,O_2 \longrightarrow 3\,CO_2 + 4\,H_2O(g)$$

Berechnung:

$$\Delta_r H° = -1\,\text{mol} \cdot \Delta_f H°_m(C_3H_8) + 3\,\text{mol} \cdot \Delta_f H°_m(CO_2) + 4\,\text{mol} \cdot \Delta_f H°_m(H_2O(g))$$
$$= 104\,\text{kJ} - 1179\,\text{kJ} - 968\,\text{kJ} = -2043\,\text{kJ}$$

$n(C_3H_8) = 1$ mol; $\Delta_r H° = -2043$ kJ; $\Rightarrow$ $\Delta_r H°_m = -2043$ kJ/mol

$n(C_3H_8) = m/M = 1000\,\text{g} \cdot \text{mol}/44\,\text{g} = 22{,}73$ mol;

$\Delta_r H° = -2043\,\text{kJ/mol} \cdot 22{,}73\,\text{mol} = -46\,432$ kJ

Bei der Verbrennung von 1 kg Methan wird mehr thermische Energie frei als bei der Verbrennung der gleichen Menge Propan.

ENERGETIK

DER VERBRENNUNGSKALORIMETER

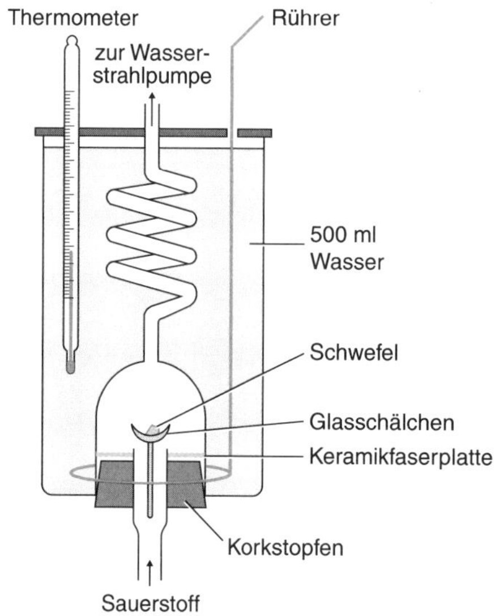

Die Reaktionsenthalpie beim Verbrennen eines Stoffes kann in Verbrennungskalorimetern ermittelt werden. Der Stoff reagiert im Sauerstoffstrom zu heißen, gasförmigen Verbrennungsprodukten. Diese werden durch eine Kühlspirale geleitet und geben dabei ihre Wärme an das Wasser ab. Allerdings wird dabei häufig ein kleiner Teil der Verbrennungsenthalpie nicht erfasst, z. B. beim Einbringen der brennenden Stoffportion und beim Ableiten der nicht vollständig abgekühlten Verbrennungsgase. Werden elementare Stoffe, wie Kohlenstoff oder Schwefel, mit reinem Sauerstoff verbrannt, so kann aus der gemessenen Wärmemenge die molare Bildungsenthalpie $\Delta_f H$ ermittelt werden.

UMSETZUNG

Für die Umsetzung gilt: Die vom gesamten System aufgenommene und experimentell bestimmbare Wärme ist dem Betrag nach gleich der Reaktionswärme Q. Sie setzt sich aus der vom Wasser aufgenommenen Wärme Q_W und der vom Kalorimetergefäß aufgenommenen Wärme Q_K zusammen:

$$Q = Q_W + Q_K = c_W \cdot m_W \cdot \Delta T + C_K \cdot \Delta T = (c_W \cdot m_W + C_K)\Delta T$$

Es bedeuten
m_W: Masse des Wassers;
ΔT: Temperaturdifferenz zwischen Endtemperatur T_2 und Anfangstemperatur T_1: $\Delta T = T_2 - T_1$
$c_W = 4{,}1868\,\text{J/(g} \cdot \text{K)}$: spezifische Wärmekapazität des Wassers, gerundet $4{,}19\,\text{J/(g} \cdot \text{K)}$
C_K ist die Wärmekapazität des Kalorimetergefäßes. Sie wird vor der eigentlichen Messung experimentell ermittelt.

BESTIMMUNG DER WÄRMEKAPAZITÄT C_K:

Gießt man 100 g Wasser von 60 °C in ein mit 100 g Wasser von 20 °C gefülltes Kalorimeter, so erhält man nicht 200 ml Wasser von 40 °C, sondern von einer etwas niedrigeren Temperatur. Das warme Wasser erwärmt nicht nur das kalte Wasser, sondern auch das Kalorimeter. Nimmt dieses bei einer Temperaturerhöhung um ΔT die Wärme Q auf, so ist der Quotient $Q/\Delta T = C_K$, die Wärmekapazität des Kalorimeters. Um diese zu bestimmen, wird Wasser der Masse m_1 und der Temperatur T_1 eingefüllt. Danach wird eine gleich große Portion warmen Wassers der Temperatur T_2 hinzugefügt und die Mischungstemperatur T_{misch} gemessen. Das warme Wasser gibt die Wärme Q_2 ab (Q_2 ist negativ):

$$Q_2 = c_w \cdot m_2 \cdot (T_{misch} - T_2)$$

Das kältere Wasser und das Gefäß nehmen Wärme auf:

$$Q_1 = (c_W \cdot m_1 + C_K) \cdot (T_{misch} - T_1)$$

Mit $Q_1 + Q_2 = 0$ (Energieerhaltung) ergibt sich eine Gleichung, die nach C_K aufgelöst werden kann:

$$C_K = -\frac{c_w \cdot m_2 \cdot (T_{misch} - T_2)}{(T_{misch} - T_1)} - c_W \cdot m_1$$

VERBRENNUNGSENTHALPIE

In einem Verbrennungskalorimeter wird eine Stoffportion Schwefel der Masse m (Schwefel) = 2 g verbrannt.

Zur Aufnahme der Reaktionsenthalpie ist das Kalorimeter mit einer Wasserportion von $m = 500\,\text{g}$ gefüllt. Es wird eine Temperaturerhöhung von $\Delta T = 7{,}1\,\text{K}$ gemessen. Die Wärmekapazität der Kalorimeteranordnung beträgt $C_K = 510\,\text{J/K}$; die spezifische Wärmekapazität des Wassers $c_w = 4{,}19\,\text{J/(g} \cdot \text{K)}$.

Berechnen Sie die molare Bildungsenthalpie für Schwefeldioxid aus dem Versuchsergebnis.

LÖSUNGEN

Bei der Verbrennung freigesetzte thermische Energie:

$$Q = -(c_w \cdot m(\text{Wasser}) + C_K) \cdot \Delta T$$
$$= -(4{,}19\,\text{J/(g} \cdot \text{K)} \cdot 500\,\text{g} + 510\,\text{J/K}) \cdot 7{,}1\,\text{K}$$
$$= -18\,495{,}5\,\text{J}$$

Stoffmenge der Stoffportion Schwefel:

$$n(\text{S}) = \frac{m(\text{Schwefel})}{M(\text{S})} = \frac{2\,\text{g} \cdot \text{mol}}{32\,\text{g}} = \frac{1}{16}\,\text{mol}$$

Molare Bildungsenthalpie:

Für $n(\text{S}) = 1\,\text{mol}$ ergibt sich eine molare Bildungsenthalpie

$$\Delta_f H = \frac{Q}{n(\text{S})} = -295{,}9\,\text{kJ/mol}$$

DER SATZ VON HESS

Die Enthalpieänderung zwischen zwei Zuständen ist unabhängig vom Reaktionsweg.

Diese Formulierung ist ein „Spezialfall" des Energieerhaltungssatzes (oder Ersten Hauptsatzes der Energetik), der besagt, dass die Summe aller Energiearten in einem isolierten System konstant ist.

Wenn also zum Beispiel bei zwei verschiedenen Reaktionsführungen die Ausgangs- und die Endzustände jeweils miteinander übereinstimmen, dann muss die Enthalpieänderung für beide Vorgänge gleich sein, unabhängig davon, über welche Zwischenschritte oder auf welchen Wegen der Endzustand erreicht wurde. Hieraus ergibt sich auch, dass die Enthalpieänderungen für eine Hin- und Rückreaktion im Betrag gleich, im Vorzeichen aber verschieden sind.

Zwei gedachte Wege zur Bildung von Methan aus den Elementen

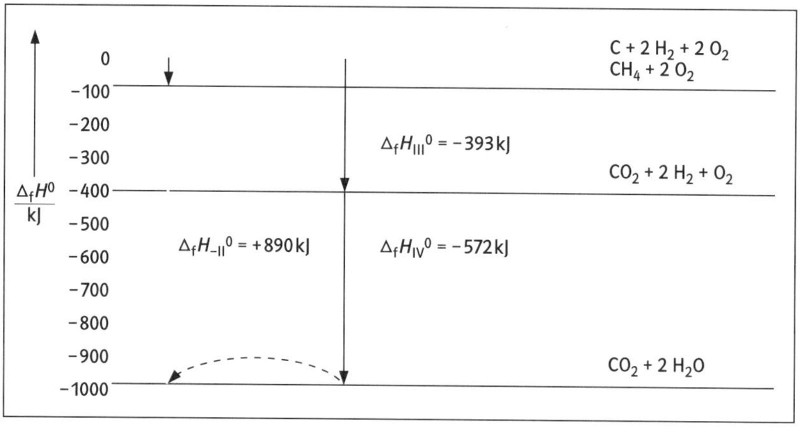

Enthalpiediagramm zur Bestimmung der Bildungsenthalpie von Methan

KREISPROZESS

Daraus resultiert, dass die Summe aller Enthalpieänderungen bei einer Folge von chemischen Reaktionen gleich null ist, wenn am Ende der Ausgangszustand wieder vorliegt. Eine solche Reaktionsfolge bezeichnet man als Kreisprozess.

ENTHALPIEÄNDERUNG IN EINEM KREISPROZESS

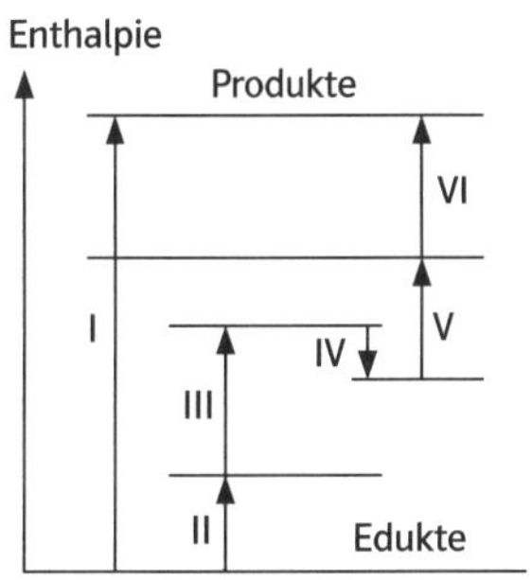

Satz von Hess
Für die Enthalpieänderung gilt
I = II + III + IV + V + VI

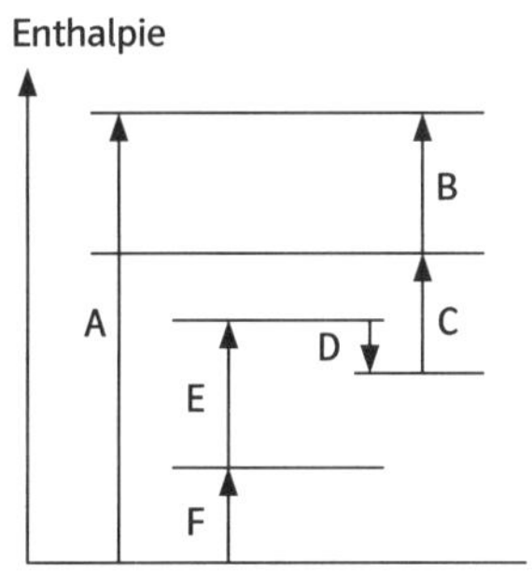

Energieerhaltungssatz
für Enthalpieänderungen
in einem Kreisprozess
A + B + C + D + E + F = 0

Germain Henri Hess

REAKTIONSENTHALPIE

Die Reaktionsenthalpie ist die Summe der Produkte aus Stoffmengenänderung und molarer Standard-Bildungsenthalpie der Reaktionsteilnehmer:

$$\Delta_r H = \sum_i \Delta n_i \cdot \Delta_f H_{m_i}$$

REAKTIONSENTROPIE

Die Reaktionsentropie ist die Summe der Produkte aus Stoffmengenänderung und molarer Standardentropien der Reaktionsteilnehmer:

$$\Delta_r S = \sum_i \Delta n_i \cdot S_{m_i}$$

GIBBS-HELMHOLTZ-GLEICHUNG

Die freie Standard-Reaktionsenthalpie wird mit Hilfe der Gibbs-Helmholtz-Gleichung berechnet, dabei ist T die Temperatur der thermodynamischen Standardbedingungen ($T = 298\,\mathrm{K}$):

$$\Delta_r G° = \Delta_r H° - T\Delta_r S°$$

Bei der Berechnung muss beachtet werden, dass die molaren Standard-Entropien der Elemente nicht null sind.

Hermann von Helmholtz

FREIE REAKTIONSENTHALPIEN

Aus tabellierten Werten der freien Standard-Bildungsenthalpien $\Delta_f G°_m$ kann man die freien Reaktionsenthalpien direkt berechnen:

$$\Delta_r G = \sum_i \Delta n_i \cdot \Delta_f G_{m_i}$$

ETHANOL

Da für die Verbrennung von Ethanol $\Delta_r G° < 0$ ist, liegt eine exergonische Reaktion vor, das heißt, diese Reaktion verläuft bei der Temperatur *T* (hier: Standardbedingungen) spontan. Damit ist ausgesagt, dass diese Reaktion prinzipiell abläuft, über die Geschwindigkeit des Reaktionsablaufs und eine eventuell erforderliche Aktivierung wird jedoch nichts gesagt. So reagieren z. B. Ethanol und Sauerstoff bei Standardbedingungen ohne Aktivierung nicht miteinander.

Die Feststellung, ob eine Reaktion bei einer bestimmten Temperatur möglich ist oder nicht, ist für die Chemie von grundlegendem Erkenntniswert. Prinzipiell kann eine chemische Reaktion ablaufen, wenn die Entropie in System und Umgebung insgesamt zunimmt, d. h., sie kann auch ablaufen, wenn die Entropie des Systems für sich abnimmt, dann muss jedoch die Zunahme der Entropie der Umgebung überwiegen.

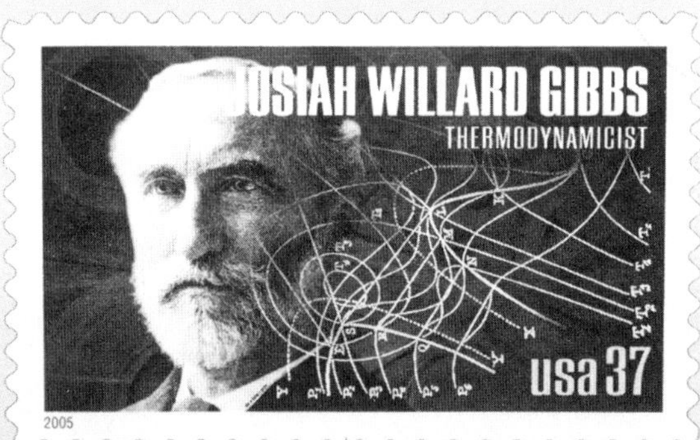

Josiah Willard Gibbs

ENTROPIEÄNDERUNG

Die Entropieänderung bei einer Reaktion ist

$$\Delta S_{ges} = \Delta_r S + \Delta S_{umg} = \Delta_r S - Q/T > 0$$

Bei konstantem Druck und Temperatur gilt:

$$\Delta S_{ges} = \Delta_r S - \Delta_r H/T \text{ bzw. } -T\Delta S_{ges} = -T\Delta_r S + \Delta_r H$$

GIBBS-HELMHOLTZ-GLEICHUNG

Für das Produkt $-T\Delta_r S_{ges}$ hat der amerikanische Chemiker J. W. Gibbs eine neue Zustandsgröße, die freie Enthalpie G eingeführt, man erhält so die Gibbs-Helmholtz-Gleichung:

$$\Delta_r G = \Delta_r H - T\Delta_r S$$

Daraus folgt für spontan ablaufende (exergonische) Reaktionen $\Delta S_{ges} > 0 \iff \Delta_r G < 0$.
Nicht spontan ablaufende Reaktionen sind endergonische Reaktionen, für diese gilt $\Delta_r G > 0$.

DER SATZ VON HESS

Die Standard-Bildungsenthalpie für Methan ist experimentell nicht bestimmbar, da die Bildungsreaktion aus den Elementen nicht vollständig abläuft. Dagegen kann die Reaktionsenthalpie für die vollständige Verbrennung von $n = 1\,mol$ Methan gemessen werden, sie beträgt $\Delta_r H° = -890\,kJ$.

1. Formulieren Sie die Reaktionsgleichung für diese Reaktion.
2. Diese Gleichung lässt sich in geeigneter Weise mit den Bildungsgleichungen von Kohlenstoffdioxid und Wasser kombinieren, sodass daraus die Bildungsgleichung für Methan resultiert. Berechnen Sie die molare Standard-Bildungsenthalpie von Methan.

Angaben:
Molare Standard-Bildungsenthalpien in kJ/mol:
$\Delta_f H°_m(H_2O(l)) = -286\,kJ/mol$;
$\Delta_f H°_m(CO_2) = -393\,kJ/mol$.

LÖSUNGEN

1. Reaktionsgleichung: $CH_4 + 2\,O_2 \longrightarrow CO_2 + 2\,H_2O(l)$

2. Berechnung der Standard-Bildungsenthalpie von Methan:

I)	$C(Graphit) + 2\,H_2(g) \longrightarrow CH_4(g)$	$\mid \Delta_f H°(CH_4) = ?$
II)	$CH_4(g) + 2\,O_2(g) \longrightarrow CO_2(g) + 2\,H_2O(l)$	$\mid \Delta_f H_{II}° = -890\,kJ$

Kehrt man die Reaktion (II) um und addiert die Reaktionsgleichungen zur Bildung von Kohlenstoffdioxid (III) und Wasser (IV), so erhält man Gleichung (I).

−II)	$CO_2(g) + 2\,H_2O(l) \longrightarrow CH_4(g) + 2\,O_2(g)$	$\mid \Delta_f H_{-II}° = +890\,kJ$
III)	$C(Graphit) + O_2(g) \longrightarrow CO_2(g)$	$\mid \Delta_f H_{III}° = -393\,kJ$
IV)	$2\,H_2(g) + O_2 \longrightarrow 2\,H_2O(l)$	$\mid \Delta_f H_{IV}° = -572\,kJ$
I)	$C(Graphit) + 2\,H_2(g) \longrightarrow CH_4(g)$	$\mid \Delta_f H_I° = -75\,kJ$

Die Reaktionsgleichung für die Bildung von Methan aus den Elementen muss unabhängig davon sein, auf welchem Weg diese Bildung erreicht wurde, und kann deshalb durch Addition der drei bekannten Reaktionsenthalpien erhalten werden.
Für die molare Bildungsenthalpie von Methan ergibt sich $\Delta_f H°_m(CH_4) = -75\,kJ/mol$.

4 SÄURE-BASE-REAKTIONEN

Bestimmung des Kalkgehalts durch Rücktitration

DIE RÜCKTITRATION

Zur Bestimmung des Kalkgehalts, z. B. von Eierschalen, nutzt man die Reaktion des Kalks mit Salzsäure. Aus dem Verbrauch an Salzsäure kann dann der Kalkgehalt der Probe berechnet werden. Damit eine vollständige Reaktion des Kalks gewährleistet ist, wird die Probe mit einem Überschuss an Salzsäure bekannter Konzentration umgesetzt. Um festzustellen, wie viel Salzsäure für die Reaktion verbraucht wurde, wird der noch verbleibende Rest mit Natronlauge titriert. Dieses Verfahren wird allgemein als Rücktitration bezeichnet.

BESTIMMUNG DES KALKGEHALTS VON BÖDEN

Diese Rücktitration besitzt eine große Bedeutung bei der **Bestimmung des Kalkgehalts von Böden**.

Dieser spielt für die landwirtschaftliche Nutzung und für eine sinnvolle und gezielte Düngung eine Rolle. Auch die Belastbarkeit des Bodens durch sauren Regen hängt wesentlich von seinem Kalkgehalt ab, der aus der Verwitterung von kalkhaltigem Gestein herrührt, auf dem der Boden entstanden ist.

Die Berechnung um die Rücktitration wird zunächst dadurch vereinfacht, dass die eingesetzten sauren und alkalischen Lösungen die **gleichen Konzentrationen** besitzen. Da nach der Neutralisationsgleichung $H_3O^+ + OH^- \longrightarrow 2\,H_2O$ *ein* Oxoniumion mit *einem* Hydroxidion reagiert, reagieren auch gleiche Stoffmengen der Ionen miteinander. Gleich große Volumenportionen mit gleichen Stoffmengenkonzentrationen besitzen gleiche Stoffmengen an reagierenden Teilchen.

BEISPIEL

$V(\text{Salzsäure}) = 50\,\text{ml}$
$c(H_3O^+) = 1\,\text{mol/l}$

Mit $c = n/V$ und $n = c \cdot V$ ergibt sich $n(H_3O^+) = 1\,\text{mol/l} \cdot 0{,}05\,\text{l} = 0{,}05\,\text{mol}$.

Entsprechend ist bei:
$V(\text{Natronlauge}) = 50\,\text{ml}$ und
$c(OH^-) = 1\,\text{mol/l}$
auch: $n(OH^-) = 0{,}05\,\text{mol}$

Die verwendete Relation $n(HCl) = n(H_3O^+)$ gilt allgemein nur für einprotonige starke Säuren. Hintergrund ist die Protolysereaktion, die zu den Oxoniumionen führt und nur bei starken Säuren zu 100 % abläuft, sodass z. B. aus 1000 Chlorwasserstoffmolekülen auch 1000 Oxoniumionen entstehen:

$$HCl(g) + H_2O(l) \longrightarrow H_3O^+(aq) + Cl^-(aq).$$

STOFFMENGENRELATION

Den Bezug von der durch die Reaktion verbrauchten Volumenportion an Salzsäure zu der ehemals vorliegenden Kalkportion erhält man über die Stoffmengenrelation, die auf der Basis der Reaktionsgleichung aufgestellt werden kann:

$$CaCO_3 + 2\,H_3O^+ + 2\,Cl^- \longrightarrow Ca^{2+} + 2\,Cl^- + CO_2 + 3\,H_2O$$

Man erkennt, dass eine Elementargruppe Calciumcarbonat mit zwei Oxoniumionen reagiert. Entsprechend ist die Stoffmengenrelation:

$$\frac{n(CaCO_3)}{n(H_3O^+)} = \frac{1}{2} \quad \Rightarrow \quad n(CaCO_3) = ½ \cdot n(H_3O^+)$$

Daraus lässt sich die Masse des enthaltenen Kalks und anschließend der Massenanteil des Kalks an der Probe berechnen. Dieser Zahlenwert kann als Dezimalzahl oder in Prozent angegeben werden (0,91 oder 91%).

BESTIMMUNG DES KALKGEHALTS DURCH RÜCKTITRATION

Es wird eine Stoffportion pulverisierter Eierschalen mit der Masse $m = 1\,g$ mit $V_1 = 20\,ml$ Salzsäure ($c = 1\,mol/l$) übergossen.

Nach Beendigung der Gasentwicklung wird die verbleibende Salzsäure mit Natronlauge ($c = 1\,mol/l$) titriert. Bis zum Äquivalenzpunkt werden $V_2 = 1{,}8\,ml$ Natronlauge verbraucht.

1. Formulieren Sie die Reaktionsgleichung und geben Sie eine Erklärung für die auftretende Gasentwicklung.
2. Berechnen Sie den Massenanteil w(Kalk) in den Eierschalen.

LÖSUNGEN

1. Reaktionsgleichung: $CaCO_3 + 2\,H_3O^+ + 2\,Cl^- \longrightarrow Ca^{2+} + 2\,Cl^- + CO_2 + 3\,H_2O$
   Die Gasentwicklung wird durch entweichendes Kohlenstoffdioxid hervorgerufen.
2. Berechnung der Stoffmenge der reagierenden Oxoniumionen:
   Da die Salzsäure und die Natronlauge in derselben Konzentration eingesetzt werden, neutralisieren sich gleiche Volumina der beiden Lösungen. Das Volumen der zugesetzten Natronlauge entspricht somit dem Volumen der Salzsäure, die nach beendeter Reaktion mit dem Kalk übrig geblieben ist.
   Demnach ist:
   $V(\text{Salzsäure, reagiert}) = V_1(\text{Salzsäure, eingesetzt}) - V_2(\text{Natronlauge}) = 20\,ml - 1{,}8\,ml = 18{,}2\,ml.$
   $n(\text{HCl, reagiert}) = c \cdot V = 1\,mol/l \cdot 0{,}0182\,l = 0{,}0182\,mol = n(H_3O^+\text{, reagiert}).$
   Berechnung der Stoffmenge des in der Probe enthaltenen Kalks:
   $\frac{n(CaCO_3)}{n(H_3O^+)} = \frac{1}{2} \quad \Leftrightarrow \quad n(CaCO_3) = \frac{1}{2} \cdot n(H_3O^+)$
   $n(CaCO_3) = \frac{1}{2} \cdot 0{,}0182\,mol = 0{,}0091\,mol$
   Berechnung der Masse des Kalks in der Probe:
   $n = m/M \quad \Leftrightarrow \quad m(\text{Kalk}) = n(CaCO_3) \cdot M(CaCO_3) = 0{,}0091\,mol \cdot 100{,}1\,g/mol = 0{,}91\,g$
   Berechnung des Massenanteils:
   $w(\text{Kalk}) = m(\text{Kalk})/m(\text{Probe}) \cdot 100\,\% = 0{,}91\,g/1\,g \cdot 100\,\% = 91\,\%$

TITRATIONSKURVE VON GLYCIN

Die Titrationskurve von Glycin zeigt zwei Abschnitte, in denen sich der pH-Wert nur geringfügig verändert. Hier liegen Puffergleichgewichte vor. In dem Abschnitt dazwischen verändert sich der pH-Wert sprunghaft. Es liegt nahezu keine Pufferwirkung vor.

Eine entsprechende Lage der Wendepunkte ergäbe sich auch bei der umgekehrten Titration einer alkalischen Lösung der Aminosäure mit Salzsäure.

Dafür lassen sich die folgenden Puffergleichgewichte formulieren, auf die die Henderson-Hasselbalch-Gleichung angewandt werden kann:

a) $NH_2-CH_2-COO^- + H_3O^+ \rightleftharpoons NH_3^+-CH_2-COO^- + H_2O$

$$pH_2 = pK_{s2} + \lg\left\{\frac{c(NH_2-CH_2-COO^-)}{c(NH_3^+-CH_2-COO^-)}\right\}^*$$

Für $c(NH_3^+-CH_2-COO^-) = c(NH_2-CH_2-COO^-)$, also am Wendepunkt 3,

gilt $pH_2 = pK_{s2}$ (= 9,78, Literaturwert)

b) $NH_3^+-CH_2-COO^- + H_3O^+ \rightleftharpoons NH_3^+-CH_2-COOH + H_2O$

$$pH_1 = pK_{s1} + \lg\left\{\frac{c(NH_3^+-CH_2-COO^-)}{c(NH_3^+-CH_2-COOH)}\right\}^*$$

Für $c(NH_3^+-CH_2-COO^-) = c(NH_3^+-CH_2-COOH)$, also am Wendepunkt 1,

gilt $pH_1 = pK_{s1}$ (= 2,35, Literaturwert)

*) Die geschweiften Klammern geben an, dass nur der Zahlenwert der Konzentrationen eingesetzt wird.

TITRATION EINER GLYCINLÖSUNG

20 ml einer Lösung von Glycin in Salzsäure (c(Glycin) = 0,1 mol/l, c(Salzsäure) = 0,1 mol/l) werden mit Natronlauge titriert.

Aus den Wertepaaren Volumen der Natronlauge und pH-Wert der Lösung wird die folgende Graphik erstellt:

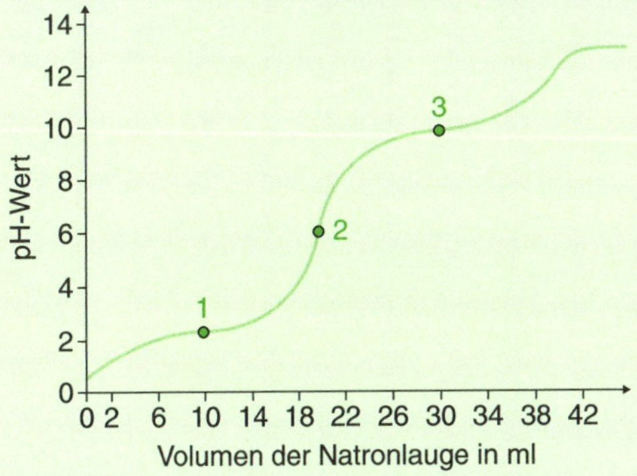

1. Geben Sie an, welche Reaktion abläuft, wenn Glycin in Salzsäure gelöst wird. Formulieren Sie die Reaktionsgleichung.
2. Beschreiben Sie mit Reaktionsgleichungen die bei Zugabe von Natronlauge ablaufenden Reaktionen. Ordnen sie den Reaktionen Kurvenabschnitte zu.

LÖSUNGEN

1. Die Carboxylatgruppen der Glycin-Zwitterionen reagieren mit Oxoniumionen der Salzsäure.
$NH_3^+{-}CH_2{-}COO^- + H_3O^+ \rightleftharpoons NH_3^+{-}CH_2{-}COOH + H_2O$
Das Gleichgewicht liegt zu Beginn des Experimentes nahezu vollständig auf der rechten Seite.
2. Es werden zwei Gleichgewichte betrachtet.
   a) Im sauren Bereich: $NH_3^+{-}CH_2{-}COOH + OH^- \rightleftharpoons NH_3^+{-}CH_2{-}COO^- + H_2O$
   Das Gleichgewicht verlagert sich bei Zugabe von OH^--Ionen immer weiter nach rechts. Nach Zugabe von 20 ml Natronlauge liegt es nahezu vollständig auf der rechten Seite.
   b) Im alkalischen Bereich: Nachdem die Carboxy-Gruppen nahezu vollständig reagiert haben, setzt die Protolyse der NH_3^+-Gruppen ein. $NH_3^+{-}CH_2{-}COO^- + OH^- \rightleftharpoons NH_2{-}CH_2{-}COO^- + H_2O$
   Das Gleichgewicht verlagert sich bei Zugabe von OH^--Ionen immer weiter nach rechts. Nach Zugabe von 40 ml Natronlauge liegt es nahezu vollständig auf der rechten Seite.

SÄURE- UND BASENKONSTANTEN

Will man die Stärke verschiedener Säuren bzw. Basen miteinander vergleichen, muss man ihre Reaktionen mit der derselben Base bzw. Säure betrachten. Als Bezugsbase und Bezugssäure hat man den Ampholyten **Wasser** gewählt. Wendet man das Massenwirkungsgesetz auf das Gleichgewicht einer Säure bzw. Base mit Wasser an, so erhält man:

Reaktion einer Säure HA mit Wasser:

$$HA + H_2O \rightleftharpoons A^- + H_3O^+$$

Reaktion einer Base B mit Wasser:

$$H_2O + B \rightleftharpoons OH^- + HB^+$$

Massenwirkungsgesetz:

$$K_1 = \frac{c(H_3O^+) \cdot c(A^-)}{c(HA) \cdot c(H_2O)}$$

Massenwirkungsgesetz:

$$K_2 = \frac{c(HB^+) \cdot c(OH^-)}{c(B) \cdot c(H_2O)}$$

Wie beim Ionenprodukt des Wassers kann in verdünnter wässriger Lösung die Konzentration des Wassers als konstant angesehen werden und mit der Gleichgewichtskontanten K_1 bzw. K_2 zu einer neuen Konstanten K_S bzw. K_B zusammengefasst werden.

$$K_S = K_1 \cdot c(H_2O) = \frac{c(H_3O^+) \cdot c(A^-)}{c(HA)}$$

$$K_B = K_2 \cdot c(H_2O) = \frac{c(HB^+) \cdot c(OH^-)}{c(B)}$$

SÄURE- UND BASESTÄRKE

Die Gleichgewichtskonstanten K_S und K_B bezeichnet man als Säurekonstante bzw. Basekonstante. Beide Konstanten sind von der Art der Säure bzw. Base und von der Temperatur abhängig, jedoch unabhängig von der Konzentration der Säure oder Base.

Säure- und Basekonstante sind ein Maß für die Säure- und Basestärke. Je größer der K_S- bzw. der K_B-Wert ist, umso stärker ist die Säure bzw. Base.

Statt der Konstanten K_S und K_B gibt man häufig die mit −1 multiplizierten dekadischen Logarithmen ihrer Zahlenwerte an:

Säureexponent:
$pK_S = -\lg\{K_S\}$
$K_S = 10^{-pK_S}\ \text{mol} \cdot \text{l}^{-1}$

Baseexponent:
$pK_B = -\lg\{K_B\}$
$K_B = 10^{-pK_B}\ \text{mol} \cdot \text{l}^{-1}$

Je kleiner der pK_S- bzw. pK_B-Wert ist, desto größer ist die Stärke einer Säure bzw. einer Base. pK_S- und pK_B-Werte ermöglichen eine Einteilung von Säuren und Basen nach ihrer Stärke.

Der pK_S-Wert einer Säure HA und der pK_B-Wert ihrer korrespondierenden Base A^- hängen in einfacher Weise voneinander ab:

$$K_S = \frac{c(H_3O^+) \cdot c(A^-)}{c(HA)}$$

$$K_B = \frac{c(HA) \cdot c(OH^-)}{c(A^-)}$$

$$K_S \cdot K_B = c(H_3O^+) \cdot c(OH^-) = K_W = 10^{-14}\ \text{mol}^2 \cdot \text{l}^{-2}$$
bzw.: $pK_S + pK_B = pK_W = 14$

Das Produkt aus K_S- und K_B-Wert eines korrespondierenden Säure-Base-Paares ergibt stets den Wert des Ionenproduktes des Wassers:
Bei 25 °C ist dieses $K_S \cdot K_B = K_W = 10^{-14}\ mol^2 \cdot l^{-2}$.

Ist also der pK_S-Wert einer Säure bekannt, so kann man mit der Gleichung $pK_S + pK_B = pK_W = 14$ den pK_B-Wert der korrespondierenden Base berechnen (und umgekehrt).

ERGEBNIS

Aus der Gleichung geht auch hervor:

Je stärker eine Säure ist, umso schwächer ist ihre korrespondierende Base.
Je stärker die Base ist, umso schwächer ist ihre korrespondierende Säure.

pK_S- UND pK_B-WERTE

pK_S- und pK_B-Werte in wässrigen Lösungen

pK_S	Säure	korrespondierende Base	pK_B
1,92	HSO_4^-	SO_4^{2-}	12,08
3,75	HCOOH	$HCOO^-$	10,25
10,40	HCO_3^-	CO_3^{2-}	3,60

1. Berechnen Sie den K_S-Wert der Ameisensäure und den K_B-Wert der korrespondierenden Base der Ameisensäure.
2. Erklären Sie, warum eine Natriumhydrogensulfat-Lösung der Konzentration $c(NaHSO_4) = 1\,mol/l$ sauer und eine Natriumhydrogencarbonat-Lösung der Konzentration $c(NaHCO_3) = 1\,mol/l$ alkalisch ist.

LÖSUNGEN

1. Für den Zusammenhang zwischen pK_S- und K_S-Wert bzw. pK_B- und K_B-Wert gilt:

   $pK_S = -\lg\{K_S\}$ $\quad K_S = 10^{-pK_S}\,mol \cdot l^{-1}$ $\quad pK_S(HCOOH) = 3{,}75$ $\quad K_S = 10^{-3{,}75}\,mol \cdot l^{-1}$

   $pK_B = -\lg\{K_b\}$ $\quad K_B = 10^{-pK_B}\,mol \cdot l^{-1}$ $\quad pK_B(HCOO^-) = 10{,}25$ $\quad K_B = 10^{-10{,}25}\,mol \cdot l^{-1}$

2. Natriumhydrogensulfat ist ein Salz, das in wässriger Lösung in Natrium- und Hydrogensulfation zerfällt. $NaHSO_4 \longrightarrow Na^+ + HSO_4^-$

   Die Natriumionen gehen keine Säure-Base-Reaktion mit Wassermolekülen ein. Das Hydrogensulfation ist eine starke Säure, deshalb ist eine Natriumhydrogensulfat-Lösung sauer.
   $HSO_4^- + H_2O \longrightarrow SO_4^{2-} + H_3O^+$
   Natriumhydrogencarbonat ist ein Salz, das in wässriger Lösung in Natrium- und Hydrogencarbonationen zerfällt. $NaHCO_3 \longrightarrow Na^+ + HCO_3^-$

   Die Hydrogencarbonationen können sowohl als Base als auch als Säure reagieren. Allerdings ist der pK_B-Wert des Hydrogencarbonats kleiner als der pK_S-Wert: $7{,}48 < 10{,}40$.
   (Allerdings ist der K_B-Wert des Hydrogencarbonats größer als der K_S-Wert: $10^{-7{,}48} > 10^{-10{,}40}$.)
   Hydrogencarbonat reagiert daher in einer Gleichgewichtsreaktion mit Wasser als Base, es werden Hydroxidionen gebildet, die die Lösung alkalisch machen. $HCO_3^- + H_2O \rightleftharpoons H_2CO_3 + OH^-$

TITRATIONSKURVE (AMMONIAKLÖSUNG MIT SALZSÄURE)

In der Grafik ist die Titrationskurve für die Titration von 25 ml Ammoniaklösung mit Salzsäure der Konzentration $c_0(\text{HCl}) = 1\,\text{mol/l}$ dargestellt.

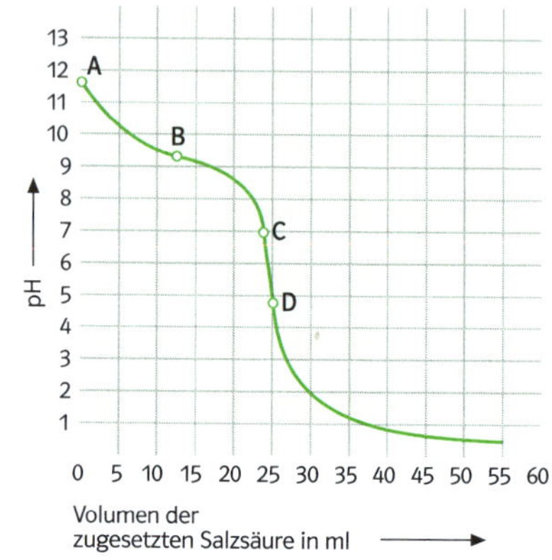

C ist der „Neutralpunkt". Dieser liegt immer bei einem pH-Wert pH = 7 vor. D ist der „Äquivalenzpunkt". Bei der Reaktion der Ammoniaklösung mit Salzsäure entsteht Ammoniumchlorid. Das Ammoniumion ist eine schwache Säure, deshalb liegt der pH-Wert im sauren Bereich.

$$NH_3(aq) + HCl(aq) \longrightarrow NH_4Cl(aq)$$

$$NH_4^+ + H_2O \rightleftharpoons NH_3 + H_3O^+$$

Bei der Titration entstehen in zunehmender Konzentration NH_4^+-Ionen, zurück bleiben mit abnehmender Konzentration NH_3-Moleküle, die noch nicht reagiert haben. Es entsteht somit eine Pufferlösung, für deren pH-Wert gilt:

$$\text{pH} = \text{p}K_S(NH_4^+) + \lg\left\{\frac{c(NH_3)}{c(NH_4^+)}\right\}$$

Im Bereich des Punktes B, d. h. bei $\text{pH} = \text{p}K_S$ und $c(NH_3) = c(NH_4^+)$, erniedrigt sich der pH-Wert bei Zugabe von Salzsäure am wenigsten, hier besitzt die Lösung ihre größte Pufferkapazität.

Am Äquivalenzpunkt beträgt der Salzsäureverbrauch $V(\text{Salzsäure}) = 25\,\text{ml}$. Es lässt sich mit den Angaben des Textes und der Volumenermittlung auch die Ausgangskonzentration $c_0(NH_3)$ berechnen.

$$NH_3(aq) + HCl(aq) \longrightarrow NH_4Cl(aq)$$

$$\frac{n(NH_3)}{n(HCl)} = \frac{1}{1} = \frac{c_0(NH_3) \cdot V(\text{Ammoniaklösung})}{c_0(HCl) \cdot V(\text{Salzsäure})}$$

$$c_0(NH_3) = \frac{c_0(HCl) \cdot V(\text{Salzsäure})}{V(\text{Ammoniaklösung})} = \frac{1\,\text{mol/l} \cdot 25\,\text{ml}}{25\,\text{ml}} = 1\,\text{mol/l}$$

Man kann nun auch den pH-Wert am Äquivalenzpunkt berechnen, wenn der K_S-Wert $K_S(NH_4^+) = 10^{-9,25}\,\text{mol/l}$ bekannt ist. Da die entstandene Lösung von Ammoniumchlorid ein Volumen $V = 50\,\text{ml}$ hat, ist die Konzentration $c(NH_4Cl) = 0,5\,\text{mol/l}$.

Wegen $K_S = \frac{c(NH_3) \cdot c(H_3O^+)}{c(NH_4^+)}$ und $c(NH_3) \approx c(H_3O^+)$ ist $c^2(H_3O^+) = K_S \cdot V(NH_4Cl)$

Daraus folgt: $c(H_3O^+) = \sqrt{10^{-9,25}\,\text{mol/l} \cdot 0,5\,\text{mol/l}} = 10^{-4,78}\,\text{mol/l}$

pH = 4,78

Auch der pH-Wert der Ausgangslösung (Punkt A der Titrationskurve) lässt sich berechnen.

$$NH_3 + H_2O \rightleftharpoons NH_4^+ + OH^-$$

$$K_B = \frac{c(NH_4^+) \cdot c(OH^-)}{c_0(NH_3)} = \frac{c^2(OH^-)}{c_0(NH_3)}$$

$$c(OH^-) = \sqrt{K_B \cdot c_0(NH_3)} = \sqrt{10^{-4,75}\,\text{mol/l} \cdot 1\,\text{mol/l}} = 10^{-2,88}\,\text{mol/l}$$

$$c(H_3O^+) = \frac{K_W}{c(OH^-)} = \frac{10^{-14}\,\text{mol}^2/\text{l}^2}{10^{-2,88}\,\text{mol/l}} = 10^{-11,12}\,\text{mol/l}$$

pH = 11,12

ESSIG UND ESSIGREINIGER

Essig findet in vielen Bereichen des Alltags Verwendung, z. B. als Bestandteil von Essigreinigern zum Entkalken. Die saure Lösung der Essigsäure entfernt Kalkflecken und wirkt desinfizierend.

Die Konzentration der Essigsäure im Reiniger lässt sich durch eine potentiometrische Titration bestimmen. Dazu werden genau 10 ml Essigreiniger mit destilliertem Wasser auf 100 ml Lösung aufgefüllt. Zu diesen 100 ml verdünntem Essigreiniger wird portionsweise Natronlauge der Konzentration $c(NaOH) = 1\,mol/l$ zugegeben. Es wird jeweils der pH-Wert der Lösung bestimmt.

TITRATION VON VERDÜNNTEM ESSIGREINIGER MIT NATRONLAUGE

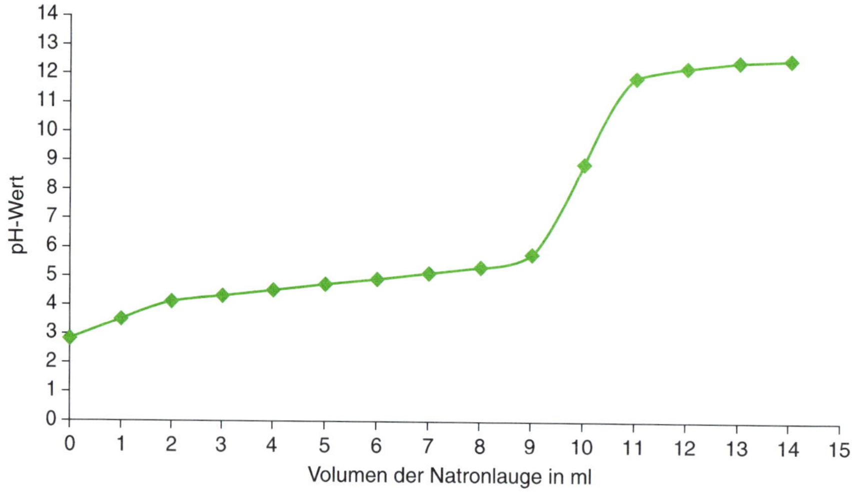

Die Titrationskurve beginnt bei einem pH-Wert pH = 2,8. Die Kurve verläuft bis zur Zugabe von ca. 9 ml Natronlauge flach, d. h., der pH-Wert verändert sich wenig. Nach der Zugabe von 9 ml Natronlauge erfolgt ein pH-Sprung von 5,7 auf 11,8 bei der Zugabe von 11 ml Natronlauge. Nach weiterer Zugabe der Natronlauge verläuft die Kurve wieder flach, der pH-Wert verändert sich nur wenig.

ERKLÄRUNG DES KURVENVERLAUFS

Der pH-Wert der Ausgangslösung hängt von der Säurestärke und der Konzentration der Essigsäure ab. Die schwache Säure, die Essigsäure, reagiert mit der Natronlauge. Die Reaktionsgleichung lautet:

$$HAc + OH^- \longrightarrow Ac^- + H_2O \quad \text{bzw.} \quad CH_3COOH + OH^- \longrightarrow CH_3COO^- + H_2O$$

Am Äquivalenzpunkt, an dem die Stoffmenge der Essigsäure $n(HAc)$ der Stoffmenge des zugegebenen Natriumhydroxids $n(NaOH)$ entspricht, liegt bei einer Zugabe von etwa 10,2 ml Natronlauge, der pH-Wert ist pH ≈ 9. Der **Äquivalenzpunkt** fällt also nicht mit dem Neutralpunkt pH = 7 zusammen. Dieses liegt daran, dass am Äquivalenzpunkt eine Natriumacetat-Lösung vorliegt. Die Acetationen reagieren in einer Gleichgewichtsreaktion in geringem Ausmaß mit dem Wasser:

$$Ac^- + H_2O \rightleftharpoons HAc + OH^-$$

Die Lösung ist deshalb am Äquivalenzpunkt **alkalisch**. Der pH-Wert wird bei weiterer Zugabe der Natronlauge im Wesentlichen durch die OH^--Ionen der Natronlauge bestimmt.

Bei einer Zugabe von etwa 5,1 ml Natronlauge liegt der Halbäquivalenzpunkt vor. Für diesen Punkt gilt: $c(H_3O^+) = K_S$ bzw. $pH = pK_S$. Der pH-Wert liegt hier zwischen 4,7 und 4,8, also liegt der K_S-Wert zwischen $10^{-4,7}$ mol/l und $10^{-4,8}$ mol/l bzw. der pK_S-Wert zwischen 4,7 und 4,8.

SCHULVERSUCH

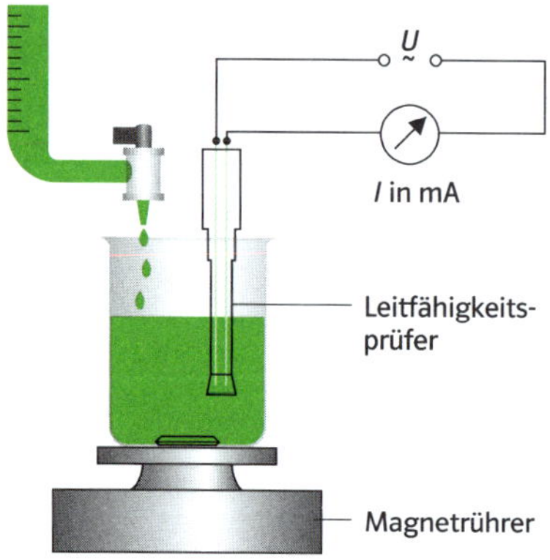

Essig leitet wie jede saure Lösung den elektrischen Strom. Die Konzentration der Essigsäure im Essig kann im Schulversuch bestimmt werden.
Dazu werden 10 ml Essig mit destilliertem Wasser auf genau 100 ml verdünnt. Der verdünnte Essig wird mit Natronlauge der Konzentration $c(NaOH) = 1\,mol/l$ titriert. Während der Titration wird die Stromstärke verfolgt.

Versuchsergebnis

V(NaOH)	0	1 ml	2 ml	3 ml	4 ml	5 ml	6 ml	7 ml
I (in mA)	1	2,1	3,0	4,3	5,4	6,6	7,6	8,8

V(NaOH)	8 ml	9 ml	10 ml	11 ml	12 ml	13 ml	14 ml
I (in mA)	9,8	11,0	14,1	17,1	20,2	23,0	26,1

Zusatzinformationen
Essigsäure: CH_3COOH, vereinfacht HAc

DEUTUNG DER LEITFÄHIGKEITSGRAFIK VON ESSIGSÄURE IM ESSIG

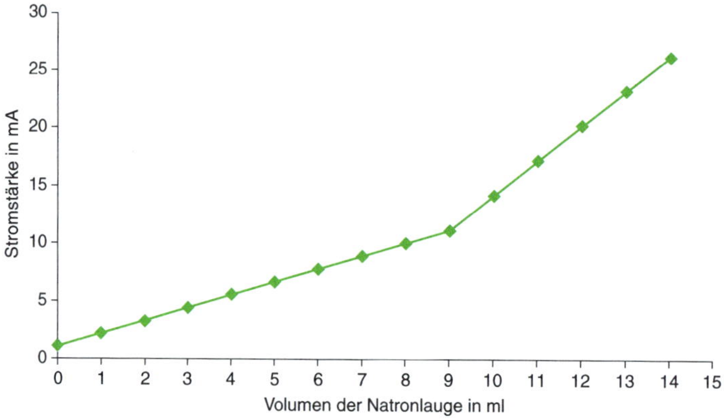

Titration von verdünntem Essig mit Natronlauge

Der Graph besteht aus zwei Geraden, die bei der Zugabe von V(Natronlauge) = 9 ml einen Schnittpunkt aufweisen. Hier liegt der Äquivalenzpunkt. Die Steigung der ersten Geraden ist kleiner als die der zweiten Geraden.

Vor der ersten Zugabe der Natronlauge wird die elektrische Leitfähigkeit der Lösungen von der geringen Konzentration an Acetat- und Oxoniumionen bestimmt. Essigsäure ist eine schwache Säure.

$$HAc + H_2O \rightleftharpoons Ac^- + H_3O^+$$

Bei der Zugabe der Natronlauge reagiert die Essigsäure mit der Natronlauge

$$HAc + Na^+ + OH^- \longrightarrow Ac^- + Na^+ + H_2O$$

Die elektrische Leitfähigkeit wird von der Acetationen-, der Natriumionen- und der Oxoniumionenkonzentration bestimmt. Am Äquivalenzpunkt wird die Leitfähigkeit im Wesentlichen von der Acetat- und Natriumionenkonzentration bestimmt. Die Oxonium- und Hydroxidionenkonzentration aus dem Ionenprodukt des Wassers ist am Äquivalenzpunkt sehr klein. Nach dem Erreichen des Äquivalenzpunktes kommen zusätzlich Natrium- und Hydroxidionen in die Lösung und erhöhen die elektrische Leitfähigkeit.

Die elektrische Leitfähigkeit ist abhängig von der Ionensorte (ihrer Ladung, ihrer Beweglichkeit) und ihrer Konzentration. Die Gesamtleitfähigkeit einer Lösung ergibt sich additiv aus den Leitfähigkeiten der Ionen. Besonders große Ionenbeweglichkeiten und damit auch Leitfähigkeiten weisen die Oxonium- und die Hydroxidionen auf.

Die Stoffmengenkonzentration $c(\mathrm{HAc})$ und die Massenkonzentration $\beta(\mathrm{HAc})$ der Essigsäure im Essig werden folgendermaßen berechnet:

Wegen $1\,\mathrm{HAc} + 1\,\mathrm{NaOH} \longrightarrow \mathrm{NaAc} + \mathrm{H_2O}$
ergibt sich für das Stoffmengenverhältnis:

$$\frac{n(\mathrm{HAc})}{n(\mathrm{NaOH})} = \frac{1}{1}$$

$$n = c \cdot V$$

$$c(\text{HAc in verd. Essig}) = \frac{c(\mathrm{NaOH}) \cdot V(\text{Natronlauge})}{V(\text{verd. Essig})}$$

$$= \frac{1\,\mathrm{mol/l} \cdot 9\,\mathrm{ml}}{100\,\mathrm{ml}} = 0{,}09\,\mathrm{mol/l}$$

Die Stoffmengenkonzentration im Essig ist damit:

$$c(\mathrm{HAc}) = 0{,}9\,\mathrm{mol/l}$$

$$m(\text{Essigsäure}) = n \cdot M(\mathrm{HAc}) = c \cdot V \cdot M(\mathrm{HAc})$$
$$= 0{,}9\,\mathrm{mol/l} \cdot 1\,\mathrm{l} \cdot 60\,\mathrm{g/mol} = 54\,\mathrm{g}$$

Die Massenkonzentration der Essigsäure im Essig beträgt damit $\beta(\text{Essigsäure}) = 54\,\mathrm{g/l}$.

ESSIGREINIGER

10 ml Essigreiniger werden mit destilliertem Wasser auf 100 ml Lösung aufgefüllt.

Zu diesen 100 ml verdünntem Essigreiniger wird portionsweise Natronlauge der Konzentration $c(\text{NaOH}) = 1\,\text{mol/l}$ zugegeben. Es wird jeweils der pH-Wert der Lösung bestimmt.

Versuchsergebnis

V(NaOH)	0	1 ml	2 ml	3 ml	4 ml	5 ml	6 ml	7 ml
pH-Wert	2,8	3,8	4,1	4,3	4,5	4,7	4,9	5,1

V(NaOH)	8 ml	9 ml	10 ml	11 ml	12 ml	13 ml	14 ml
pH-Wert	5,3	5,7	8,8	11,8	12,2	12,4	12,5

Zusatzinformationen
Essigsäure: CH_3COOH, vereinfacht HAc
Masse von 10 ml Essigreiniger: 10,12 g

Berechnen Sie die Stoffmengenkonzentration c(HAc) und den Massenanteil w(HAc) der Essigsäure im Essigreiniger.

LÖSUNGEN

Der Äquivalenzpunkt der Titration liegt bei einer Zugabe von 10,2 ml Natronlauge.
Aus der Reaktionsgleichung: $1\ \text{HAc} + 1\ \text{NaOH} \longrightarrow \text{NaAc} + H_2O$
ergibt sich für das Stoffmengenverhältnis:

$$\frac{n(\text{HAc})}{n(\text{NaOH})} = \frac{1}{1}$$

Weiterhin gilt: $n = c \cdot V$

Damit ergibt sich: $c(\text{HAc}) = \frac{c(\text{NaOH}) \cdot V(\text{NaOH})}{V(\text{Essigreiniger})} = \frac{1\,\text{mol/l} \cdot 10{,}2\,\text{ml}}{10\,\text{ml}} = 1{,}02\,\text{mol/l}$

Die Stoffmengenkonzentration des Essigreinigers beträgt: $c(\text{HAc}) = 1{,}02\,\text{mol/l}$.

Für den Massenanteil gilt: $w(\text{Essigsäure}) = \frac{m(\text{Essigsäure})}{m(\text{Essigreiniger})}$

$m(\text{Essigs. in 1 l Essigreiniger}) = n(\text{HAc}) \cdot M(\text{HAc}) = 1{,}02\,\text{mol} \cdot 60\,\text{g/mol} = 61{,}2\,\text{g}$

$w(\text{Essigsäure}) = \frac{61{,}2\,\text{g}}{1012\,\text{g}} = 0{,}06 = 6\,\%$

COLA

Phosphorsäure (H_3PO_4) ist in vielen Cola-Getränken enthalten. Die Massenkonzentration β(Phosphorsäure) in einem Cola-Getränk kann durch ein Experiment bestimmt werden.

SCHULVERSUCH

Es werden ca. 250 ml Cola in ein Becherglas gegeben. Anschließend wird die Kohlensäure bzw. das Kohlenstoffdioxid durch kräftiges Rühren mit einem Mixer „ausgetrieben". Danach werden genau 200 ml „Cola ohne Kohlensäure" in ein Becherglas gefüllt. Der pH-Wert der „Cola ohne Kohlensäure" wird bestimmt.
Anschließend lässt man portionsweise Natronlauge der Konzentration c(NaOH) = 0,25 mol/l zu der Cola fließen, rührt um und bestimmt nach jeder Zugabe den pH-Wert.

Versuchsergebnis

V(NaOH)	0	1 ml	2 ml	3 ml	4 ml	5 ml	6 ml	7 ml	8 ml
pH-Wert	2,5	2,7	2,9	3,2	4,5	6,3	6,7	7,1	7,5

V(NaOH)	9 ml	10 ml	11 ml	12 ml	13 ml	14 ml	15 ml	20 ml
pH-Wert	8,4	9,3	9,7	10,0	10,1	10,2	10,3	10,6

SCHRITTWEISE PROTONENABGABE

Es gibt Teilchen wie z. B. H_3PO_4, H_2SO_4 oder H_2S, die bei der Abgabe eine Protons in korrespondierende Basen übergehen, die ihrerseits als Säuren reagieren können.

1. Schritt: $H_3PO_4 + OH^- \rightleftharpoons H_2PO_4^- + H_2O$
2. Schritt: $H_2PO_4^- + OH^- \rightleftharpoons HPO_4^{2-} + H_2O$
3. Schritt: $HPO_4^{2-} + H_2O \rightleftharpoons PO_4^{3-} + H_2O$

Bei der vollständigen Reaktion mit einer starken Base gibt das H_3PO_4-Molekül alle drei Protonen ab. Man spricht deshalb bei solchen Teilchen auch von mehrprotonigen Säuren.

TITRATION DER PHOSPHORSÄURE IN COLA MIT NATRONLAUGE

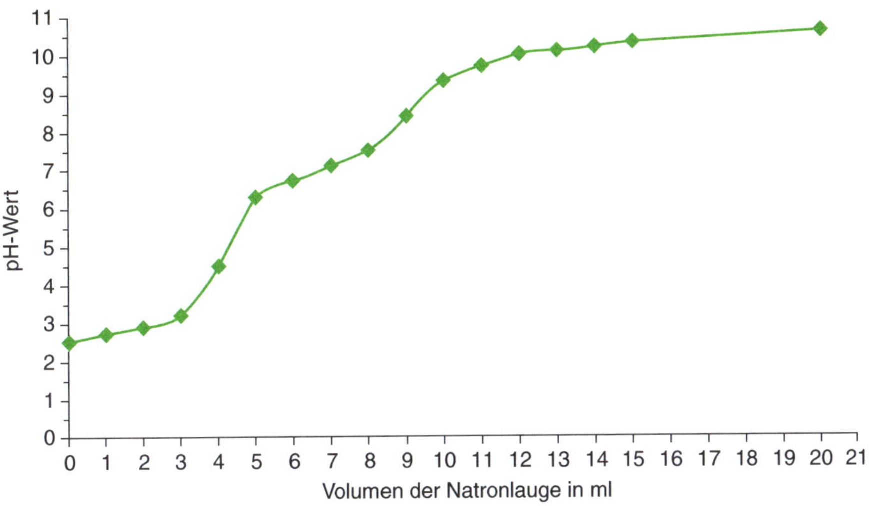

BESCHREIBUNG UND DEUTUNG DER TITRATIONSKURVE

Die Titrationskuve beginnt bei einem pH-Wert pH = 2,5 und steigt bis zur Zugabe von 3 ml Natronlauge nur sanft an. Es erfolgt dann ein pH-Sprung von 3,2 auf 6,3. Bei einer Zugabe von $V(NaOH) = 4{,}3\,ml$ liegt der erste Äquivalenzpunkt, d. h., dass an diesem Punkt die Stoffmenge der Phosphorsäure $n(H_3PO_4)$ der Stoffmenge des zugegebenen Natriumhydroxids $n(NaOH)$ entspricht: $n(H_3PO_4) = n(NaOH)$.
Bis zum ersten Äquivalenzpunkt läuft im Wesentlichen die folgende Reaktion ab: $H_3PO_4 + OH^- \longrightarrow H_2PO_4^- + H_2O$.

Der pH-Wert des ersten Äquivalenzpunktes pH = 4,6 liegt im sauren Bereich. Die $H_2PO_4^-$-Teilchen reagieren mit Wassermolekülen als Säure.
$H_2PO_4^- + H_2O \rightleftharpoons HPO_4^{2-} + H_3O^+$.

Bei der weiteren Zugabe der Natronlauge steigt die Titrationkurve wieder sanft an. Es erfolgt dann nach der Zugabe von etwa 8 ml Natronlauge erneut ein pH-Sprung. Der Wendepunkt dieses zweiten pH-Sprungs entspricht dem zweiten Äquivalenzpunkt. Im Wesentlichen ist die folgende Reaktion abgelaufen:
$H_2PO_4^- + OH^- \longrightarrow HPO_4^{2-} + H_2O$.
Der pH-Wert des zweiten Äquivalenzpunktes liegt im alkalischen Bereich, weil die HPO_4^{2-}-Teilchen gegenüber den Wassermolekülen als Base reagieren:
$HPO_4^{2-} + H_2O \rightleftharpoons H_2PO_4^{2-} + OH^-$.

Der dritte Äquivalenzpunkt liegt oberhalb von pH = 12, deshalb ist eine sprunghafte pH-Änderung nicht mehr möglich.

PHOSPHORSÄURE IN COLA

Es werden ca. 250 ml Cola in ein Becherglas gegeben.

Anschließend wird die Kohlensäure bzw. das Kohlenstoffdioxid durch kräftiges Rühren mit einem Mixer „ausgetrieben“. Danach werden genau 200 ml „Cola ohne Kohlensäure“ in ein Becherglas gefüllt. Der pH-Wert der „Cola ohne Kohlensäure“ wird bestimmt. Anschließend lässt man portionsweise Natronlauge der Konzentration c (NaOH) = 0,25 mol/l zu der Cola fließen, rührt um und bestimmt nach jeder Zugabe den pH-Wert.

Versuchsergebnis

***V*(NaOH)**	0	1 ml	2 ml	3 ml	4 ml	5 ml	6 ml	7 ml	8 ml
pH-Wert	2,5	2,7	2,9	3,2	4,5	6,3	6,7	7,1	7,5

***V*(NaOH)**	9 ml	10 ml	11 ml	12 ml	13 ml	14 ml	15 ml	20 ml
pH-Wert	8,4	9,3	9,7	10,0	10,1	10,2	10,3	10,6

Berechnen Sie die Stoffmengenkonzentration $c(H_3PO_4)$ und die Massenkonzentration $\beta(H_3PO_4)$ in der Cola.

LÖSUNGEN

Der erste Äquivalenzpunkt ist am besten zu bestimmen:

V(NaOH) am 1. Äquivalenzpunkt = 4,3 ml

$$1\ H_3PO_4 + 1\ NaOH \longrightarrow NaH_2PO_4 + H_2O$$

$$\frac{n(H_3PO_4)}{n(NaOH)} = \frac{1}{1}$$

$$n = c \cdot V$$

$$c(H_3PO_4) = \frac{c(NaOH) \cdot V(NaOH)}{V(H_3PO_4)} = \frac{0{,}25\ mol/l \cdot 4{,}3\ ml}{200\ ml}$$

$$= 0{,}0054\ mol/l$$

$$\beta(H_3PO_4) = \frac{m(\text{Phosphorsäure})}{V(\text{Cola})}$$

$$m(\text{Phosphorsäure}) = n(H_3PO_4) \cdot M(H_3PO_4)$$

$$\beta = \frac{n(H_3PO_4) \cdot M(H_3PO_4)}{V(\text{Cola})}$$

$$= 0{,}0054\ mol/l \cdot 98\ g/mol$$

$$= 0{,}53\ g/l$$

SALZE

Salze sind im festen Zustand kristalline Verbindungen, die aus Ionen aufgebaut sind. Beim Lösen in Wasser können die Kationen und Anionen der Salze mit dem Ampholyten Wasser als Brönstedsäuren oder -basen reagieren.

KATIONEN ALS SÄUREN

Kationen, die die korrespondierenden Säuren schwacher Basen sind, können als Brönstedsäuren reagieren. Einige Metallionen wie Al^{3+}(aq)- und Fe^{3+}(aq)-Ionen bilden auch saure Lösungen.

$$[Fe(H_2O)_6]^{3+} + H_2O \rightleftharpoons [Fe(OH)(H_2O)_5]^{2+} + H_3O^+$$

Der Säurecharakter beruht darauf, dass Wassermoleküle, die die nächsten Nachbarn sind, durch das mehrfach positiv geladene Metallion so stark polarisiert werden, dass es zur Abspaltung eines Protons kommen kann. Lösungen von hydratisierten Metallionen sind umso stärker sauer, je höher die Ladung und je kleiner der Radius, d.h., je größer die Ladungsdichte des Ions ist.

Hydratisierte Alkali- und Erdalkalimetallionen haben aufgrund ihrer geringen Ladungsdichte eine so geringe Säurestärke, dass man das Ausmaß der Säure-Base-Reaktion mit Wasser als vernachlässigbar ansehen kann.

ANIONEN ALS BASEN

Anionen, die korrespondierende Basen schwacher Säuren sind, reagieren gegenüber Wasser als Brönstedbasen. Sie bilden alkalische Lösungen.

$CH_3COO^- + H_2O \rightleftharpoons CH_3COOH + OH^-$

Die Anionen sehr starker bzw. starker Säuren sind sehr schwache bzw. schwache Basen, sie gehen deshalb keine Säure-Base-Reaktionen mit den Wassermolekülen ein.

NEUTRALE SALZLÖSUNGEN

Die wässrige Lösung eines Salzes ist nur dann neutral, wenn weder die Kationen noch die Anionen mit Wassermolekülen in merklichem Ausmaß reagieren (z. B. Na^+Cl^-) oder wenn die Säurestärke der einen Ionenart gleich der Basestärke der anderen ist (z. B. $CH_3COO^-NH_4^+$).

NATRIUMCHLORID

Das bekannteste Salz, Natriumchlorid, bildet in Wasser neutrale Lösungen. Lakritz darf bis zu 2% Ammoniumchlorid enthalten. Dieses Salz schmeckt salzig-säuerlich. Natriumacetat, das als Säureregulator und Konservierungsmittel für Obst und Gemüse in Dosen und Gläsern, Brot, Fisch in vielen Variationen, Feinkostsalaten, Mayonnaisen und Salatsaucen verwendet wird, bildet alkalische Lösungen.

Natriumchlorid bildet eine neutrale Lösung, weil weder die Natrium- noch die Chloridionen mit Wasser in merklichem Ausmaß reagieren. Ammoniumchlorid zerfällt in Wasser in hydratisierte Ammonium- und Chloridionen, die Ammoniumionen sind Brönstedsäuren, die in einer Gleichgewichtsreaktion mit Wasser Oxoniumionen bilden, die Chloridionen reagieren nicht in merklichem Ausmaß mit den Wassermolekülen:

$$NH_4^+Cl^- \longrightarrow NH_4^+ + Cl^-$$
$$NH_4^+ + H_2O \rightleftharpoons NH_3 + H_3O^+$$

Natriumacetat zerfällt in Wasser in Natrium- und Acetationen. Die Acetationen reagieren gegenüber Wasser als Base, die hydratisierten Natriumionen gehen keine Säure-Base-Reaktion mit den Wassermolekülen ein.

$$CH_3COO^-Na^+ \longrightarrow CH_3COO^- + Na^+$$
$$CH_3COO^- + H_2O \rightleftharpoons CH_3COOH + OH^-$$

SALZLÖSUNGEN

Berechnen Sie die pH-Werte einer Natriumacetatlösung der Konzentration $c(CH_3COONa) = 0{,}01\,mol/l$ und einer Ammoniumchloridlösung der Konzentration $c(NH_4Cl) = 0{,}5\,mol/l$.

Zusatzinformation
$pK_S\,(CH_3COOH) = 4{,}75$
$pK_S\,(NH_4^+) = 9{,}25$

LÖSUNGEN

pH-Wert der Natriumacetatlösung

$$K_B = \frac{c(OH^-) \cdot c(CH_3COOH)}{c(CH_3COO^-)}$$

$c(OH^-) = c(CH_3COOH);\; c(CH_3COO^-) = c_0(CH_3COO^-)$

$c^2(OH^-) = K_B \cdot c_0(CH_3COO^-)$

$c(OH^-) = \sqrt{10^{-9{,}25} \cdot 10^{-2}}\,mol \cdot l^{-1}$

$= 10^{-5{,}63}\,mol \cdot l^{-1}$

$pOH = 5{,}63$

$pH = 14 - 5{,}63 = 8{,}37$

pH-Wert der Ammoniumchloridlösung

$$K_S = \frac{c(H_3O^+) \cdot c(NH_3)}{c(NH_4^+)}$$

$c(H_3O^+) = c(NH_3);\; c(NH_4^+) = c_0(NH_4^+)$

$c^2(H_3O^+) = K_S \cdot c_0(NH_4^+)$

$c(H_3O^+) = \sqrt{-10^{-9{,}25} \cdot 0{,}5}\,mol \cdot l^{-1}$

$pH = 4{,}78$

PUFFERSYSTEME

Puffersysteme spielen in vielen Bereichen der Umwelt und der Biochemie ein große Rolle. Der pH-Bereich, in dem ein Säure-Base-System den pH-Wert abpuffert, hängt vom pK_S-Wert der Säure und den Konzentrationen der Säure und der korrepondierenden Base im Gleichgewicht ab.

HENDERSON-HASSELBALCH-GLEICHUNG

$$pH = pK_S + \lg\left\{\frac{c(A^-)}{c(HA)}\right\}$$

DER PUFFERBEREICH VON PUFFERSYSTEMEN

Aus der Puffergleichung von Henderson und Hasselbalch geht hervor, dass der pH-Wert einer Pufferlösung gleich dem pK_S-Wert der schwachen Säure ist, wenn die Gleichgewichtskonzentration der Säure $c(HA)$ und der korrespondierenden Base $c(A^-)$ gleich sind.

Für $c(HA) = c(A^-)$ folgt: $pH = pK_S + \lg 1 = pK_S + 0$

$pH = pK_S$

Im Bereich des pH-Wertes $pH = pK_S$ erfolgt die Pufferung.

In der Praxis setzt man häufig die Säure und die Base im Stoffmengenverhältnis 1:1 ein. Bei diesem Verhältnis kann man in guter Näherung für die Gleichgewichtskonzentration $c(A^-)$ und $c(HA)$ die Ausgangskonzentrationen $c_0(A^-)$ und $c_0(HA)$ einsetzen.

PUFFERSYSTEM

Ein Puffersystem kann nicht beliebig viele Oxoniumionen oder Hydroxidionen neutralisieren. Die Fähigkeit zur Pufferung ist erschöpft, wenn der größte Teil der schwachen Säure zur korrespondierenden Base oder diese zur Säure reagiert hat. Daher sind zwei Eigenschaften eines Puffersystems zu unterscheiden.

Die eine ist die Unempfindlichkeit des pH-Wertes gegen die Zugabe von Oxonium- bzw. Hydroxidionen. Die andere beschreibt, wie viele Oxonium- bzw. Hydroxidionen das System verkraftet, ohne dass der Bereich, in dem die Pufferung erfolgt, verlassen wird.

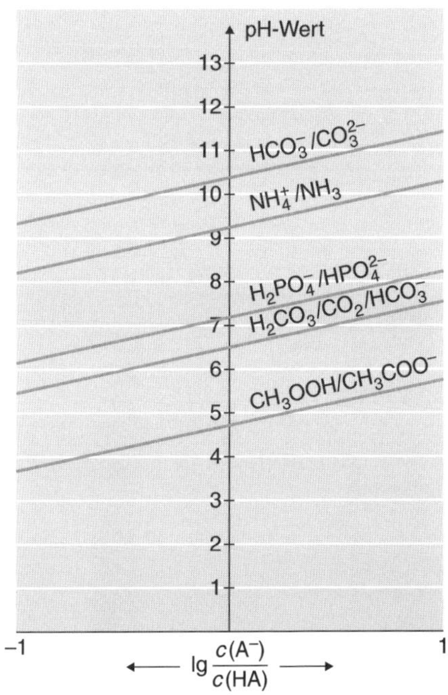

pH-Bereich verschiedener Puffersysteme

WIRKUNGSWEISE EINER PUFFERLÖSUNG

Das Dihydrogenphosphat-Hydrogenphosphat-System als Beispiel:

Diese Pufferlösung enthält eine schwache Säure (Dihydrogenphosphat) und ihre korrespondierende Base (Hydrogenphosphat).

Dihydrogenphosphat-Hydrogenphosphat-Puffer:

$$H_2PO_4^- + H_2O \rightleftharpoons HPO_4^{2-} + H_3O^+$$

Zugabe von Oxoniumionen:

$$H_2PO_4^- + H_2O \longleftarrow HPO_4^{2-} + H_3O^+$$

Zugabe von Hydroxidionen:

$$H_2PO_4^- + OH^- \longrightarrow HPO_4^{2-} + H_2O$$

Die schwache Säure gibt Protonen zur Neutralisation der Hydroxidionen ab. Ihre korrespondierende Base wirkt als Protonenakzeptor.

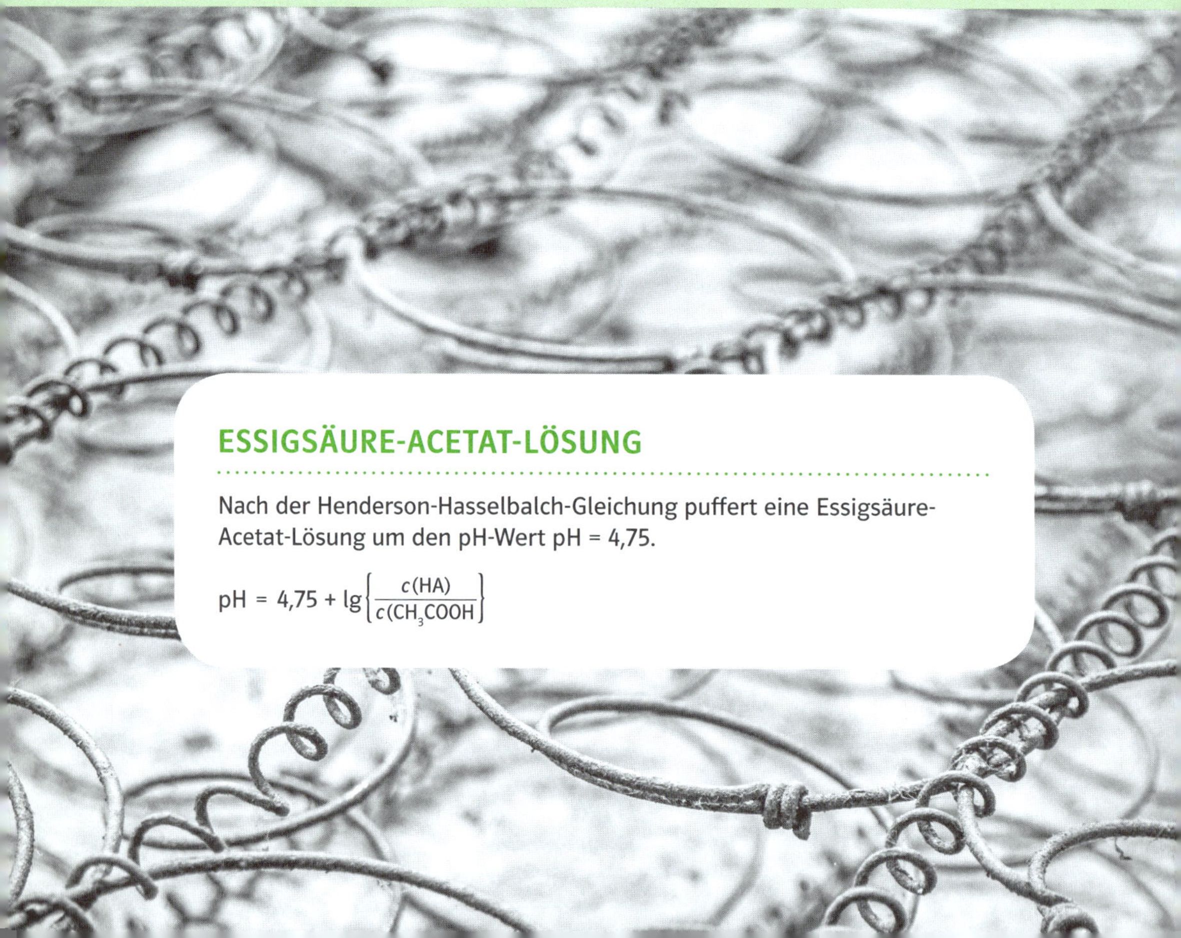

ESSIGSÄURE-ACETAT-LÖSUNG

Nach der Henderson-Hasselbalch-Gleichung puffert eine Essigsäure-Acetat-Lösung um den pH-Wert pH = 4,75.

$$pH = 4{,}75 + \lg\left\{\frac{c(HA)}{c(CH_3COOH)}\right\}$$

pH-WERT DES BLUTES

Der pH-Wert des Blutes (pH = 7,4) darf nur wenig schwanken. Sinkt der pH-Wert des Blutes auf 6,8 oder sogar darunter, so führt dieses zu irreparablen Zellschäden und schließlich zum Tod.

DAS KOHLENSTOFFDIOXID-HYDROGENCARBONAT-SYSTEM DES BLUTES

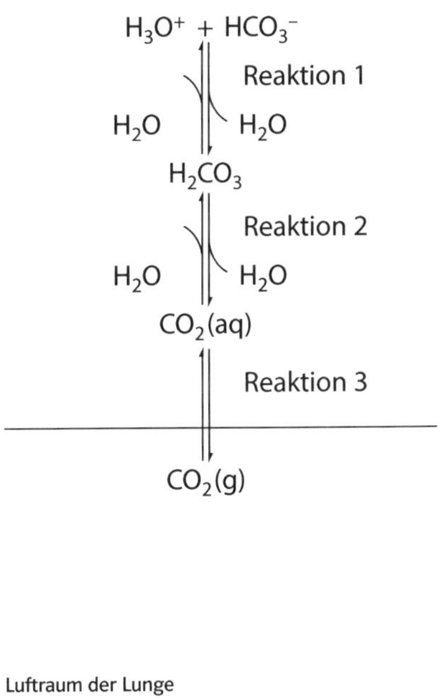

Das Blut wird zum Teil durch das Kohlenstoffdioxid-Hydrogencarbonat-System (CO_2/HCO_3^-) gepuffert. Das Kohlenstoffdioxid im Luftraum der Lunge befindet sich im Gleichgewicht mit dem Hydrogencarbonat des Blutes, das durch die Lungenkapillaren fließt. An diesem Puffersystem sind drei Gleichgewichtsreaktionen beteiligt. Gelangen Oxoniumionen durch das Gewebe ins Blut, können sich Kohlensäuremoleküle bilden, diese zerfallen zum größten Teil in Kohlenstoffdioxid- und Wassermoleküle. Erhöht sich die Konzentration des gelösten Kohlenstoffdioxids, wird auch die Konzentration und damit der Druck des Kohlenstoffdioxids im Luftraum der Lunge größer. Das zusätzliche Kohlenstoffdioxid wird dann ausgeatmet. In die umgekehrte Richtung laufen die Gleichgewichtsreaktionen ab, wenn Hydroxidionen in das Blut gelangen und mit Oxoniumionen zu Wasser reagieren.

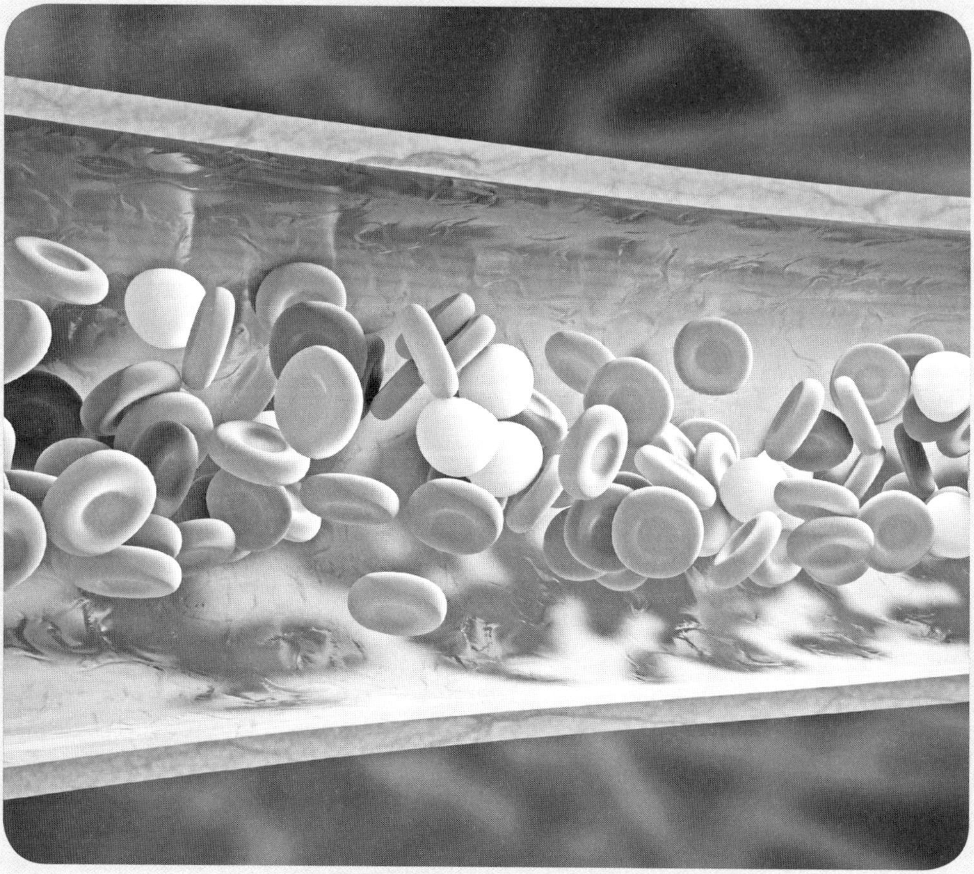

REGELUNG DER GLEICHGEWICHTE

Über die Häufigkeit und Tiefe des Einatmens und Ausatmens von Kohlenstoffdioxid können diese Gleichgewichte schnell nachgeregelt werden, sodass der pH-Wert des Blutes weitgehend konstant bei 7,4 gehalten werden kann. Sinkt der pH-Wert des Blutes des Menschen unter 7,0 oder steigt er über 7,8, treten irreparable Zellschäden ein. Eine kleine Änderung des pH-Wertes hat auch einen großen Einfluss auf die enzymkatalysierten Reaktionen.

Der pH-Wert des Blutes liegt bei 7,4. Liegt der pH-Wert tiefer als 7,35, so spricht man von einer Acidose, liegt er höher als 7,45 von einer Alkalose.

BLUTPUFFER

Das Blut wird zum Teil durch das Kohlenstoffdioxid-Hydrogencarbonat-System gepuffert.

Für dieses System lassen sich die folgende Gleichgewichtsreaktion und das Massenwirkungsgesetz formulieren, wobei die Konzentration des Wassers als konstant anzusehen ist.

$$CO_2 + 2\,H_2O \rightleftharpoons H_3O^+ + HCO_3^-$$

$$K_S = \frac{c(H_3O^+) \cdot c(HCO_3^-)}{c(CO_2)} = 10^{-6{,}52}\,mol/l$$

1. Erklären Sie, was unter einem Puffersystem zu verstehen ist.
2. Erklären Sie, wie sich eine Erhöhung der Oxoniumionenkonzentration auf das Kohlenstoffdioxid-Hydrogencarbonat-System auswirkt.
3. Berechnen Sie den pH-Wert des Kohlenstoffdioxid-Hydrogencarbonat-Systems, wenn das Konzentrationsverhältnis $c(HCO_3^-):c(CO_2) = 7:1$ ist.

LÖSUNGEN

1. Puffersysteme sind Lösungen schwacher Säuren und ihrer korrespondierenden Basen oder Lösungen schwacher Basen und ihrer korrespondierenden Säuren.
   Beispiele: CH_3COOH/CH_3COONa; NH_3/NH_4Cl
   Pufferlösungen ändern ihren pH-Wert bei Zugabe von Oxoniumionen (H_3O^+-Ionen) oder Hydroxidionen (OH^--Ionen) nur wenig.

2. $CO_2 + 2\,H_2O \rightleftharpoons H_3O^+ + HCO_3^-$
   Bei einer Erhöhung der Oxoniumionenkonzentration wirken die Hydrogencarbonationen als Base. Das Gleichgewicht verschiebt sich auf die linke Seite. Die pH-Wert-Änderung fällt kleiner aus als ohne das Vorhandensein der Base.

3. $pH = pK_S + \lg\left\{\frac{c(A^-)}{c(HA)}\right\}$
   (Henderson-Hasselbalch-Gleichung)
   $pH = 6{,}52 + \lg\left\{\frac{c(HCO_3^-)}{c(CO_2)}\right\} = 6{,}52 + \lg 7 = 7{,}4$

5 REDOXREAKTIONEN UND ELEKTROCHEMIE

Oxidationszahlen und Redoxgleichungen

REDOXREAKTION

Nach der erweiterten Definition ist eine Redoxreaktion durch die Übertragung von Elektronen gekennzeichnet. Um diese Definition auch bei Molekülreaktionen anwenden zu können, wurde der Begriff der **Oxidationszahl** eingeführt.

OXIDATIONSZAHL

Die Oxidationszahl eines Atoms in einem Teilchen gibt die gedachte Ladung an, die dieses Atom erhält, wenn man sich das Teilchen nur aus Atomionen aufgebaut denkt.

OXIDATIONSZAHL

Zur Ermittlung der Oxidationszahl ordnet man die Elektronen einer Atombindung ganz dem elektronegativeren Bindungspartner zu und gibt die so erhaltene hypothetische Ladung mit einer römischen Zahl an. Ein Minuszeichen wird verwendet, wenn die Ladung des gedachten Ions negativ ist. Bei Molekülen muss die Summe der Oxidationszahlen aller Atome gleich null sein, bei Ionen entspricht die Summe der Oxidationszahlen der Ionenladung. Bindungselektronen zwischen gleichen Atomen werden geteilt. Bei den Elementen erhalten die Atome die Oxidationszahl Null.

REGELN ZUR FESTLEGUNG DER DER OXIDATIONSZAHLEN

Aufgrund der Elektronegativitätswerte der Atome ergeben sich zur Festlegung der Oxidationszahlen in Verbindungen einige einfache Regeln, die in der nachfolgend angeführten Reihenfolge anzuwenden sind:

1. Ein Metallatom
   bekommt stets eine positive Oxidationszahl;
   das Fluoratom
   bekommt stets die Oxidationszahl – I.
2. Das Wasserstoffatom
   bekommt die Oxidationszahl + I.
3. Das Sauerstoffatom
   bekommt die Oxidationszahl – II.
4. Ein Halogenatom
   bekommt die Oxidationszahl – I.

Für Moleküle aus zwei Atomsorten lassen sich die Oxidationszahlen auch ohne Kenntnis der Strukturformel, allein aus den Elektronegativitätsunterschieden der Atomsorten angeben. Die Summe der Oxidationszahlen aller Atome muss null sein, dabei ist zu beachten, dass die Oxidationszahl jeweils mit der Anzahl der Atome in der Summenformel multipliziert werden muss.

Bestehen Moleküle aus mehr als zwei Atomsorten, ist zur Ermittlung der Oxidationszahlen oft die Strukturformel erforderlich. Auch hier werden die bindenden Elektronenpaare dem elektronegativeren Bindungspartner zugeordnet.

Die Summe der Oxidationszahlen ist bei Ionen gleich der Ionenladungszahl. Eine fehlende Oxidationszahl eines Atoms in einem zusammengesetzten Ion lässt sich daher ermitteln, da den Wasserstoffatomen die Oxidationszahl I und den Sauerstoffatomen die Oxidationszahl – II zukommt. Für die Wasserstoffatome gilt dies fast immer und für die Sauerstoffatome meistens. Bei Verhältnisformeln von Salzen ist die Oxidationszahl der Metallionen gleich ihrer Ladungszahl.

FORMULIEREN VON REDOXGLEICHUNGEN

Durch die Einführung der Oxidationszahl können auch komplizierte Redoxgleichungen leicht formuliert werden, da sich mithilfe der Oxidationszahlen erkennen lässt, welches Atom bei einer Redoxreaktion oxidiert und welches reduziert wird.

Oxidation liegt bei einer Erhöhung der Oxidationszahl vor; Reduktion liegt bei einer Erniedrigung der Oxidationszahl vor.

Es ist zweckmäßig, zunächst Teilgleichungen für die Oxidation und die Reduktion aufzustellen. Die Formulierung in Teilgleichungen bedeutet dabei nicht, dass bei den Reaktionen freie Elektronen entstehen bzw. verbraucht werden.

Formulieren von Redoxgleichungen

Gleichungen dieser Art geben nur die stöchiometrischen Verhältnisse, nicht jedoch den Verlauf einer Reaktion wieder. Zur Formulierung einer Redoxgleichung ist die Kenntnis der Redoxpaare erforderlich. Die Faktoren in der Reaktionsgleichung ergeben sich dann als Folge der Oxidationszahldifferenzen innerhalb der Redoxpaare. Ionen, die an der Reaktion nicht beteiligt sind, brauchen in den Gleichungen nicht aufgeführt zu werden.

BEISPIEL: BILDUNG VON BROM AUS BROMAT UND BROMID

Bei der Reaktion von Bromat mit Bromid in einer sauren Lösung zu Brom bietet sich das nachfolgende schrittweise Vorgehen an:

1. Aufstellen der Teilgleichung für die Oxidation: Angabe des Redoxpaares und Ermittlung des Elektronenübergangs aus den Oxidationszahlen

$$2\,\overset{-\mathrm{I}}{Br^-} \longrightarrow \overset{\pm 0}{Br_2} + 2\,e^-$$

2. Aufstellen der Teilgleichung für die Reduktion: Angabe des Redoxpaares und Ermittlung des Elektronenübergangs aus den Oxidationszahlen

$$2\,\overset{+\mathrm{V}}{Br}O_3^- + 10\,e^- \longrightarrow \overset{\pm 0}{Br_2}$$

Anschließend Durchführung des Ladungsausgleichs in saurer Lösung durch Hinzufügen von H^+-Ionen (in alkalischer Lösung durch Hinzufügen von OH^--Ionen) und Richtigstellung der Gleichung:

$$2\,BrO_3^- + 10\,e^- + 12\,H^+ \longrightarrow Br_2 + 6\,H_2O$$

3. Aufstellen der Gesamt-Redoxgleichung: Ermitteln des kleinsten gemeinsamen Vielfachen der Anzahl der Elektronen in den Teilgleichungen (die Anzahl der bei der Oxidation abgegebenen Elektronen ist gleich der Anzahl der bei der Reduktion aufgenommenen), dann Multiplikation der Teilgleichungen mit den entsprechenden Faktoren und Addition der Teilgleichungen:

$$2\,\overset{+\mathrm{V}}{Br}O_3^- + 10\,e^- + 12\,H^+ \longrightarrow \overset{\pm 0}{Br_2} + 6\,H_2O$$

$$2\,\overset{-\mathrm{I}}{Br^-} \longrightarrow \overset{\pm 0}{Br_2} + 2\,e^- \quad |\cdot 5$$

$$2\,BrO_3^- + \cancel{10\,e^-} + 12\,H^+ + 10\,Br^- \longrightarrow 6\,Br_2 + 6\,H_2O + \cancel{10\,e^-}$$

$$2\,BrO_3^- + 12\,H^+ + 10\,Br^- \longrightarrow 6\,Br_2 + 6\,H_2O$$

OXIDATIONSZAHLEN UND REDOXGLEICHUNGEN

1. Wie ist nach der erweiterten Definition eine Oxidation gekennzeichnet, wie eine Reduktion? Wie verändert sich dabei die Oxidationszahl?

2. Geben Sie die Oxidationszahlen der Atome in folgenden Teilchen an:

C_2H_6; CCl_4; SO_2; N_2O_5; CH_3COCH_3; $HCOOH$; CO_3^{2-}; HSO_3^-; H_3PO_4; $Ca_3(PO_4)_2$

3. Welche der folgenden Reaktionen sind Redoxreaktionen? Geben Sie bei den Reaktionen an, welche Teilchen oxidiert und welche reduziert werden.

a) $Cu + 2\,H_2SO_4 \longrightarrow CuSO_4 + 2\,H_2O + SO_2$
b) $CaCO_3 + 2\,HCl \longrightarrow CaCl_2 + H_2O + CO_2$
c) $Zn + 2\,HCl \longrightarrow ZnCl_2 + H_2$
d) $CH_3CHO + CuO \longrightarrow Cu + CH_3COOH$

LÖSUNGEN

1. Oxidation: Abgabe von Elektronen, die Oxidationszahl wird größer (positiver).
Reduktion: Aufnahme von Elektronen, die Oxidationszahl wird kleiner (negativer).

2. $\overset{-III}{C_2}\overset{+I}{H_6}$ $\overset{+IV}{C}\overset{-I}{Cl_4}$ $\overset{+IV}{S}\overset{-II}{O_2}$ $\overset{+V}{N_2}\overset{-II}{O_5}$ $\overset{-III}{C}\overset{+I}{H_3}\overset{+II}{C}\overset{-II}{O}\overset{-III}{C}\overset{+I}{H_3}$

$\overset{+I}{H}\overset{+II}{C}\overset{-II}{O}\overset{-II}{O}\overset{+I}{H}$ $\overset{+IV}{C}\overset{-II}{O_3}{}^{2-}$ $\overset{+I}{H}\overset{+IV}{S}\overset{-II}{O_3}{}^{-}$ $\overset{+I}{H_3}\overset{+V}{P}\overset{-II}{O_4}$ $\overset{+II}{Ca_3}(\overset{+V}{P}\overset{-II}{O_4})_2$

3. Redoxreaktionen sind die Reaktionen a, c und d, weil sich dabei die Oxidationszahlen verschiedener Atome verändern:

$\overset{\pm 0}{Cu} + 2\,H_2\overset{+VI}{S}O_4 \longrightarrow \overset{+II}{Cu}SO_4 + 2\,H_2O + \overset{+IV}{S}O_2$

Cu-Atome werden oxidiert, S-Atome werden reduziert.

$\overset{\pm 0}{Zn} + 2\,\overset{+I}{H}Cl \longrightarrow \overset{+II}{Zn}Cl_2 + \overset{\pm 0}{H_2}$

H⁺-Ionen werden reduziert, Zn-Atome werden oxidiert.

$CH_3\overset{+I}{C}HO + \overset{+II}{Cu}O \longrightarrow \overset{\pm 0}{Cu} + CH_3\overset{+III}{C}OOH$

C-Atome werden oxidiert, Cu-Ionen werden reduziert.

FORMULIEREN VON REDOXGLEICHUNGEN

1. **Lösungen von Kaliumbromat ($KBrO_3$) und Kaliumbromid werden in einer sauren Lösung zur Reaktion gebracht. Formulieren Sie die Redoxgleichung.**

2. **Propan-2-ol reagiert mit einer alkalischen Permanganatlösung, dabei entsteht Braunstein (MnO_2). Formulieren Sie die Redoxreaktion.**

LÖSUNGEN

Zur Formulierung der Redoxgleichungen ist es sinnvoll, zunächst die Teilgleichungen für den Oxidations- und den Reduktionsvorgang aufzustellen.

1.

$$2\,\overset{+V}{Br}O_3^- + 10\,e^- + 12\,H^+ \longrightarrow \overset{\pm 0}{Br_2} + 6\,H_2O$$

$$2\,\overset{-I}{Br^-} \longrightarrow \overset{\pm 0}{Br_2} + 2\,e^- \qquad | \cdot 5$$

$$2\,BrO_3^- + \cancel{10\,e^-} + 12\,H^+ + 10\,Br^- \longrightarrow 6\,Br_2 + 6\,H_2O + \cancel{10\,e^-}$$

$$2\,BrO_3^- + 12\,H^+ + 10\,Br^- \longrightarrow 6\,Br_2 + 6\,H_2O$$

2.

$$CH_3\text{–}\overset{\pm 0}{C}H(OH)\text{–}CH_3 + 2\,OH^- \longrightarrow CH_3\text{–}\overset{+II}{C}(=O)\text{–}CH_3 + 2\,H_2O + 2\,e^- \qquad | \cdot 3$$

$$\overset{+VII}{Mn}O_4^- + 3\,e^- + 2\,H_2O \longrightarrow \overset{+IV}{Mn}O_2 + 4\,OH^- \qquad | \cdot 2$$

$$3\,CH_3CHOHCH_3 + \cancel{6\,OH^-} + 2\,MnO_4^- + \cancel{4\,H_2O} + \cancel{6\,e^-} \longrightarrow 3\,CH_3COCH_3 + \cancel{6\,e^-} + \overset{2}{\cancel{6}}\,H_2O + 2\,MnO_2 + \overset{2}{\cancel{8}}\,OH^-$$

$$3\,CH_3CHOHCH_3 + 2\,MnO_4^- \longrightarrow 3\,CH_3COCH_3 + 2\,H_2O + 2\,MnO_2 + 2\,OH^-$$

Bestimmung des Bleichmittelanteils in Fleckensalzen

Die in Fleckensalzen bzw. Vollwaschmitteln enthaltenen Bleichmittel haben die Aufgabe, im Verlauf des Waschvorgangs nicht ausgewaschenen Schmutz oder Verfärbungen, z. B. durch Obstsaft- oder Weinflecken, oxidativ zu zerstören und so zu entfernen. Heute wird hierfür v. a. Natriumpercarbonat ($2\ Na_2CO_3 \cdot 3\ H_2O_2$) verwendet. Der wirksame Bestandteil ist Wasserstoffperoxid (H_2O_2), das in Wasser freigesetzt wird. Heute ist in Fleckensalz und in Vollwaschmitteln hauptsächlich Natriumpercarbonat enthalten, das die „Perborat-Bleiche" mit Natriumperborat zunehmend verdrängt hat.

Die Reaktionsgleichung zur Freisetzung des Wasserstoffperoxids in Wasser ist vereinfacht, eigentlich läuft beim Lösen in Wasser eine Protolysereaktion ab, wodurch das stöchiometrische Verhältnis zwischen Percarbonat und Wasserstoffperoxid jedoch nicht verändert wird:

$$2\ Na_2CO_3 \cdot 3\ H_2O_2 + 2\ H_2O \longrightarrow 4\ Na^+ + 2\ HCO_3^- + 2\ OH^- + 3\ H_2O_2$$

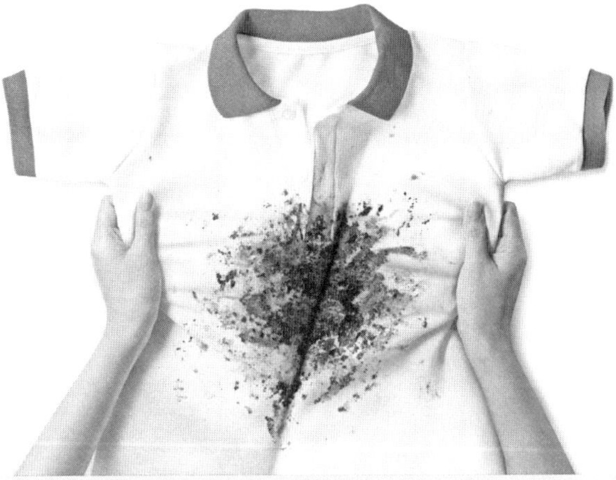

BESTIMMUNG DES MASSENANTEILS

Die Bestimmung des Massenanteils zerfällt in mehrere Teile: Zunächst muss über den Verbrauch an Kaliumpermanganatlösung bei der Redoxtitration die Stoffmenge an Wasserstoffperoxid in einer 10-ml-Probe berechnet werden. In einem nächsten Schritt muss daraus die Stoffmenge Natriumpercarbonat berechnet werden, die die im ersten Schritt berechnete Stoffmenge Wasserstoffperoxid liefert. Nach Umrechnen auf die 100-ml-Probe kann daraus der Massenanteil des Natriumpercarbonats im Fleckensalz berechnet werden. Je nach Produkt können dies von $w = 15\,\%$ bis $w = 70\,\%$ sein.

Die Reaktion von Permanganationen mit Wasserstoffperoxidmolekülen wird durch Mn^{2+}-Ionen katalysiert, die sich bei dieser Reaktion aber erst in einem zunächst unkatalysierten Reaktionsschritt bilden. Man spricht von Autokatalyse, da die Reaktion durch ein eigenes Reaktionsprodukt katalysiert wird und sich daher selbst beschleunigt.

REDOXTITRATION

Wasserstoffperoxid kann in einer Redoxtitration mit Kaliumpermanganat bestimmt werden. Hierzu wird eine Fleckensalzprobe genau abgewogen in einen 100-ml-Messkolben gebracht. Anschließend wird mit Wasser aufgeschlämmt, mit verdünnter Schwefelsäure versetzt und schließlich mit Wasser auf 100 ml aufgefüllt. Daraus werden 10-ml-Proben entnommen und titriert.

Die Gleichung für die Redoxreaktion zwischen Wasserstoffperoxidmolekülen und Permanganationen lautet wie folgt:

$$5\,H_2O_2 + 2\,MnO_4^- + 6\,H^+ \longrightarrow 2\,Mn^{2+} + 5\,O_2 + 8\,H_2O$$

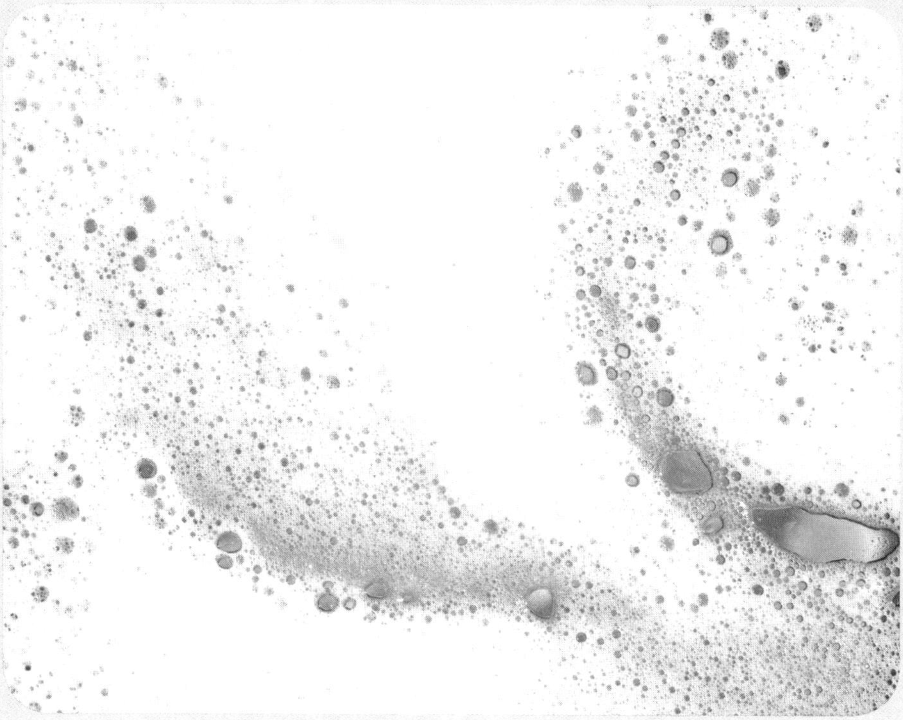

JODMANGEL

Deutschland ist ein Iodmangelgebiet. Zu einer verbesserten Iodversorgung empfehlen Wissenschaftler die Verwendung von Iodsalz. Iodsalz enthält in der Regel Kaliumiodat (z. B. 0,0025 %).

SCHULVERSUCH

Kaliumiodat im Iodsalz lässt sich im Schulversuch nachweisen. Dazu löst man 20 g Iodsalz in 70 ml destilliertem Wasser und fügt 30 ml verdünnte Schwefelsäure ($c(H_2SO_4) = 1\,mol/l$) zu. Die klare Lösung versetzt man mit 15 mg Kaliumiodid. Zu der nun braunen Lösung tropft man Stärkelösung. Die gesamte Lösung wird blau.

REDOXKOMPROPORTIONIERUNG

Die Redoxreaktion

$$\overset{V}{I}O_3^- + 6\,H^+ + 5\,\overset{-I}{I}{}^- \longrightarrow 3\,\overset{0}{I}_2 + 3\,H_2O$$

ist ein Beispiel für eine **Redoxkomproportionierung** oder Redoxsymproportionierung. Die Iodatome der Ausgangsstoffe weisen unterschiedliche Oxidationsstufen (V und – I) auf. Nach der Reaktion liegen die Iodatome in einer Oxidationsstufe (0) vor.

REDOXDISPROPORTIONIERUNG

Von einer **Redoxdisproportionierung** spricht man, wenn ein Teil der Atome gleicher Art oxidiert und der andere Teil der Atome gleicher Art reduziert werden und damit in eine höhere bzw. eine niedrigere Oxidationsstufe übergehen. Ein Beispiel für eine Redoxdisproportionierung ist die Herstellung von Natronbleichlauge durch Einleiten von Chlor in Natronlauge.

$$2\,NaOH + \overset{0}{Cl}_2 \longrightarrow NaO\overset{I}{Cl} + Na\overset{-I}{Cl} + H_2O$$

REDOXAMPHOTER

Allgemein nennt man Teilchen, die in Abhängigkeit vom Redoxpartner Elektronen abgeben oder aufnehmen können, redoxamphoter. Eisen(II)-Ionen reagieren mit Silberionen zu Eisen(III)-Ionen und Silberatomen. Zinkatome sind in der Lage, Eisen(II)-Ionen zu Eisenatomen zu reduzieren. Eisen(II)-Ionen sind redoxamphoter. Chlormoleküle bzw. Chloratome und Iodmoleküle bzw. Iodatome sind ebenfalls redoxamphotere Teilchen.

Speisesalz wird nicht mit Kaliumiodid oder Natriumiodid versetzt, weil Iodid unter dem Einfluss von Licht, Feuchtigkeit und Sauerstoff leicht zu Iod oxidiert wird. Das Iod sublimiert leicht. Ein mit Iodid versetztes Speisesalz weist keine sehr lange Haltbarkeit auf.

SCHILDDRÜSE

Die Schilddrüse benötigt zur Produktion der Schilddrüsenhormone Thyroxin und Triiodthyronin den Baustein Iod. Iodmangel kann zur Kropfbildung führen. Ein ausgeprägter Iodmangel hat auch eine Unterfunktion der Schilddrüse zur Folge, die sich durch eine Minderproduktion von Thyroxin und Triiodthyronin auszeichnet. Da die Schilddrüsenhormone wesentliche Funktionen in der Regulation von Stoffwechselprozessen übernehmen, resultieren aus einer Schilddrüsenunterfunktion schwere Stoffwechsel- und Entwicklungsstörungen.

BLEICHMITTELANTEIL IN FLECKENSALZEN

1. Berechnen Sie den Massenanteil des Natriumpercarbonats ($2\ Na_2CO_3 \cdot 3\ H_2O$) im Fleckensalz, wenn die Masse der Probe m(Probe) = 0,992 g und der Verbrauch an Permanganatlösung ($c(KMnO_4)$ = 0,02 mol/l) pro 10-ml-Probe V = 3,9 ml beträgt.

2. Warum benötigt man bei der Titration keinen zusätzlichen Indikator? Erläutern Sie.

LÖSUNGEN

1. Berechnung des Massenanteils Percarbonat:

   Stoffmengenverhältnis laut Redoxgleichung: $\frac{n(H_2O_2)}{n(MnO_4^-)} = \frac{5}{2}$

   $n(H_2O_2) = \frac{5}{2} \cdot n(MnO_4^-) = \frac{5}{2} \cdot c(MnO_4^-) \cdot V(\text{Permanganatlösung})$

   $= \frac{5}{2} \cdot 0{,}02\ \text{mol/l} \cdot 0{,}0039\ \text{l} = 0{,}000195\ \text{mol}$ (pro 10-ml-Probe)

   Berechnung der Percarbonat-Stoffmenge:

   Reaktionsgleichung: $2\ Na_2CO_3 \cdot 3\ H_2O_2 \longrightarrow 2\ Na_2CO_3 + 3\ H_2O_2$

   Stoffmengenverhältnis: $\frac{n(2\ Na_2CO_3 \cdot 3\ H_2O_2)}{n(H_2O_2)} = \frac{1}{3}$

   $n(2\ Na_2CO_3 \cdot 3\ H_2O_2) = \frac{1}{3} \cdot n(H_2O_2) = 0{,}000065\ \text{mol}$ (pro 10-ml-Probe)

   $m(\text{Natriumpercarbonat}) = n(2\ Na_2CO_3 \cdot 3H_2O_2) \cdot M(2\ Na_2CO_3 \cdot 3\ H_2O_2)$

   $= 0{,}000065\ \text{mol} \cdot 314\ \text{g/mol} = 0{,}02\ \text{g}$ (pro 10-ml-Probe)

   Die 100-ml-Probe enthält m(Natriumpercarbonat) = 0,2 g.

   Berechnung des Massenanteils:

   $w(\text{Natriumpercarbonat}) = \frac{m(\text{Natriumpercarbonat})}{m(\text{Fleckensalz})} = \frac{0{,}2\ \text{g}}{0{,}992\ \text{g}} \cdot 100\,\% = 20{,}2\,\%$

2. Den Äquivalenzpunkt der Titration erkennt man an der violetten Farbe der Permanganationen, die sich dann in der Lösung anreichern. Die bei der Reaktion mit Wasserstoffperoxid entstehenden Mn^{2+}-Ionen sind nahezu farblos.

PERMANGANATVERBRAUCH

Der Verschmutzungsgrad eines Gewässers wird häufig durch den Permanganatverbrauch gekennzeichnet. Damit werden die leicht oxidierbaren organischen Stoffe in verschmutztem Wasser erfasst.

Für die Permanganometrie von Ethanol lassen sich die folgenden Redoxgleichungen aufstellen. Es bietet sich das nachfolgende schrittweise Vorgehen an.

1. **Aufstellen der Teilgleichung für die Oxidation:**
   - Angabe des Redoxpaares und Ermitteln des Elektronenübergangs aus den Oxidationszahlen

$$\overset{-I}{CH_3CH_2OH} \longrightarrow \overset{+III}{CH_3COOH} + 4\,e^-$$

   - Ausgleich der Anzahl der Sauerstoffatome durch Hinzufügen von Wassermolekülen und Durchführen des Ladungsausgleichs

$$\overset{-I}{CH_3CH_2OH} + H_2O \longrightarrow \overset{+III}{CH_3COOH} + 4\,H^+ + 4\,e^-$$

2. **Aufstellen der Teilgleichung für die Reduktion:**

$$\overset{+VII}{MnO_4^-} + 5\,e^- \longrightarrow \overset{+II}{Mn^{2+}}$$

Ausgleich der Anzahl der Sauerstoffatome durch Hinzufügen von Wassermolekülen und Durchführung des Ladungsausgleichs in saurer Lösung durch Wasserstoffionen. (Bei Redoxreaktionen werden vereinfachend für Oxoniumionen Wasserstoffionen angegeben.)

$$\overset{+VII}{MnO_4^-} + 5\,e^- + 8\,H^+ \longrightarrow \overset{+II}{Mn^{2+}} + 4\,H_2O$$

3. **Aufstellen der Redoxgleichung (Gesamtgleichung):**
   - Ermitteln des kleinsten gemeinsamen Vielfachen der Anzahl der Elektronen in den Teilgleichungen (Die Anzahl der bei der Oxidation abgegebenen Elektronen ist gleich der Anzahl der bei der Reduktion aufgenommenen Elektronen.)
   - Multiplikation der Teilgleichungen mit den entsprechenden Faktoren
   - Addition der Teilgleichungen

$$CH_3CH_2OH + H_2O \longrightarrow CH_3COOH + 4\,H^+ + 4\,e^- \qquad | \cdot 5$$

$$MnO_4^- + 5\,e^- + 8\,H^+ \longrightarrow Mn^{2+} + 4\,H_2O \qquad | \cdot 4$$

$$(5\,CH_3CH_2OH + 5\,H_2O + 4\,MnO_4^- + 20\,e^- + 32\,H^+ \longrightarrow 5\,CH_3COOH + 20\,H^+ + 20\,e^- + 4\,Mn^{2+} + 16\,H_2O)$$

$$5\,CH_3CH_2OH + 4\,MnO_4^- + 12\,H^+ \longrightarrow 5\,CH_3COOH + 4\,Mn^{2+} + 11\,H_2O$$

Ein wesentliches Beurteilungkriterium für den Zustand eines Gewässers ist sein Gehalt an organischen Verschmutzungen. Will man über die Gesamtverschmutzung eines Gewässers durch organische Stoffe Aussagen treffen, so kann man diese Stoffe oxidieren. Der Verbrauch an Oxidationsmittel gibt dann Aufschluss über den Grad der Verschmutzung.

Durch Kaliumpermanganat werden organische Stoffe wie Kohlenhydrate, Phenole weitgehend, Eiweißprodukte zum geringen Teil, Waschmittel kaum oder nicht oxidiert, andererseits werden einige anorganische Verbindungen oxidiert. Bei einer Wasseruntersuchung ist die Oxidierbarkeit mit Kaliumpermanganat ein Gradmesser für die Verschmutzung.

Beurteilung der organischen Verschmutzung eines Gewässers:

$\frac{m(KMnO_4)\text{ in mg}}{1\ l\text{ Wasserprobe}}$	**Beurteilung**
≦ 10	sehr sauber
> 10 ≦ 20	fast sauber
> 20 ≦ 30	leicht verschmutzt
> 30 ≦ 60	stark verschmutzt
> 60 ≦ 100	sehr stark verschmutzt
> 100 ≦ 250	abwasserähnlich
> 250	ungeklärtes Abwasser

Wenn für eine Wasserprobe mit dem Volumen 1 l 38 mg Kaliumpermanganat zur Oxidation gebraucht werden, ist das Gewässer stark verschmutzt.

PERMANGANOMETRIE

Organische Verschmutzung eines Schulteichs

Zur Untersuchung der organischen Verschmutzung eines Schulteichs ist eine 100-ml-Wasserprobe mit 5 ml Schwefelsäure (w = 30 %) versetzt, zum Sieden erhitzt und mit 15 ml Kaliumpermanganat-Lösung ($c(KMnO_4) = 0{,}002\ mol/l$) 10 min bei leichtem Sieden erhitzt worden. Anschließend ist die noch nicht vollständig entfärbte Lösung mit 15 ml Oxalsäure ($c(H_2C_2O_4) = 0{,}005\ mol/l$) versetzt worden. Die im Überschuss vorhandene Oxalsäure ist mit Kaliumpermanganat-Lösung ($c(KMnO_4) = 0{,}002\ mol/l$) bis zur ersten, 30 Sekunden bestehen bleibenden schwachen Rotfärbung titriert worden.
Es sind 12 ml Kaliumpermanganat-Lösung verbraucht worden.

1. Erläutern Sie die experimentelle Vorgehensweise zur Bestimmung der organischen Verschmutzung des Schulteilchs.
2. Berechnen Sie den Permanganatverbrauch in mg für eine Wasserprobe mit dem Volumen 1 l.

Hinweis: Die Reaktionsgleichung für die Reaktion von Oxalationen mit Permanganationen lautet:
$$5\ C_2O_4^{2-} + 16\ H^+ + 2\ MnO_4^- \longrightarrow 2\ Mn^{2+} + 10\ CO_2 + 8\ H_2O$$

LÖSUNGEN

1. Es handelt sich um eine Rücktitration.
   Prinzip: Zu der zu bestimmenden Probe wird ein abgemessener Überschuss an Maßlösung gegeben. Der nicht verbrauchte Anteil der Maßlösung wird anschließend titriert.
   Die Oxidation der organischen Verschmutzung durch Permanganat verläuft langsam, der Endpunkt der Oxidation ist schwer zu erkennen. Das noch nicht reduzierte Permanganat wird anschließend mit der Oxalsäure reduziert. Die dann übrig bleibende Oxalsäure entspricht der organischen Verschmutzung und kann direkt mit gut erkennbarem Endpunkt mit der Permanganat-Lösung titriert werden. Die Zugabe der Schwefelsäure ist notwendig, da die Redoxreaktion in saurer Lösung abläuft. Das Erhitzen dient dazu, die Reaktion zu beschleunigen und das Kohlenstoffdioxid aus der Lösung „auszutreiben“.

2. Für die Wasserprobe mit dem Volumen $V = 0{,}1\ l$ sind 12 ml Kaliumpermanganat-Lösung der Konzentration $c(KMnO_4) = 0{,}002\ mol/l$ benötigt worden.
   $n = c \cdot V,\ n = m/M$

   $$M(KMnO_4) = 39{,}1\ g/mol + 54{,}9\ g/mol + 4 \cdot 16{,}0\ g/mol = 158\ g/mol$$

   $$m(KMnO_4) = c(KMnO_4) \cdot V(KMnO_4) \cdot M(KMnO_4) = 0{,}002\ mol/l \cdot 0{,}012\ l \cdot 158\ g/mol = 3{,}8 \cdot 10^{-3}\ g = 3{,}8\ mg$$

   Für eine Wasserprobe mit dem Volumen 1 l werden 38 mg Kaliumpermanganat gebraucht.

SPANNUNG EINES GALVANISCHEN ELEMENTS

Das Zustandekommen der Spannung eines galvanischen Elementes von der Art des Zink-Silber-Elements lässt sich anschaulich darstellen (siehe Abbildung). Jedes Metall besitzt die Fähigkeit, in wässriger Lösung Ionen zu bilden. Diese als Lösungstension (von lat. tendere, streben) bezeichnete Fähigkeit ist von Metall zu Metall verschieden. Sie hängt von der Energiebilanz bei der Bildung hydratisierter Metallkationen aus dem Metallgitter ab. Das Ausmaß der Ionenbildung hängt auch davon ab, wie groß die Konzentration dieser Ionen bereits ist. Treten aus der Metalloberfläche Metallionen in die Lösung über, so bleiben Elektronen im Metall zurück, das sich dadurch negativ auflädt.

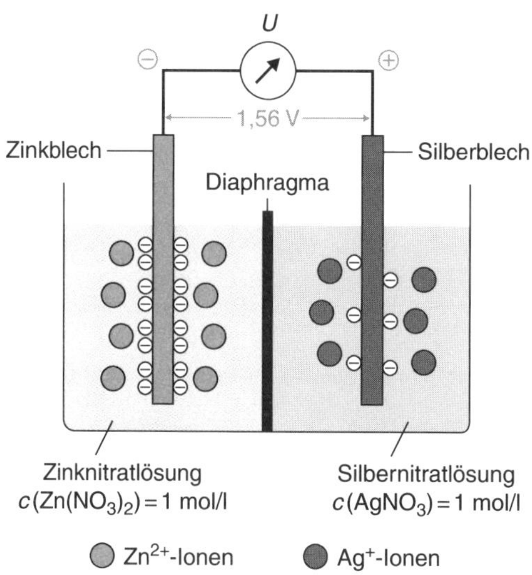

DAS ELEKTRISCHE FELD

Durch die Ionenbildung entsteht an der Grenze zwischen Metall und Lösung ein elektrisches Feld, welches die Bildung weiterer Ionen behindert. Umgekehrt besteht auch die Tendenz, dass Metallkationen durch das elektrische Feld wieder zum Metall zurückgeführt werden und dort Elektronen aufnehmen. Es bildet sich schließlich ein für jedes Metall charakteristisches dynamisches Gleichgewicht aus, das zur Bildung einer Doppelschicht aus Ionen und Elektronen führt. Infolge der Teilchenbewegung ist die Doppelschicht nicht völlig starr, sondern diffus.

Mit der Ausbildung der Doppelschicht lässt sich das Zustandekommen der Spannung beim Zink-Silber-Element erklären. An der Silberelektrode gehen weit weniger Ionen in die Lösung über als an der Zinkelektrode. Auf der Silberelektrode bleiben somit weniger Elektronen zurück, d.h., es herrscht dort ein geringerer Elektronendruck.

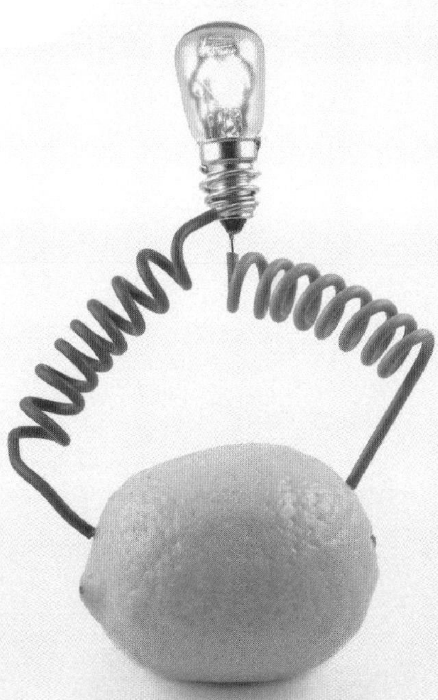

LADUNGSAUSGLEICH

Verbindet man die Elektroden durch einen Draht miteinander, so werden die Elektronen vom Ort höheren Elektronendrucks (Zink) zum Ort niedrigeren Elektronendrucks (Silber) verschoben. Der Elektronenfluss hört auf, wenn der Unterschied im Elektronendruck nicht mehr vorhanden ist. In der Zn/Zn^{2+}-Halbzelle nimmt durch Bildung der positiv geladenen Zinkionen die Konzentration der positiven Ladungsträger zu. In der Ag/Ag^{+}-Halbzelle nimmt durch die Reduktion der Silberionen die Konzentration der positiven Ladungsträger ab. Durch eine Wanderung positiv und negativ geladener Ionen durch die Membran kann ein Ladungsausgleich erfolgen.

NERNST'SCHES GESETZ

Die Veränderung des Potentials in der Silberhalbzelle durch Verringerung der Konzentration der Silberionen lässt sich auch am Nernst'schen Gesetz für Metallhalbzellen ablesen:

$$E(\mathrm{Ag/Ag^{+}}) = E^{0}(\mathrm{Ag/Ag^{+}}) + \frac{0{,}059\,\mathrm{V}}{1} \cdot \lg \{c(\mathrm{Ag^{+}})\}$$

Eine kleine Konzentration an Silberionen bedeutet einen negativen Logarithmus und damit ein gegenüber dem Standardpotential kleineres Potential.

Allgemein gilt für Metallhalbzellen und die Wasserstoffelektrode: Eine kleinere Ionenkonzentration als in den Standardbedingungen bedeutet ein negativeres Potential, eine größere Konzentration ein positiveres Potential der Halbzelle. Bei Nichtmetallelektroden ist es umgekehrt.

STANDARDPOTENTIALE

Nach internationaler Übereinkunft nimmt man als Bezugshalbelement eine Platinelektrode, deren Oberfläche durch aufgebrachtes, fein verteiltes Platin stark vergrößert ist. Diese platinierte Platinelektrode taucht bei $\vartheta = 25\,°C$ in eine Lösung der Oxoniumionenkonzentration $c(H_3O^+) = 1\,mol/l$ (pH = 0) und wird von Wasserstoff unter einem Druck von $p = 1013\,hPa$ umspült. Die Spannung zwischen einem Halbelement unter Standardbedingungen und dem Bezugshalbelement (Standardwasserstoffelektrode) heißt Standardredoxpotential, kurz Standardpotential.

Standardpotentiale werden mit dem Symbol E^0 gekennzeichnet und in Volt angegeben. Standardbedingungen sind: Konzentration $c = 1\,mol/l$ bzw. Druck $p = 1013\,hPa$ für alle Reaktionsteilnehmer, Temperatur $\vartheta = 25\,°C$.

STANDARDWASSERSTOFFELEKTRODE

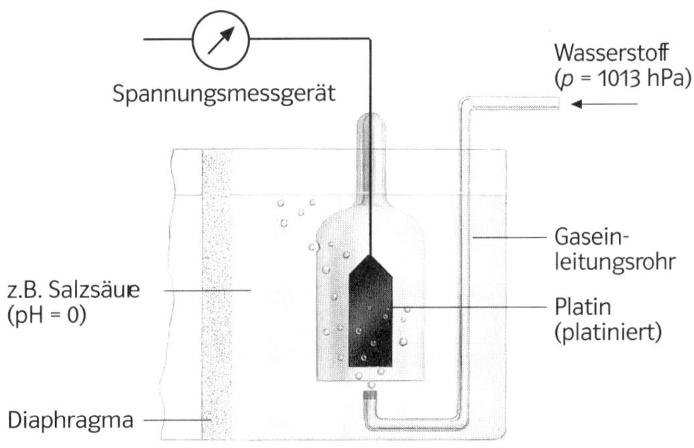

ELEKTROCHEMISCHE SPANNUNGSREIHE

Halbelemente, d.h. verschiedene korrespondierende Redoxpaare, können nach den Standardpotentialen in einer Reihe angeordnet werden. Standardpotentiale von Halbelementen, die den Minuspol darstellen, wenn sie mit der Standardwasserstoffelektrode kombiniert werden, bekommen ein negatives Vorzeichen. Man erhält die elektrochemische Spannungsreihe.

Dem Redoxpaar H_2/H_3O^+ wird definitionsgemäß das Standardpotential $E^0 = 0\,V$ zugeordnet. Bei der Messung von Standardpotentialen für Redoxpaare wie z. B. Cl^-/Cl_2 oder Fe^{2+}/Fe^{3+} ist wie bei dem Bezugshalbelement H_2/H_3O^+ eine Elektrode zur Ableitung bzw. Zuleitung der Elektronen erforderlich (Ableitelektrode). Meist dient dazu eine Platinelektrode, diese weist eine geringe chemische Angreifbarkeit auf.

MESSUNG DES STANDARDPOTENTIALS

Messung des Standardpotentials E0 (Cu/Cu2+) im U-Rohr mit Diaphragma

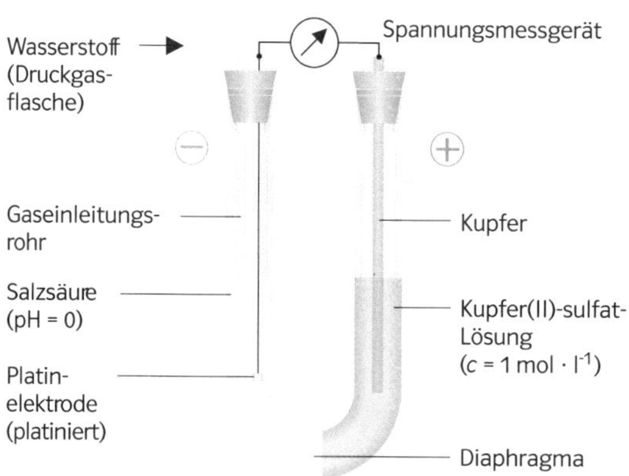

STANDARDPOTENTIALE

Unter Standardbedingungen gibt das stärkere Reduktionsmittel Elektronen an das stärkere Oxidationsmittel ab.
Argumentiert man mit den Standardelektrodenpotentialen, so gilt: Unter Standardbedingungen gibt das Reduktionsmittel des Redoxpaares mit dem kleineren (negativeren) Standardelektrodenpotential Elektronen an das Oxidationsmittel mit dem größeren (positiveren) Standardpotential ab. Das in der Spannungsreihe tiefer stehende Reduktionsmittel reduziert das höher stehende Oxidationsmittel.

AUSSCHNITT AUS DER SPANNUNGSREIHE

Red	$\rightleftharpoons$	**Ox**	**Standardpotential** **E^0 (in Volt)**
$2\,F^-$	$\rightleftharpoons$	$F_2 + 2\,e^-$	+2,87
$Mn^{2+} + 12\,H_2O$	$\rightleftharpoons$	$MnO_4^- + 8\,H_3O^+ + 5\,e^-$	+1,49
Au	$\rightleftharpoons$	$Au^{3+} + 3\,e^-$	+1,42
$2\,Cl^-$	$\rightleftharpoons$	$Cl_2 + 2\,e^-$	+1,36
$2\,Br^-$	$\rightleftharpoons$	$Br_2 + 2\,e^-$	+1,07
Ag	$\rightleftharpoons$	$Ag^+ + e^-$	+0,80
Fe^{2+}	$\rightleftharpoons$	$Fe^{3+} + e^-$	+0,77
$2\,I^-$	$\rightleftharpoons$	$I_2 + 2\,e^-$	+0,54
$4\,OH^-$	$\rightleftharpoons$	$O_2 + 2\,H_2O + 4\,e^-$	+0,40
Cu	$\rightleftharpoons$	$Cu^{2+} + 2\,e^-$	+0,34
$H_2 + 2\,H_2O$	$\rightleftharpoons$	$2\,H_3O^+ + 2\,e^-$	0
Pb	$\rightleftharpoons$	$Pb^{2+} + 2\,e^-$	−0,13
Fe	$\rightleftharpoons$	$Fe^{2+} + 2\,e^-$	−0,41
Zn	$\rightleftharpoons$	$Zn^{2+} + 2\,e^-$	−0,76
Al	$\rightleftharpoons$	$Al^{3+} + 3\,e^-$	−1,66
Na	$\rightleftharpoons$	$Na^+ + e^-$	−2,71
Li	$\rightleftharpoons$	$Li^+ + e^-$	−3,02

Zunahme der Stärke des Reduktionsmittels (↓)

Zunahme der Stärke des Oxidationsmittels (↑)

FORMEN DER NERNST-GLEICHUNG

Die Nernst-Gleichung wird für Standardbedingungen (25 °C, 1013 hPa) oft in der folgenden Form angegeben:

$$E(\text{Red/Ox}) = E^0(\text{Red/Ox}) + \frac{0{,}059\,\text{V}}{z} \cdot \lg\left\{\frac{c(\text{ox})}{c(\text{red})}\right\}$$

Red: Teilchen in der reduzierten Form
Ox: Teilchen in der oxidierten Form
z: Anzahl der je Teilchen übertragenen Elektronen

Dabei ist es unerheblich, ob sich *z* auf das Teilchen in der reduzierten oder oxidierten Form bezieht. Beide folgende Darstellungen des Gleichgewichtes führen rechnerisch beispielsweise zum gleichen elektrochemischen Potential:

$H_2 + 2\,H_2O \rightleftharpoons 2\,H_3O^+ + 2\,e^-$ bzw. $\frac{1}{2}\,H_2 + H_2O \rightleftharpoons H_3O^+ + e^-$

Im Falle der linken Reaktionsgleichung wird – wie im MWG – die Konzentration von H_3O^+-Ionen quadriert.

REDOXSYSTEME wie M/M^{z+} bzw. $H_2/2\,H_3O^+$

Für Redoxsysteme wie M/M^{z+} bzw. $H_2/2\,H_3O^+$ lässt sich für die Teilchen in der reduzierten Form keine Konzentration angeben. Hier nimmt die Nernst-Gleichung die folgende Form an:

$$E(M/M^{z+}) = E^0(M/M^{z+}) + \frac{0{,}059\,\text{V}}{z} \cdot \lg\left\{\frac{c(M^{z+})}{1}\right\}$$

bzw.

$$E(H_2/H_3O^+) = E^0(H_2/H_3O^+) + \frac{0{,}059\,\text{V}}{z} \cdot \lg\left\{\frac{c(H_3O^+)}{1}\right\}$$

REDOXSYSTEME WIE OH^-/O_2 BZW. Cl^-/Cl_2

Für Redoxsysteme wie OH^-/O_2 bzw. Cl^-/Cl_2 lässt sich für die Moleküle ebenfalls keine Konzentration angeben. Hier findet am Beispiel des Redoxpaares OH^-/O_2 die folgende Form der Nernst-Gleichung Anwendung:

$$E(OH^-/O_2) = E^0(OH^-/O_2) + 0{,}059V \cdot \lg\left\{\frac{1}{c(OH^-)}\right\}$$

$$E(OH^-/O_2) = E^0(OH^-/O_2) - 0{,}059V \cdot \lg\{c(OH^-\}$$

Treten H_3O^+- bzw. OH^--Ionen in einer Teilgleichung für ein Redoxsstem (z. B. Mn^{2+}/MnO_4^-) auf und damit auch im Quotienten des MWG, ist das Redoxpotential pH-abhängig.

Für das Redoxsystem Mn^{2+}/MnO_4^- wird die Nernst-Gleichung wie folgt formuliert:

$$E(Mn^{2+}/MnO_4^-) = E^0(Mn^{2+}/MnO_4^-) + \frac{0{,}059V}{5} \cdot \lg\left\{\frac{c(MnO_4^-) \cdot c^8(H_3O^+)}{c(Mn^{2+})}\right\}$$

Der Ausdruck im Argument des Logarithmus entspricht der Formulierung des MWG.

Permanganationen wirken daher in stark saurer Lösung wesentlich stärker oxidierend als in schwach saurer Lösung.

VORGÄNGE IN EINEM GALVANISCHEN ELEMENT

Gegeben sei folgendes galvanisches Element:

1. Erklären Sie das Zustandekommen der Spannung des galvanischen Elements.
2. Berechnen Sie die Spannung (Standardbedingungen). Verwenden Sie hierzu die Tabelle auf S. 93.
3. Beschreiben und erläutern Sie, was geschieht, wenn das Spannungsmessgerät durch einen Verbraucher (z. B. einen leichtgängigen Motor) ersetzt wird.
4. Tropft man in die rechte Halbzelle der dargestellten galvanischen Zelle einige Tropfen Kaliumiodidlösung, so bildet sich ein gelber Niederschlag und die Spannung wird kleiner. Deuten Sie diese Versuchsbeobachtungen.

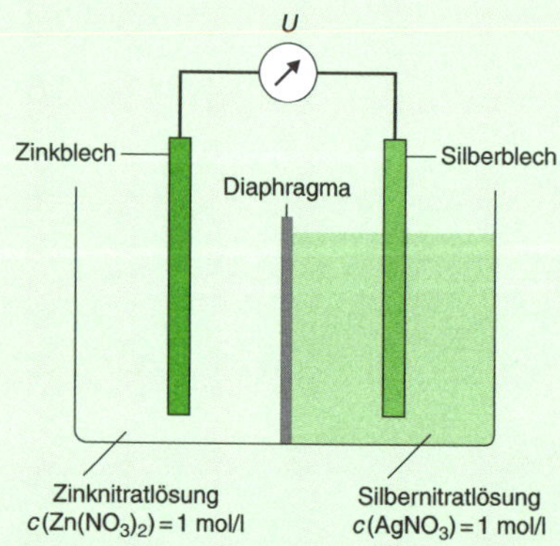

LÖSUNGEN

1. Beim Eintauchen der Metallbleche in die jeweiligen Salzlösungen bildet sich ein elektrochemisches Gleichgewicht aus, dessen Gleichgewichtslage typisch ist für das jeweilige Metall:
$$Zn \rightleftharpoons Zn^{2+} + 2\,e^- \quad \text{und} \quad Ag \rightleftharpoons Ag^+ + e^-$$
Dieses Gleichgewicht liegt beim Zink weiter auf der Seite der Ionen als beim Silber, daher bildet die Zinkelektrode den Minuspol, die Silberelektrode den Pluspol der galvanischen Zelle.
2. $\Delta E^0 = E^0(\text{Pluspol}) - E^0(\text{Minuspol}) = +0{,}8\,V - (-0{,}76\,V) = 1{,}56\,V$
3. Die Zinkelektrode ist negativer (mehr Elektronen) geladen als die Silberelektrode (weniger Elektronen), daher fließen bei einer leitenden Verbindung Elektronen von der Zink- zur Silberelektrode. Beide dynamischen Gleichgewichte an den Elektroden werden gestört. Aufgrund des Elektronendefizits an der Zinkelektrode werden Zinkatome oxidiert, aufgrund des Elektronenüberschusses an der Silberelektrode werden Silberionen reduziert:
$$Zn \longrightarrow Zn^{2+} + 2\,e^-$$
$$2\,Ag^+ + 2\,e^- \longrightarrow 2\,Ag$$
$$\overline{2\,Ag^+ + Zn \longrightarrow 2\,Ag + Zn^{2+}}$$
4. $Ag^+ + I^- \longrightarrow AgI$ (gelber Niederschlag)
Durch die Fällungsreaktion in der Silberhalbzelle wird das elektrochemische Gleichgewicht gestört, es müssen Silberionen durch Oxidation von Silberatomen nachgebildet werden. Damit entstehen auch mehr Elektronen, die auf der Elektrode zurückbleiben, das Potential der Halbzelle wird negativer, die Differenz zur Zinkhalbzelle kleiner, die Spannung sinkt.

STANDARDPOTENTIALE

1. Analysieren Sie die folgenden Versuche unter Standardbedingungen.

Stellen Sie für die Reaktionen, die ablaufen können, die Reaktionsgleichungen auf. Nehmen Sie die Tabelle auf S. 93 zu Hilfe.

a) Chlor wird in eine wässrige Lösung von Natriumbromid eingeleitet.
b) Brom wird in eine wässrige Lösung von Natriumchlorid getropft.
c) Iod wird zu einer wässrigen Natriumfluoridlösung gegeben.
d) Ein Eisennagel taucht in eine wässrige Zinkchloridlösung.
e) Ein Eisennagel taucht in eine wässrige Kupfer(II)-sulfat-Lösung.
f) Eine Eisen(II)-nitrat-Lösung wird zu einer Silbernitratlösung getropft.

2. Berechnen Sie die Spannungen folgender galvanischer Elemente im Standardzustand:

a) $Pb/Pb^{2+}//Ag^{+}/Ag$ b) $Zn/Zn^{2+}//Fe^{2+}/Fe^{3+}/Pt$ c) $Zn/Zn^{2+}//Au^{3+}/Au$

LÖSUNGEN

1. Unter Standardbedingungen gibt das stärkere Reduktionsmittel Elektronen an das stärkere Oxidationsmittel ab. Oder: Unter Standardbedingungen nimmt das stärkere Oxidationsmittel Elektronen vom stärkeren Reduktionsmittel **auf.**
Bromidionen sind ein stärkeres Reduktionsmittel als Chloridionen, Chlormoleküle sind ein stärkeres Oxidationsmittel als Brommoleküle. Bromidionen, das stärkere Reduktionsmittel, geben also Elektronen an das stärkere Oxidationsmittel, die Chlormoleküle, ab.
Argumentiert man mit den Standardelektrodenpotentialen, so gilt: Unter Standardbedingungen gibt das Reduktionsmittel des Redoxpaares mit dem kleineren (negativeren) Standardelektrodenpotential Elektronen an das Oxidationsmittel mit dem größeren (positiveren) Standardpotential ab. Das in der Spannungsreihe tiefer stehende Reduktionsmittel reduziert das höher stehende Oxidationsmittel.
a) $2\,Br^- + Cl_2 \longrightarrow Br_2 + 2\,Cl^-$ $E^0(2\,Cl^-/Cl_2) > E^0(2\,Br^-/Br_2)$
b) keine Reaktion
c) keine Reaktion
d) keine Reaktion
e) $Fe + Cu^{2+} \longrightarrow Fe^{2+} + Cu$ $E^0(Cu/Cu^{2+}) > E^0(Fe/Fe^{2+})$
f) $Fe^{2+} + Ag^+ \longrightarrow Fe^{3+} + Ag$ $E^0(Ag/Ag^+) > E^0(Fe^{2+}/Fe^{3+})$

2. a) $\Delta E^0 = E^0(Ag/Ag^+) - E^0(Pb/Pb^{2+}) = +0{,}80\,V - (-0{,}13\,V) = 0{,}93\,V$
b) $\Delta E^0 = E^0(Fe^{2+}/Fe^{3+}/Pt) - E^0(Zn/Zn^{2+}) = +0{,}77\,V - (-0{,}76\,V) = 1{,}53\,V$
c) $\Delta E^0 = E^0(Au/Au^{3+}) - E^0(Zn/Zn^{2+}) = +1{,}42\,V - (-0{,}76\,V) = 2{,}18\,V$

Michael Faraday

MICHAEL FARADAY

Die ersten quantitativen Untersuchungen von Elektrolysen wurden durch Michael Faraday 1834 durchgeführt.

Dabei zeigte sich, dass die Massen der abgeschiedenen Stoffportionen und ihre Stoffmengen dem Produkt aus Stromstärke und Zeit, also der geflossenen Ladung proportional sind:

$$n \sim I \cdot t \qquad n \sim Q_{el}$$

Wenn z die Anzahl der Elektronen ist, die für die Abscheidung eines Teilchens an der Elektrode übertragen werden, so gibt

$$Q = I \cdot t = N \cdot e \cdot z \qquad e = 1{,}60218 \cdot 10^{-19}\,\mathrm{C}$$

die elektrische Ladung an, die für die Abscheidung von N Teilchen erforderlich ist. Mit $N = n \cdot N_A$ (Avogadrokonstante, $N_A = 6{,}02214 \cdot 10^{23}\,1/\mathrm{mol}$) folgt:

$$Q = I \cdot t = n \cdot N_A \cdot e \cdot z = n \cdot F \cdot z$$

$$F = N_A \cdot e = 96\,485\,\mathrm{A \cdot s/mol} = 96\,485\,\mathrm{C/mol}$$ (Faraday-Konstante)

Um also $n = 1\,\mathrm{mol}$ einfach geladener Ionen an einer Elektrode zu entladen, ist die Ladung

$$Q = 1\,\mathrm{mol} \cdot F = 96\,485\,C$$ erforderlich.

1. FARADAY-GESETZ

Aus $Q = I \cdot t$ und $Q = n \cdot F \cdot z$ ergibt sich die Formulierung des 1. Faraday-Gesetzes:

$$I \cdot t = n \cdot F \cdot z \quad \Longleftrightarrow \quad n = I \cdot t / F \cdot z$$

Damit lässt sich auch die Berechnung zur Bestimmung der Ionenladung des Kupferions in Kupfersulfat zusammenfassen:

m(Kupfer, abgeschieden) = 0,21 g; M(Cu) = 63,5 g/mol

$$n = \frac{m}{M} = \frac{0{,}21\,\text{g} \cdot \text{mol}}{63{,}5\,\text{g}} = 3{,}31 \cdot 10^{-3}\,\text{mol}$$

$$n = \frac{I \cdot t}{F \cdot z} \quad \Longleftrightarrow \quad z = \frac{I \cdot t}{F \cdot n} = \frac{2\,\text{A} \cdot 316\,\text{s} \cdot \text{mol} \cdot 1000}{96\,485\,\text{A} \cdot \text{s} \cdot 3{,}31\,\text{mol}} \approx 2$$

d. h., die Schreibweise für das Kupferion in Kupfersulfat ist Cu^{2+}.

BEISPIEL

Bei der Elektrolyse einer Salzlösung werden die positiv geladenen Metallionen durch Elektronen aus dem Stromkreis an der Kathode entladen, das entstehende Metall scheidet sich an der Kathode ab. Kennt man die geflossene Ladung Q_{el} (das ist die Ladung, die zur Entladung einer bestimmten Anzahl bzw. einer bestimmten Stoffmenge von Metallkationen benötigt wird), die Anzahl bzw. die Stoffmenge der entstehenden Metallatome und die Ladung eines Elektrons bzw. einer bestimmten Stoffmenge Elektronen, so kann man daraus die Ladung der in der Lösung vorliegenden Kupferionen berechnen.

5 Bestimmung der Ionenladung eines Kupfer-Ions

Die Elektrolyse einer Kupfersulfatlösung bringt folgendes Ergebnis:

Bei einer Elektrolysedauer von $t = 316\,s$ und einer konstanten Stromstärke von $I = 2\,A$ hat sich eine Kupferportion mit $m = 0{,}21\,g$ an der Kathode abgeschieden.

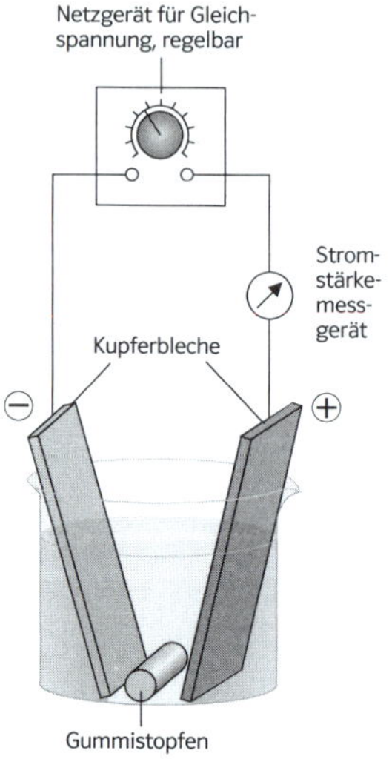

BERECHNUNG DER LADUNG EINES KUPFERIONS

Zur Entladung eines Kupferions benötigt man eine bestimmte Anzahl von Elektronen:

$$Cu^{z+} + z\,e^{-} \longrightarrow Cu \quad (1)$$

Q_{el} ist das Produkt aus der Stromstärke I und der Elektrolysedauer t:

$Q_{el} = I \cdot t$ (Einheit: A·s oder C) $\quad Q_{el} = 2 \cdot 316\,A \cdot s = 632\,C$

Mit dem Betrag e der Ladung eines Elektrons bzw. der Faradaykonstante F (Betrag der molaren Ladung der Elektronen) ergibt sich die Stoffmenge $n(e^-)$ der bei der Elektrolyse geflossenen Elektronen.

$F = e \cdot N_A$ wobei e = elektrische Elementarladung und N_A = Avogradokonstante ist:
$F = 1{,}60218 \cdot 10^{-19}\,C \cdot 6{,}02214 \cdot 10^{23}\,mol^{-1} = 96\,485\,C \cdot mol^{-1}$

$$n(e^-) = \frac{Q_{el}}{F} = \frac{632\,C \cdot mol}{96\,485\,C} = 0{,}00655\,mol$$

Berechnung der Stoffmenge der Kupferionen, die zu Kupferatomen entladen wurden:
m(Kupfer, abgeschieden) = 0,21 g

$$n(Cu) = \frac{m(\text{Kupfer})}{M(Cu)} = \frac{0{,}21\,g \cdot mol}{63{,}5\,g} = 0{,}00331\,mol \qquad n(Cu^{2+}) = n(Cu)$$

Mit der Reaktionsgleichung (1) ergibt sich folgendes Stoffmengenverhältnis:

$$\frac{n(Cu^{z+})}{n(e^-)} = \frac{1}{z} \qquad z = \frac{n(e^-)}{n(Cu^{z+})} = \frac{0{,}00655\,mol}{0{,}00331\,mol} = 1{,}98 \approx 2$$

Ergebnis: Das Kupferion trägt demnach die Ladung 2+ und ist als Cu^{2+} zu formulieren.

POTENTIOMETRISCHE ANALYSE

Die Spannungsmessung mithilfe einer galvanischen Zelle kann natürlich auch dazu genutzt werden, die unbekannte **Konzentration** einer Ionensorte zu bestimmen. Dieses soll im Folgenden an dem bekannten Beispiel dargestellt werden.

$$\Delta E = E(\text{Pluspol}) - E(\text{Minuspol})$$

$$\Delta E = E(Ag/Ag^{+}) - E(Fe/Fe^{2+})$$

gesucht: $c(Fe^{2+})$

$$\Delta E - E(Ag/Ag^{+}) = -E(Fe/Fe^{2+})$$

$$1{,}21\,V - (0{,}8\,V + 0{,}059\,V/1 \cdot \lg 10^{-1}) = -(-0{,}41\,V + 0{,}059\,V/2\, \lg\{c(Fe^{2+})\})$$

$$1{,}21\,V - 0{,}741\,V - 0{,}41\,V = -0{,}059\,V/2\, \lg\{c(Fe^{2+})\}$$

$$0{,}059\,V = -0{,}059\,V/2\, \lg\{c(Fe^{2+})\}$$

$$-2 = \lg\{c(Fe^{2+})\}$$

$$10^{-2}\,mol/l = c(Fe^{2+})$$

Dieses ist ein Beispiel für eine **potentiometrische Analyse**. Sie ermöglicht die Konzentrationsbestimmung aufgrund der Konzentrationsabhängigkeit des elektrochemischen Potentials, der Spannung der galvanischen Zelle. Die eine Halbzelle weist eine Messelektode auf, deren Potential von der unbekannten Konzentration der Ionenart abhängt. Die zweite Halbzelle stellt die Bezughalbzelle dar. Diese wird auch verkürzt als **Bezugselektrode** bezeichnet. Die Bezugselektrode weist ein konstantes Potential auf. Im obigen Beispiel ist die Ag/Ag^{+}-Halbzelle die Bezugshalbzelle. Die Eisenelektrode ist die „Indikatorelektrode", ihr Potential hängt von der Konzentration der Eisen(II)-Ionen ab. Die Spannung muss mit einem Spannungsmessgerät mit einem sehr hohen Innenwiderstand gemessen werden. Das hochohmige Messgerät ist notwendig, damit die Messung möglichst stromlos erfolgt.

Die Bezugshalbzelle und die Indikatorelektrode können in der Technik zu einer **Einstabmesskette** verbunden sein. Ein Beispiel für eine solche Einstabmesskette ist die Glaselektrode zur pH-Wert-Messung.

GALVANISCHE ZELLE

Bei Eisenmangel werden Patienten häufig Eisenpräparate verschrieben. Als Wirkstoff enthalten diese Präparate, die als Kapseln oder Tropfen im Handel sind, Eisen(II)-sulfat. Der Eisengehalt lässt sich mithilfe einer galvanischen Zelle bestimmen.

Im Experiment soll die Masse der Eisen(II)-Ionen, die in einer Kapsel enthalten sind, bestimmt werden. Es stehen folgende Materialien zur Verfügung: 1 Silberelektrode, 1 Eisenelektrode, 1 U-Rohr mit Diaphragma, Spannungsmessgerät, 100-ml-Messkolben, dest. Wasser, Kapsel des Eisenpräparates (enthält 50 mg Eisen(II)-Ionen), Silbernitratlösung der Konzentration $c(Ag^+) = 0{,}1\,mol/l$.

Die Kapsel wird in den 100-ml-Messkolben gegeben und in dest. Wasser gelöst, anschließend wird die Lösung mit dest. Wasser auf 100 ml aufgefüllt. Die Lösung wird in den Schenkel mit der Eisenelektrode des U-Rohres gefüllt. Die sich zwischen den beiden Elektroden einstellende Spannung wird gemessen.

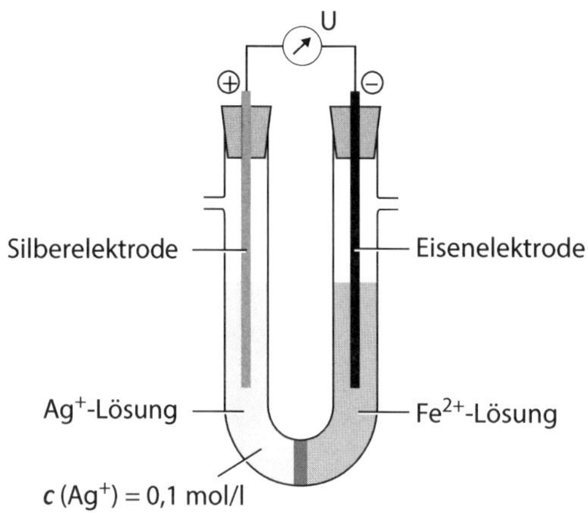

Fe^{2+}-BESTIMMUNG

Bei Eisenmangel werden Patienten häufig Eisenpräparate verschrieben.

Als Wirkstoff enthalten diese Präparate, die als Kapseln oder Tropfen im Handel sind, Eisen(II)-sulfat. Der Eisengehalt lässt sich mithilfe einer galvanischen Zelle bestimmen.

Berechnen Sie die Spannung der galvanischen Zelle. Gehen Sie aus Vereinfachungsgründen davon aus, dass die Kapsel 55,85 mg Eisen(II)-Ionen enthält.

Zusatzinformationen:
$E^0(Ag/Ag^+) = +0{,}8\,V$
$E^0(Fe/Fe^{2+}) = -0{,}41\,V$
$M(Fe^{2+}) = 55{,}85\,g/mol$

LÖSUNGEN

Berechnung der Spannung

$\Delta E = E(\text{Pluspol}) - E(\text{Minuspol})$
Nernst-Gleichung für Metallhalbzellen

$$E(M/M^{z+}) = E^0(M/M^{z+}) + \frac{0{,}059\,V}{z} \cdot \lg\{c(M^{z+})\}$$

$$E(Ag/Ag^+) = 0{,}8\,V + 0{,}059\,V/1 \cdot \lg 10^{-1} = 0{,}741\,V$$

$$c(Fe^{2+}) = \frac{n(Fe^{2+})}{V(Fe^{2+}\text{-Lsg.})} \qquad n(Fe^{2+}) = \frac{m(Fe^{2+})}{M(Fe^{2+})}$$

$$n(Fe^{2+}) = \frac{0{,}05585\,g}{55{,}85\,g/mol} = 10^{-3}\,mol$$

$$c(Fe^{2+}) = \frac{10^{-3}\,mol}{0{,}1\,l} = 10^{-2}\,mol$$

$$E(Fe/Fe^{2+}) = -0{,}41\,V + \frac{0{,}059\,V}{2} \cdot \lg 10^{-2} = -0{,}469\,V$$

$$\Delta E = 0{,}741\,V - (-0{,}469\,V) = 1{,}21\,V$$

ELEKTROLYSE

Vergleich einer Elektrolysezelle mit einem galvanischen Element

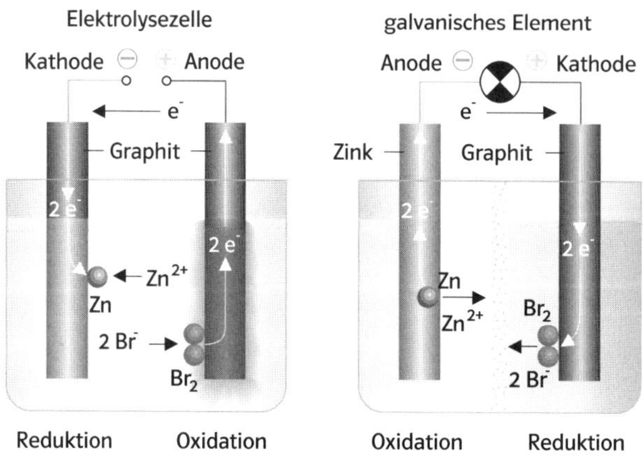

Eine Elektrolyse ist die Umkehrung der in einem galvanischen Element freiwillig unter Abgabe von elektrischer Energie ablaufenden Redoxreaktion. Die Elektrolyse wird durch Zufuhr von elektrischer Energie erzwungen. Elektrodenreaktionen laufen nur ab, solange die Gleichspannung angelegt ist, d. h., solange sie elektrische Arbeit verrichtet.

Unterbricht man die Elektrolyse, so kann man feststellen, dass zwischen den Elektroden noch eine Spannung bleibt: Durch die Abscheidung der Elektrolyseprodukte verändern sich die Graphitelektroden an ihrer Oberfläche, im abgebildeten Beispiel sind sie zu einer Zink- und einer Bromelektrode geworden, d. h., es ist ein galvanisches Element entstanden, das aus einer Zn/Zn^{2+}-Halbzelle und einer Br^-/Br_2-Halbzelle besteht.

VORGÄNGE BEI DER ELEKTROLYSE

Pluspol	$2\,Br^-(aq)$	$\longrightarrow$	$Br_2(l) + 2\,e^-$	Oxidation
Minuspol	$Zn^{2+}(aq) + 2\,e^-$	$\longrightarrow$	$Zn(s)$	Reduktion
	$Zn^{2+}(aq) + 2\,Br^-(aq)$	$\longrightarrow$	$Zn(s) + Br_2(l)$	Redoxreaktion

VORGÄNGE IM GALVANISCHEN ELEMENT

Pluspol	$Zn(s)$	$\longrightarrow$	$Zn^{2+}(aq) + 2\,e^-$	Oxidation
Minuspol	$Br_2(l) + 2\,e^-$	$\longrightarrow$	$2\,Br^-(aq)$	Reduktion
	$Zn(s) + Br_2(l)$	$\longrightarrow$	$Zn^{2+}(aq) + 2\,Br^-(aq)$	Redoxreaktion

POLARISATIONSSPANNUNG – ZERSETZUNGSSPANNUNG

Bei der Elektrolyse steigt erst ab einer bestimmten Spannung die Stromstärke deutlich an und an den Elektroden ist erst ab einer bestimmten Spannung eine Abscheidung von Stoffen zu beobachten. Von da an nimmt die Stromstärke linear mit der Spannung zu, entsprechend dem Ohmschen Gesetz $I = U/R$.
Die zur Abscheidung der Elektrolyseprodukte erforderliche Mindestspannung heißt Zersetzungsspannung U_Z, sie kann aus der Stromstärke-Spannungs-Kurve ermittelt werden.

KURVENVERLAUF BEI DER SALZSÄURE-ELEKTROLYSE

Bereits bei einer geringen Spannung werden kleinste Portionen Wasserstoff und Chlor an den Platinelektroden abgeschieden und dort adsorbiert. Dadurch sind die Platinelektroden zu einer Wasserstoff- und einer Chlorelektrode geworden, sie sind polarisiert. Es ist somit ein galvanisches Element entstanden, dessen Spannung, die Polarisationsspannung, der angelegten äußeren Spannung entgegen gerichtet ist.

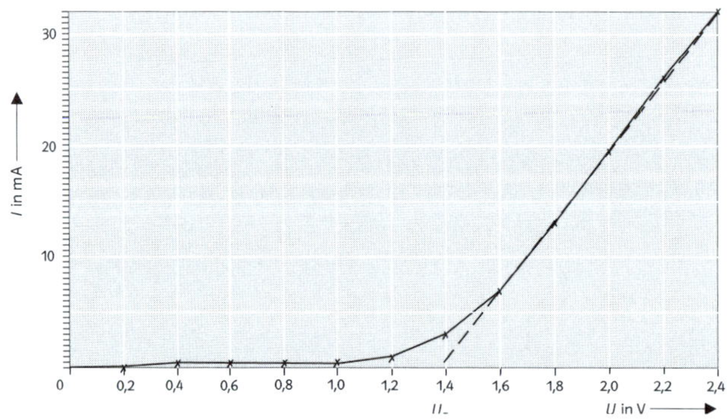

DIFFUSIONSSTROM

Der festgestellte schwache Strom heißt Diffusionsstrom, da ständig ein Teil der adsorbierten Gase in die Lösung diffundiert und Gase dann erneut an den Elektroden abgeschieden werden. Erhöht man die angelegte Spannung, so nimmt mit steigendem Partialdruck der Gase auch die Polarisationsspannung zu, bis die Partialdrücke Atmosphärendruck erreichen (sichtbare Gasblasen!). Die maximale Polarisationsspannung lässt sich aus der Spannung des entsprechenden galvanischen Elements (hier: $Pt/H_2/HCl//HCl/Cl_2/Pt$) berechnen. Die Zersetzungsspannung muss also mindestens so groß sein wie die Spannung des entsprechenden galvanischen Elements.

ÜBERSPANNUNG

Überpotentiale, hervorgerufen durch kinetische Hemmungen von Elektrodenreaktionen bei Redoxpaaren, führen zu einer Überspannung. Sie haben am Pluspol ein positives, am Minuspol ein negatives Vorzeichen. Betroffen sind v.a. Redoxpaare mit Gasen. Die Überpotentiale hängen ab von der Art und Oberflächenbehandlung des Elektrodenmaterials, von der Temperatur, von der Stromdichte und von der Art und Konzentration der vorhandenen Ionen.

ABSCHEIDUNGSPOTENTIALE

Den einzelnen Elektrodenvorgängen kann man Abscheidungspotentiale zuordnen, welche den Beträgen nach mindestens den Redoxpotentialen der betreffenden korrespondierenden Redoxpaare entsprechen. Wird eine Natriumsulfatlösung an Platinelektroden elektrolysiert, entstehen als Reaktionsprodukte Wasserstoff und Sauerstoff. Es findet also keine Reduktion von Natriumionen und keine Oxidation von Sulfationen statt. Dies kann nur dadurch erklärt werden, dass die Elektrolyseprodukte aus dem Lösungsmittel Wasser gebildet werden. Aufgrund des Autoprotolyse-Gleichgewichts $2\,H_2O \rightleftharpoons H_3O^+ + OH^-$ existieren in jeder Elektrolytlösung neben Ionen des Elektrolyten auch Oxoniumionen und Hydroxidionen, welche an den Elektroden reduziert bzw. oxidiert werden können.

Man kann die Elektrodenreaktionen aber auch als direkte Oxidation und Reduktion von Wassermolekülen formulieren:

Pluspol (Anode): $6\,H_2O \longrightarrow O_2 + 4\,H_3O^+ + 4\,e^-$

Minuspol (Kathode): $2\,H_2O + 2\,e^- \longrightarrow H_2 + 2\,OH^-$

Das tatsächliche Abscheidungspotential E_A an einer Elektrode ergibt sich aus der Summe des Redoxpotentials E(Red/Ox) und dem Überpotential $E_Ü$:

$E_A = E(\text{Red/Ox}) + E_Ü$.

Aus den Abscheidungspotentialen, d.h. bei Kenntnis der Überpotentiale, lässt sich vorhersagen, welche Elektrodenreaktionen bei einer Elektrolyse zuerst stattfinden.

ZERSETZUNGSSPANNUNG

Die Zersetzungsspannung U_Z ergibt sich aus der Differenz der Abscheidungspotentiale:

$U_Z = E_A(\text{Pluspol}) - E_A(\text{Minuspol})$

$U_Z = E_A(\text{Anode}) - E_A(\text{Kathode})$

Bei der Elektrolyse werden an der Anode (Pluspol) bzw. Kathode (Minuspol) zuerst die Teilchen oxidiert bzw. reduziert, welche die kleinste Differenz zwischen den Abscheidungspotentialen ergeben: Es läuft der Gesamtvorgang ab, welcher die kleinste Zersetzungsspannung erfordert.

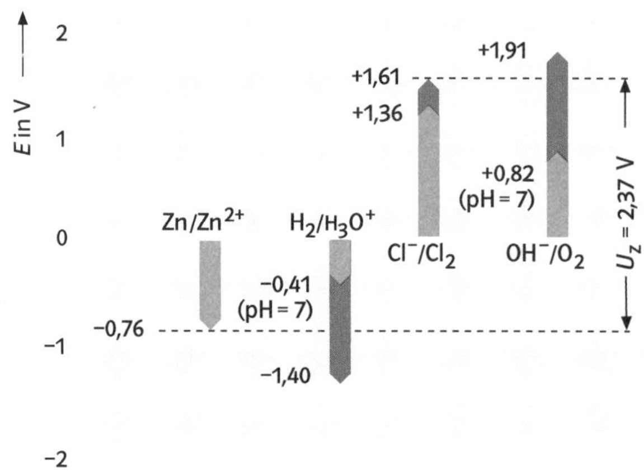

Abscheidungspotentiale zur Elektrolyse einer neutralen Lösung von Zinkchlorid ($ZnCl_2$) an Graphitelektroden (Stromdichte $J = 0{,}1\ A \cdot cm^{-2}$). Rot: Überpotentiale

Die Existenz von Überpotentialen ermöglicht zahlreiche Elektrolysen mit der Abscheidung unedler Metalle aus wässrigen Lösungen, die aufgrund der Redoxpotentiale der korrespondierenden Redoxpaare nicht möglich wären, wie z. B. die Elektrolyse von Zinkchlorid in neutraler Lösung an Graphitelektroden. Dabei scheiden sich Zink an der Kathode und Chlor an der Anode ab. Wasserstoff bzw. Sauerstoff werden aufgrund der höheren Überspannung an Graphitelektroden nicht abgeschieden.

ELEKTROLYSEN WÄSSRIGER LÖSUNGEN

1. **Eine verdünnte wässrige Lösung von Natriumsulfat wird an blanken Platinelektroden elektrolysiert. Welcher Stoff scheidet sich an der Kathode, welcher an der Anode ab?**

2. **Erklären Sie: Tropft man während der Elektrolyse etwas Bromthymolblaulösung in den Anodenraum, tritt dort eine Gelbfärbung auf, tropft man etwas Bromthymolblaulösung in den Kathodenraum, so zeigt sich dort eine Blaufärbung.**

LÖSUNGEN

1. Bei der Entscheidung über die Stoffabscheidung an Anode und Kathode müssen alle Teilchen berücksichtigt werden, die sich in der Elektrolyselösung befinden:

   Mögliche Anodenvorgänge:
   a) $4\,OH^- \longrightarrow O_2 + 2\,H_2O + 4\,e^-$ $E = +0{,}82\,V$ (pH = 7)
   b) $2\,SO_4^{2-} \longrightarrow S_2O_8^{2-} + 2\,e^-$ $E^0 = +2{,}0\,V$
   Mögliche Kathodenvorgänge:
   a) $Na^+ + e^- \longrightarrow Na$ $E^0 = -2{,}71\,V$
   b) $2\,H_3O^+ + 2\,e^- \longrightarrow H_2 + 2\,H_2O$ $E = -0{,}41\,V$ (pH = 7)

   Es läuft der Gesamtvorgang ab, der die kleinste Zersetzungsspannung erfordert, d.h., an der Anode wird Sauerstoff, an der Kathode wird Wasserstoff entwickelt.
   $\Delta E = 0{,}82\,V - (-0{,}41\,V) = 1{,}23\,V$

2. Anodenraum:
   Bromthymolblaulösung gelb: saure Lösung. Die Entladung von Hydroxidionen aus dem Autoprotolysegleichgewicht des Wassers führt zu einem Überschuss an Oxoniumionen (saure Lösung!).
   Kathodenraum:
   Bromthymolblaulösung blau: alkalische Lösung. Die Entladung von Oxoniumionen aus dem Autoprotolysegleichgewicht des Wassers führt zu einem Überschuss an Hydroxidionen (alkalische Lösung).

ÄQUIVALENTLEITFÄHIGKEIT

Saure und alkalische Lösungen leiten ebenso wie Salzlösungen den elektrischen Strom. Die verschiedenen Ionen tragen in unterschiedlichem Maße zur Leitfähigkeit bei. Dies wird durch ihre Äquivalentleitfähigkeit ausgedrückt. Besonders große Ionenbeweglichkeiten und damit auch besonders große Ionenäquivalentleitfähigkeiten weisen Oxonium- und Hydroxidionen auf. Diese Unterschiede in den Äquivalentleitfähigkeiten können zur Bestimmung des Äquivalenzpunkts bei Säure-Base-Titrationen genutzt werden.

ÄNDERUNG DER ELEKTRISCHEN LEITFÄHIGKEIT

Säure-Base-Titrationen von gefärbten Lösungen sind mit Hilfe von Indikatoren praktisch nicht durchführbar. Neben der Aufnahme einer Titrationskurve mittels eines pH-Meters (potentiometrische Titration) kann zur Bestimmung des Äquivalenzpunktes die Änderung der elektrischen Leitfähigkeit der Probelösung im Verlauf der Titration (Leitfähigkeitstitration, konduktometrische Titration) dienen. Üblicherweise wird die Stromstärke in Abhängigkeit vom Volumen der Maßlösung gemessen, weil bei konstanter Spannung und Elektrodenanordnung Leitfähigkeit und Stromstärke proportional sind.

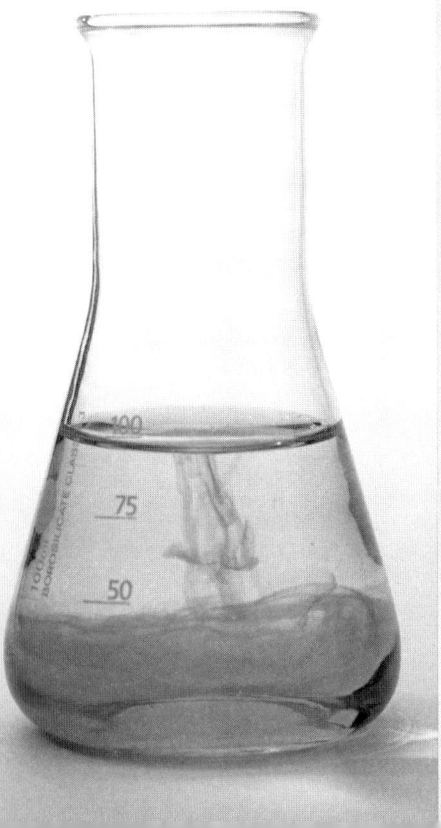

ÄNDERUNG DER ELEKTRISCHEN LEITFÄHIGKEIT

Die einzelnen Ionenarten tragen in unterschiedlichem Maße zur Leitfähigkeit bei. Die Einzelleitfähigkeit einer Ionenart nennt man Ionenäquivalentleitfähigkeit. Für verdünnte Lösungen setzt sich die Äquivalentleitfähigkeit additiv aus den Beiträgen von Kationen und Anionen zusammen. Beim Vergleich der Ionenäquivalentleitfähigkeiten ist zu beachten, dass Ionen in wässriger Lösung hydratisiert vorliegen. Kleine sowie mehrfach geladene Ionen sind aufgrund der größeren Ladungsdichte stärker hydratisiert und deshalb weniger beweglich.

Kation	λ_+	Anion	λ_-
H^+	349,7	OH^-	199,2
Li^+	38,7	F^-	55,4
Na^+	50,1	Cl^-	76,4
K^+	73,5	Br^-	78,14
Ag^+	61,9	I^-	76,8
NH_4^+	73,5	CH_3COO^-	40,9
Mg^{2+}	53,0	NO_3^-	71,5
Ca^{2+}	59,5	CrO_4^{2-}	85,0
Ba^{2+}	63,6	SO_4^{2-}	80,0
Cu^{2+}	53,6	HCO_3^-	44,5
Zn^{2+}	52,8	CO_3^{2-}	68,4

Ionenäquivalenzleitfähigkeiten in wässriger Lösung bei $\vartheta = 25\,°C$ (in $cm^2 \cdot \Omega^{-1} \cdot mol^{-1}$)

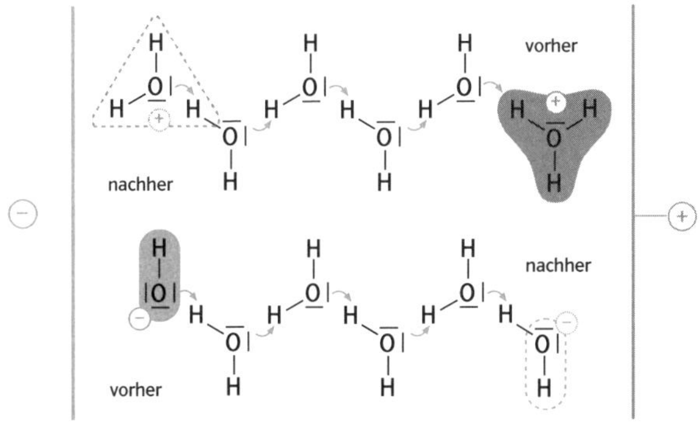

Besonders große Ionenbeweglichkeiten und damit auch Ionenäquivalentleitfähigkeiten weisen Oxoniumionen sowie Hydroxidionen auf. Diese Sonderstellung hängt mit der Nahordnungsstruktur des Wassers zusammen. Im Wasser wird durch den Auf- und Abbau von Wasserstoffbrückenbindungen ein rascher Ladungstransport ermöglicht, ohne dass dazu die eigentliche „Wanderung“ von Oxoniumionen oder Hydroxidionen erforderlich ist.

KONZENTRATIONSABHÄNGIGKEIT DER POTENTIALE

Zwischen dem Potential eines Redoxpaares und den Konzentrationen der an der Redoxreaktion beteiligten Teilchen besteht ein gesetzmäßiger Zusammenhang (Nernst-Gleichung). Aus den Potentialen von Redoxpaaren lassen sich somit Konzentrationen ermitteln. Experimentell ergibt sich das Potential eines Redoxpaares nur durch Messung einer Potentialdifferenz (Spannung) zwischen diesem und einem zweiten Redoxpaar. Dazu muss dessen Potential bekannt sein. Die Messung der Potentialdifferenz erfolgt durch eine Spannungsmessung, bei der zwischen den beiden Halbzellen kein elektrischer Strom fließt. Für das Erfassen einer Konzentration benötigt man eine Elektrode mit bekanntem Potential (Bezugselektrode) und eine Elektrode, deren Potential von der zu bestimmenden Konzentration abhängt (Messelektrode). Dieses Verfahren zur Konzentrationsermittlung bezeichnet man als Potentiometrie. Damit lassen sich vor allem sehr kleine Konzentrationen erfassen, die durch Titration nicht mehr bestimmt werden können.

Für die Berechnung ist die Nernst-Gleichung für die Konzentrationsabhängigkeit von Potentialen erforderlich. Ihre allgemeine Form lautet:

$$E^0(\mathrm{Red/Ox}) + \frac{0{,}059\,\mathrm{V}}{z}\,\lg\frac{\{c(\mathrm{Ox})\}}{\{c(\mathrm{Red})\}}$$

so z. B. für das Redoxpaar $H_2(g) + 2\,H_2O(l) \rightleftharpoons 2\,H_3O^+ + 2\,e^-$

$$E(H_2/H_3O^+) = E^0(H_2/H_3O^+) + \frac{0{,}059\,\mathrm{V}}{2}\cdot\lg\left\{\frac{c(H_3O^+)}{c(H_2)}\right\}$$

Die Konzentration reiner, fester, flüssiger und gasförmiger Stoffe ist $c = 1\,\mathrm{mol/l}$,

eingesetzt: $$E(H_2/H_3O^+) = E^0(H_2/H_3O^+) + \frac{0{,}059\,\mathrm{V}}{2}\cdot\lg\{c(H_3O^+)\}$$

Mit $E^0(H_2/H_3O^+) = 0\,\mathrm{V}$ folgt:

$$E(H_2/H_3O^+) = 0{,}059\,\mathrm{V}\cdot\lg\{c(H_3O^+)\} = -0{,}059\,\mathrm{V}\cdot\mathrm{pH}$$

DAS IONENPRODUKT DES WASSERS

Die Anwesenheit von Oxoniumionen und Hydroxidionen in Wasser ist Folge des sehr weit links liegenden Autoprotolysegleichgewichts der Wassermoleküle:

$$H_2O + H_2O \rightleftharpoons H_3O^+ + OH^-$$

$$\text{MWG:} \quad K = \frac{c(H_3O^+) \cdot c(OH^-)}{c^2(H_2O)}$$

Da die Konzentration der unprotolysierten Wassermoleküle gegenüber der der Wassermoleküle, die die Protolysereaktion eingehen, sehr groß ist, wird deren Konzentration als konstant betrachtet und $c^2(H_2O)$ in eine neue Gleichgewichtskonstante K_W miteinbezogen:

$$K \cdot c^2(H_2O) = K_W = c(H_3O^+) \cdot c(OH^-)$$

Das Produkt bezeichnet man als Ionenprodukt des Wassers. Es gilt nicht nur für Wasser, sondern auch für andere verdünnte Lösungen. Daraus folgt, dass die Konzentration der Oxonium- und Hydroxidionen in Lösung voneinander abhängen. Dieses Gleichgewicht ist die Grundlage für die Berechnung von pH-Werten alkalischer Lösungen und die so bedeutende Neutralisationsreaktion.

Bestimmung des Ionenprodukts von Wasser

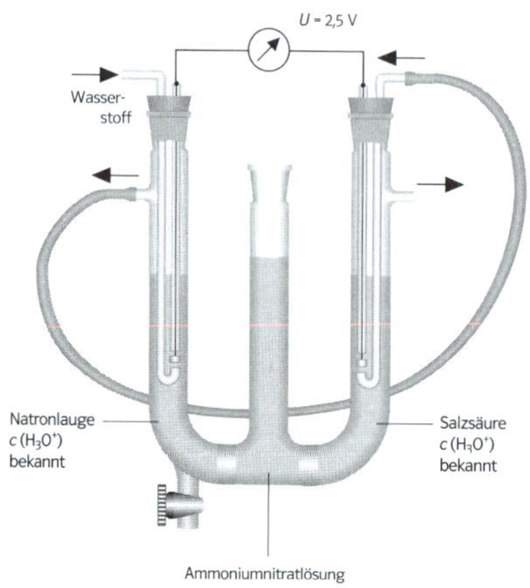

Durch die Autoprotolyse des Wassers liegen in wässrigen Lösungen bei jedem pH-Wert Oxonium- und Hydroxidionen vor. Die teilweise sehr kleinen Konzentrationen können (z. B. von Oxoniumionen in alkalischen Lösungen) mit Hilfe eines H_2/H_3O^+-Konzentrationselements bestimmt werden. Die Messung erfolgt in Salzsäure, $c = 0{,}1\,mol/l$ und in Natronlauge, $c = 0{,}01\,mol/l$, sodass folgendes Konzentrationselement vorliegt:

$H_2/H_3O^+\ (c = ??)//H_3O^+\ (c = 0{,}1\,mol/l)/H_2$

Messergebnis (bei $\vartheta = 24\,°C$): $\Delta E = 0{,}635\,V$

BERECHNUNG DER KONZENTRATION DER OXONIUMIONEN IN DER „NATRONLAUGE-HALBZELLE"

Für das Potential einer Wasserstoffhalbzelle ergibt sich nach der Nernst-Gleichung

$$E = 0{,}059\,V \cdot \lg\{c(H_3O^+)\} = -0{,}059\,V \cdot pH$$

Damit erhält man für die Potentialdifferenz

$$\Delta E = E_1 - E_2 = -0{,}059\,V \cdot pH_1 - (-0{,}059\,V \cdot pH_2)$$

Für $\Delta E = 0{,}635\,V$ gilt:

$$0{,}635\,V = -0{,}059\,V + 0{,}059\,V \cdot pH_2$$
$$0{,}694\,V = 0{,}059\,V \cdot pH_2$$
$$11{,}8 = pH_2$$

BERECHNUNG DES IONENPRODUKT DES WASSERS

Mit der Konzentration der Hydroxidionen in der Lösung ($c = 0{,}01\,mol/l$) ergibt sich für das Ionenprodukt des Wassers:

$$K_W = c(H_3O^+) \cdot c(OH^-)$$
$$= 10^{-11{,}8}\,mol/l \cdot 10^{-2}\,mol/l$$
$$= 10^{-13{,}8}\,mol^2/l^2$$

Der Literaturwert ist bei $\vartheta = 24\,°C$:

$$K_W = 10^{-14}\,mol^2/l^2$$

LEITFÄHIGKEITSTITRATION

Die Leitfähigkeitstitration von 100 ml Salzsäure unbekannter Konzentration mit Natronlauge, $c(OH^-) = 1\,mol/l$ brachte folgende Messwerte:

***V* (Natronlauge) in ml)**	0	1	2	3	4	5	6	7	8	9	10	11	12	13	14	15
***I* in mA**	60	55	51	47	42,5	39	35,5	30	25,5	21	21	25	29	32	34	37

1. Zeichnen Sie die Titrationskurve.
2. Bestimmen Sie den Verbrauch an Maßlösung bis zum Äquivalenzpunkt und berechnen Sie die Konzentration der eingesetzten Salzsäure
3. Begründen Sie den Verlauf der Titrationskurve, auch unter Zuhilfenahme der Reaktionsgleichung.

LÖSUNGEN

1.

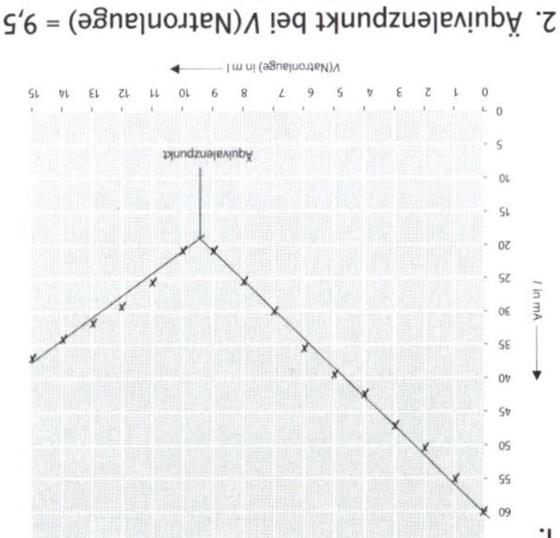

2. Äquivalenzpunkt bei V(Natronlauge) = 9,5 ml
   Aus $c(HCl) \cdot V(\text{Salzsäure}) =$
   $c(NaOH) \cdot V(\text{Natronlauge})$ ergibt sich:

$$c(HCl) = \frac{c(NaOH) \cdot V(\text{Natronlauge})}{V(\text{Salzsäure})} = \frac{1\,mol \cdot l^{-1} \cdot 9{,}5\,ml}{100\,ml}$$
$$= 0{,}095\,mol \cdot l^{-1}$$

3. $H_3O^+ + Cl^- + Na^+ + OH^- \longrightarrow 2\,H_2O + Na^+ + Cl^-$
   Zunächst erfolgt eine starke Abnahme der Leitfähigkeit bis zum Äquivalenzpunkt, da Oxoniumionen durch Reaktion mit zugesetzten Hydroxidionen beseitigt werden, die durch die hinzukommenden Natriumionen aufgrund ihrer wesentlich geringeren Ionenäquivalentleitfähigkeit nicht ausgeglichen werden kann. Am Äquivalenzpunkt steigt die Leitfähigkeit wieder an, da sich die zugesetzten Hydroxidionen, die nun keinen Reaktionspartner mehr finden, in der Lösung anreichern. Die Leitfähigkeit der Lösung nimmt aber nicht in dem Maße zu, wie sie vor dem Äquivalenzpunkt abgenommen hat, da die Hydroxidionen eine geringere Ionenäquivalentleitfähigkeit besitzen als die Oxoniumionen.

DIE REIHENFOLGE DER ABSCHEIDUNG

Die Reihenfolge der Abscheidung von Teilchen an der Elektrode bei der Elektrolyse hängt ab vom entsprechenden Abscheidungspotential E_A dieser Teilchenart. Dieses setzt sich zusammen aus dem momentanen elektrochemischen Potential (auch unter Berücksichtigung der Konzentration) und dem Überpotential $E_Ü$. Ferner muss noch die Verringerung der Konzentration während der Elektrolyse berücksichtigt werden. Diese Veränderungen wirken sich jedoch nur aus, wenn die Abscheidungspotentiale zweier Teilchenarten nahe beisammen liegen.

An der Kathode laufen bei der Elektrolyse Reduktionsvorgänge ab, die Teilchen nehmen Elektronen auf. Dies geschieht umso leichter, je geringer der „Elektronendruck" des Redoxpaares ist, d.h., je positiver bzw. je weniger negativ sein Potential ist.

An der Anode laufen Oxidationsvorgänge ab, die Teilchen geben Elektronen ab. Dies erfolgt umso leichter, je größer der „Elektronendruck" des Redoxpaares ist, d.h., je negativer bzw. je weniger positiv sein Potential ist.

Bei der Oxidation von Chloridionen an der Anode wird durch Verringerung der Konzentration der Ionen das Abscheidungspotential immer positiver (nach Nernst, siehe Wissenscheck S. 119):

$$E_A(Cl^-/Cl_2) = 1{,}38\,V - 0{,}059\,V \cdot \lg\{c(Cl^-)\}$$

Eine kleiner werdende Konzentration bedeutet ein positiver werdendes Abscheidungspotential.

ALUMINIUM

Aluminium ist heute nach Eisen (Stahl) das wichtigste Gebrauchsmetall. Aluminium wird aus Bauxit gewonnen. Dazu muss zunächst aus dem Bauxit Aluminiumoxid hergestellt werden. Anschließend wird Aluminium durch Schmelzflusselektrolyse aus Aluminiumoxid gewonnen. Als Elektrolyt dient eine Schmelze aus Aluminiumoxid in Kryolith (Natrium-hexafluoroaluminat(III), $Na_3[AlF_6]$.

ELEKTROLYSEZELLE ZUR ALUMINIUMGEWINNUNG

Die Elektrolysezelle zur Aluminiumgewinnung besteht aus einer eisernen Wanne, die innen mit Graphitsteinen ausgekleidet ist. An ihr scheidet sich das metallische Aluminium ab. Es sammelt sich auf dem Boden der Graphitwanne, wo es von Zeit zu Zeit abgesaugt wird. Durch die Elektrolytschmelze ist es vor der Oxidation geschützt. Als Anoden tauchen Graphitblöcke in die Schmelze ein, die laufend zu Kohlenstoffdioxid bzw. Kohlenstoffmonooxid oxidiert und dadurch verbraucht werden. Elektrolysiert wird bei einer Spannung von etwa 4,5 V und einer Stromstärke von 300 000 A. Die beim Stromfluss durch die Elektrolytschmelze erzeugte Wärme sowie die bei der Anodenreaktion frei werdende Reaktionswärme halten die Elektrolytschmelze flüssig. Das Anodengas wird ständig abgesaugt. Das „Hüttenaluminium“ ist nahezu rein ($w(Al) \approx 99{,}9\,\%$) und wird z. B. in Barren gegossen.

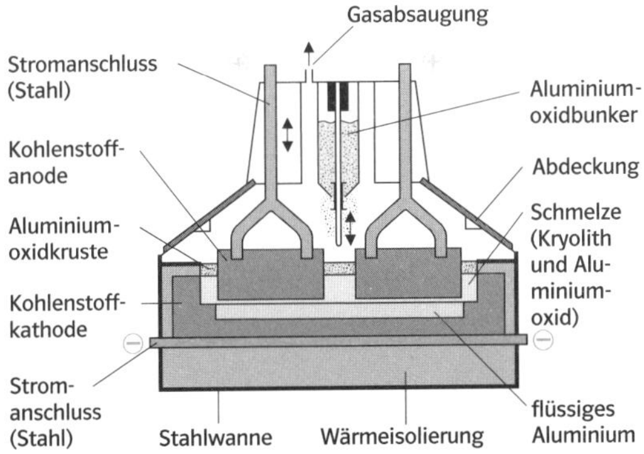

HERSTELLUNG UND RECYCLING

Die Herstellung von 1 t Aluminium erfordert etwa 2 t Aluminiumoxid, bei einem Verbrauch von 0,45 t Graphitanoden und ca. 15 000 kWh.

Aluminiumprodukte können wieder eingeschmolzen werden (Aluminiumrecycling). Dazu sind nur 5 % der zur Aluminiumerzeugung benötigten Energie erforderlich.

ABSCHEIDUNGSPOTENTIALE

Bei der Elektrolyse von Salzsäure, $c = 10^{-3}$ mol/l, an Platinelektroden entwickelt sich an der Anode zunächst Chlor, nach kurzer Zeit jedoch ein Gemisch aus Chlor und Sauerstoff.

Geben Sie hierfür eine Erklärung.

Berücksichtigen Sie dabei die bei diesen Bedingungen auftretenden Überpotentiale von Sauerstoff ($E_Ü(O_2) = +0{,}78$ V) und von Chlor ($E_Ü(Cl_2) = +0{,}02$ V).

Die Standardpotentiale betragen
$E^0(6\ H_2O/O_2 + 4\ H_3O^+) = 1{,}23$ V (verkürzt: $E^0(H_2O/O_2)$) und $E^0(2Cl^-/Cl_2) = 1{,}36$ V (verkürzt: $E^0(Cl^-/Cl_2)$).

LÖSUNGEN

Berechnung der Abscheidungspotentiale für Chlor und Sauerstoff an der Anode mit Hilfe des Nernst-Gesetzes; $c(HCl) = 10^{-3}$ mol/l, d.h. pH = 3; $c(Cl^-) = 10^{-3}$ mol/l.
Der Kathodenvorgang soll nicht berücksichtigt werden.

Für Sauerstoff:
$E_A = E(H_2O/O_2) + E_Ü = 1{,}23\,V - 0{,}059\,V \cdot pH + 0{,}78\,V = 1{,}05\,V + 0{,}78\,V = 1{,}83\,V$

Für Chlor:
$E_A = E(Cl^-/Cl_2) + E_Ü = E^0(Cl^-/Cl_2) - 0{,}059\,V \cdot \lg\{c(Cl^-)\} + 0{,}02\,V = 1{,}36\,V + 0{,}18\,V + 0{,}02\,V = 1{,}56\,V$

Das Redoxpaar Cl^-/Cl_2 besitzt das weniger positive Potenzial, es werden also Chloridionen bevorzugt oxidiert. Zu einer Abscheidung von Sauerstoff kommt es, wenn die Abscheidungspotenziale gleich sind:

$$E_A(H_2O/O_2) = E_A(Cl^-/Cl_2)$$
$$1{,}83\,V = 1{,}38\,V - 0{,}059\,V \cdot \lg\{c(Cl^-)\}$$
$$\lg\{c(Cl^-)\} = -0{,}45\,V/0{,}059\,V = -7{,}6$$

Dies ist demnach der Fall, wenn $c(Cl^-) = 10^{-7{,}6}$ mol/l ist. Diese Konzentration wird in der nächsten Umgebung der Anode sehr schnell unterschritten, da bei der geringen Elektrolytkonzentration die Anzahl der pro Zeiteinheit in diesen Bereich eintretenden Chloridionen sehr gering ist.

KORROSIONSSCHUTZ

Fahrradlenker, Schlüssel, Autofelgen oder Badarmaturen glänzen wegen ihrer verchromten Oberfläche. Diese **Chromschicht** ist meist sehr dünn und reicht als Rostschutz nicht aus. Gegenstände aus Eisen werden zunächst zum Rostschutz verkupfert, anschließend vernickelt. Die **Nickelschicht** dient als Grundlage für die Chromschicht und ebenfalls als Rostschutz. Werkzeuge werden z. B. durch Vernickeln gegen Verrosten geschützt.

DAS PRINZIP DES GALVANISIERENS

Das **Prinzip des Galvanisierens** ist stets das gleiche: Ein Metall bzw. ein elektrisch leitfähig gemachter Gegenstand wird mit einer dünnen Schicht eines anderen Metalls überzogen. Mit dem Tauchbad-Galvanisieren wird das komplette Objekt in ein Tauchbad gegeben und in diesem galvanisiert. Der zu galvanisierende Gegenstand wird als Kathode mit dem Minuspol der Spannungsquelle verbunden. An den Pluspol wird die Anode angeschlossen. Beim Verkupfern ist dies eine Kupferplatte und beim Vernickeln eine Nickelplatte.

Beim Vergolden und Versilbern verwendet man meist eine Edelstahlplatte. Im Gegensatz zur Kupfer- und Nickelplatte er-schöpft sich nach einer gewissen Zeit bei der Verwendung der Edelstahlplatte der Elektrolyt.

VERZINKEN

Zum Korrosionsschutz von Teilen aus Stahl dient das galvanische Verzinken.

Der Elektrolyt kann beim Verzinken unterschiedlich zusammengesetzt sein und eine Temperatur von 20 bis 60 °C haben; der Elektrolyt muss natürlich Zinkionen enthalten. Die Schichtdicken liegen meist zwischen 3 µm und 20 µm. Galvanisch verzinkt werden Schrauben, Muttern, Schlösser, Riegel, Gehäuse, Motorradteile, Gewindestangen, Montagewinkel, Schlauchbänder, Schellen, Scharniere und vieles mehr.

Durch eine anschließende Chromatierung und Versiegelung kann die Farbe der Zinkschicht verändert werden. Es entstehen z. B. blaue, gelbe oder schwarze Oberflächen. Gleichzeitig erhöht sich die Korrosionsbeständigkeit der verzinkten Teile. Zink wird von sauren und alkalischen Lösungen leicht angegriffen. Bei einer glatten Oberfläche der Werkstücke kann die Zinkschicht nach einer blauen Chromatierung „wie verchromt" aussehen. Man spricht dann von einer dekorativen Verzinkung.

VERGOLDEN

Der Elektrolyt beim Vergolden kann unterschiedlich zusammengesetzt sein, er wird bei Zimmertemperatur eingesetzt. Das Vergolden wird meist in der Schmuckindustrie für Brillen, für hochwertige Sanitärarmaturen, Uhren und Lampen genutzt. Größere Bedeutung gewinnt das Vergolden auch in der Elektroindustrie und Unterhaltungselektronik (Kontakte).

Goldschichten zeichnen sich durch absolute Anlaufbeständigkeit aus. Gegen konzentrierte Säuren und Laugen ist Gold beständig. Durch das Mitabscheiden von anderen Metallen können Härte und Farbe des Überzuges verändert werden. Wenn eine gute Anlaufbeständigkeit gefordert ist, sollte der Goldanteil mindestens 75 % betragen. Für die Elektroindustrie betragen die Schichtdicken 0,1 µm bis 5 µm.

REINES KUPFER

Kupfer für elektrische Leitungen muss besonders rein sein. Fremdmetalle erniedrigen die elektrische Leitfähigkeit des Metalls. Hoch reines Kupfer wird elektrolytisch gewonnen. In der Technik erfolgt diese elektrolytische Raffination (von frz. raffiner, verfeinern) mit einer schwefelsäurehaltigen Kupfer(II)-sulfat-Lösung. Als Anode dient eine Rohkupferelektrode, die noch durch andere Metalle (z. B. Zink, Eisen, Blei, Silber, Gold, Platin) verunreinigt ist. Die Elektrolyse wird bei einer Spannung von ca. 0,3 V und einer Stromstärke von bis zu 36 000 A durchgeführt. Nach ca. einem Monat hat sich die Anode aufgelöst. An der Kathode wird ausschließlich Elektrolytkupfer (Massenanteil w(Cu) = 99,98 %) abgeschieden. Im Anodenschlamm befinden sich Blei(II)-sulfat, Silber, Gold und Platin.

GEWINNUNG DER EDELMETALLE

Der Anodenschlamm wird zur Gewinnung der Edelmetalle verwertet. Dazu muss der Anodenschlamm entwässert und zusammengeschmolzen werden. Das Metallstück kann dann wie bei der Kupferraffination als Anode geschaltet werden. Als Kathode wird eine Elektrode aus dem zu gewinnenden Metall oder häufig eine Edelstahlelektrode gewählt.

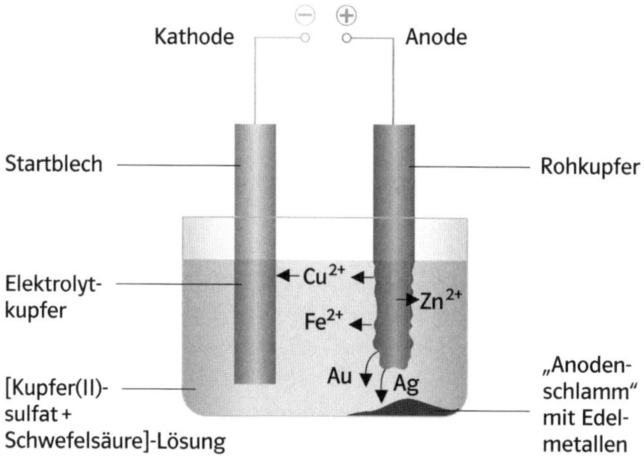

SILBER

Feinsilber mit einem Silberanteil von 99,95 % bis 99,99 % kann mit der Silberraffinationselektrolyse nach Möbius gewonnen werden.

Die Elektrolyse wird mit einer Spannung von etwa 2,5 V durchgeführt, als Elektrolyt dient eine Lösung aus Silbernitrat und Natriumnitrat. Neben den Silberatomen, die zu Silberionen oxidiert werden, werden die noch im Rohsilber enthaltenen Kupferatome zu Kupferionen oxidiert. Wegen des großen Unterschiedes in der Abscheidungsspannung werden aber nur die Silberionen an der Kathode reduziert.

Anodenreaktion: $Ag \longrightarrow Ag^{+} + e^{-}$

Anodenreaktion: $Cu \longrightarrow Cu^{2+} + 2\,e^{-}$

Kathodenreaktion: $Ag^{+} + e^{-} \longrightarrow Ag$

Die Elektrolytlösung reichert sich im Verlauf der Elektrolyse an Kupferionen an, die Silberionenkonzentration nimmt im Elektrolyten ab. Zum Ausgleich muss dem Elektrolyten Silbernitrat zugesetzt werden. Durch wiederholte Elektrolysen kann Feinsilber mit einem Silberanteil von 99,995 % bis 99,999 % erhalten werden.

GOLD

Die elektrolytische Raffination von Gold nach Wohlwill verläuft in einer Lösung aus Salzsäure und Gold(III)-chlorid mit einer Zellspannung von 1–1,5 V. Man erhält Feingold mit einem Goldanteil von 99,95 % bis 99,99 %.

Anodenreaktion: $Au + 4\,Cl^- \longrightarrow [AuCl_4]^- + 3\,e^-$

Kathodenreaktion: $[AuCl_4]^- + 3\,e^- \longrightarrow Au + 4\,Cl^-$

GALVANISIEREN

Das Verkupfern eines Gegenstandes kann im Schulversuch nachgestellt werden.

Dazu gibt man in ein Becherglas ca. 80 ml Kupfer(II)-sulfat-Lösung der Konzentration c (CuSO4) = 1 mol/l und 20 ml Schwefelsäure der Konzentration c (H2SO4) = 1 mol/l. In die Lösung hängt man ein entfettetes Messingblech, das mit dem Minuspol einer Gleichspannungsquelle verbunden wird. Den Pluspol der Spannungsquelle schließt man an ein Kupferblech an, das ebenfalls in die angesäuerte Kupfer(II)-sulfat-Lösung gestellt wird. Die beiden Bleche dürfen sich nicht berühren. In den Stromkreis wird ein Stromstärkemessgerät geschaltet. Dann wird bei einer Spannung von 3 bis 4 V elektrolysiert. Das Messingblech überzieht sich mit einem lachsroten Belag. Das Kupferblech wird allmählich zerfressen.

Zusatzinformationen
Faraday-Konstante: $F = 96485\,A \cdot s \cdot mol^{-1}$
Molare Masse: $M(Cu) = 63{,}55\,g/mol$

1. Zeichnen Sie eine Versuchsskizze und deuten Sie die beschriebenen Beobachtungen. Stellen Sie dazu auch die Reaktionsgleichungen auf.
2. Berechnen Sie die Masse des Kupferbelags auf dem Messingblech, wenn die Elektrolyse mit einer Stromstärke von 0,1 A 10 Stunden abläuft.

LÖSUNGEN

1.

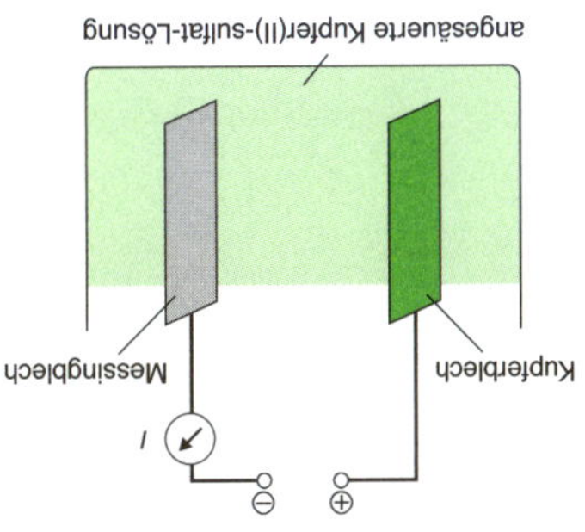

An der mit dem Pluspol verbundenen Elektrode findet eine Oxidation statt.

$Cu \longrightarrow Cu^{2+}$ (Anode)

An der mit dem Minuspol verbundenen Elektrode werden Kupferionen aus der Lösung reduziert:

$Cu^{2+} \longrightarrow Cu$ (Kathode)

2. Zur Reduktion bzw. Oxidation von 1 mol z-fach positiv oder negativ geladener Ionen ist eine Ladungsmenge von $z \cdot 96485\,A \cdot s$ notwendig (Faraday-Gesetz).
Zur Reduktion von 1 mol Cu^{2+}-Ionen ist eine Ladungsmenge von $2 \cdot 96485\,A \cdot s$ erforderlich.
1 mol Kupferionen hat die Masse 63,55 g.

Es gilt: $Q = I \cdot t$ und $n = m/M$

$$m(\text{Kupfer}) = \frac{I \cdot t}{z \cdot F} \cdot M(Cu)$$

$$m(\text{Kupfer}) = \frac{0{,}1\,A \cdot 36\,000\,s}{2 \cdot 96\,485\,A \cdot s \cdot mol^{-1}} 63{,}55\,g \cdot mol^{-1}$$

$$= 1{,}19\,g$$

KORROSION

Witterungseinflüsse können Metalle verändern. Man spricht von Korrosion (von lat. corrodere, zernagen) und beim Eisen einfach von Rosten. Die Erscheinungsformen der Korrosion sind sehr vielfältig. Man unterscheidet z. B. Flächenkorrosion mit nahezu gleichmäßiger Korrosion auf der gesamten Metalloberfläche und Lochkorrosion, die nur an kleinen Oberflächenbereichen abläuft und „Lochfraß" erzeugt. Gefährlich sind Risskorrosionen in Stahlkonstruktionen oder Leitungsrohren, vor allem, wenn sie von außen nicht sichtbar sind. Bei der Korrosion von Metallen laufen Redoxreaktionen ab. Der Elektronenübergang kann dabei direkt zwischen den Reaktionspartnern erfolgen, wie beispielsweise bei der Reaktion von Eisen in sauren Lösungen.

LOKALELEMENTBILDUNG

In vielen anderen Fällen entstehen kurzgeschlossenene galvanische Elemente. Lokalelemente können nicht nur beim Kontakt von Metallen mit unterschiedlichen Redoxpotentialen gebildet werden, sondern auch, wenn das gleiche Metall in Lösungen mit unterschiedlichen Elektrolytkonzentrationen taucht, d. h. durch Bildung von Konzentrationselementen. Außerdem können Lokalelemente entstehen, wenn beim gleichen Metall Stellen mit verschiedener Temperatur vorliegen (Temperaturabhängigkeit des Redoxpotentials) oder Stellen verschiedener Belüftung vorhanden sind (mit unterschiedlicher Sauerstoffkorrosion).

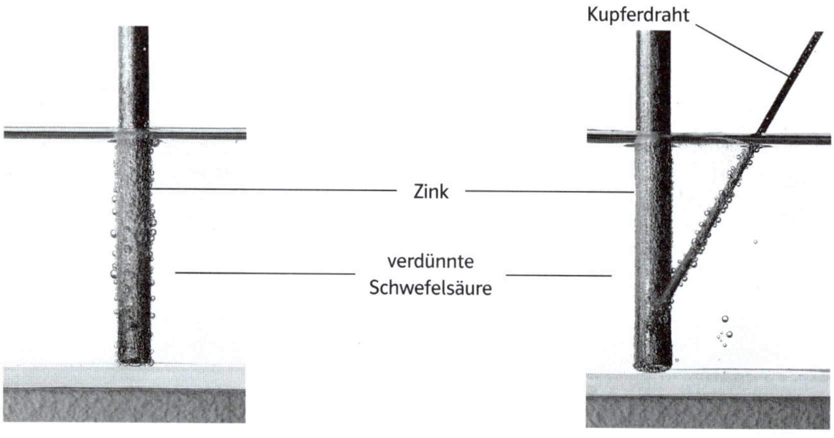

Zink in Schwefelsäure.

Kontakt mit Kupfer.

SCHUTZ VON EISEN

Eisen kann durch einen dünnen, fest haftenden Überzug eines edleren (z. B. Zinn) oder unedleren Metalls (z. B. Zink) geschützt werden. Im ersten Fall beruht die Schutzwirkung darauf, dass das edlere Metall korrosionsbeständiger ist und von der Eisenoberfläche Luft und Wasser fern hält.

Im zweiten Fall korrodiert das unedlere Metall leichter als Eisen und bildet an der Luft eine schützende Oxidschicht. Überzüge aus edleren Metallen schützen allerdings nur so lange, wie der Überzug nicht beschädigt wird. So korrodiert z. B. verzinntes Eisen („Weißblech“) bei Beschädigung des Zinnüberzugs durch Bildung von Lokalelementen rascher als ungeschütztes Eisen. Metallüberzüge können auf vielfältige Weise aufgebracht werden.

Besonders wichtig sind das Galvanisieren, bei dem das Überzugsmetall elektrolytisch auf dem als Kathode geschalteten Werkstück abgeschieden wird und das Schmelztauchen, bei dem das zu schützende Werkstück in eine Schmelze des Überzugsmetalls getaucht wird.

Oberflächenschutzschichten können aber auch z. B. aus Zinkphosphat ($Zn_3(PO_4)_2$, farblos), Zinkchromat ($ZnCrO_4$), gelb), Mennige (Pb_3O_4, rot), Lacken, Kunststoffpulvern oder Email erzeugt werden.

KATHODISCHER KORROSIONSSCHUTZ

Besonders bei unterirdischen Rohrleitungen oder Tanks sowie Stahlkonstruktionen im Meerwasser (Spund-, Schiffswände usw.) wird der kathodische Korrosionsschutz angewandt (aktiver Korrosionsschutz). Die Eisenkonstruktion wird mit auswechselbaren Elektroden aus Magnesiumlegierungen oder Zink leitend verbunden. In solchen kurzgeschlossenen galvanischen Elementen bildet das Eisen die Kathode und Magnesium eine sich auflösende Anode („Schutz- oder Opferanode“). Die zu schützende Anlage kann auch mit dem Minuspol einer äußeren Gleichspannungsquelle („Fremdstromanlage“) verbunden werden. Als Anodenmaterial wird u. a. Gusseisen oder Graphit eingesetzt.

KATHODISCHER KORROSIONSSCHUTZ

Kathodischer Korrosionsschutz bei einem Tank (links) und einer Rohrleitung (rechts)

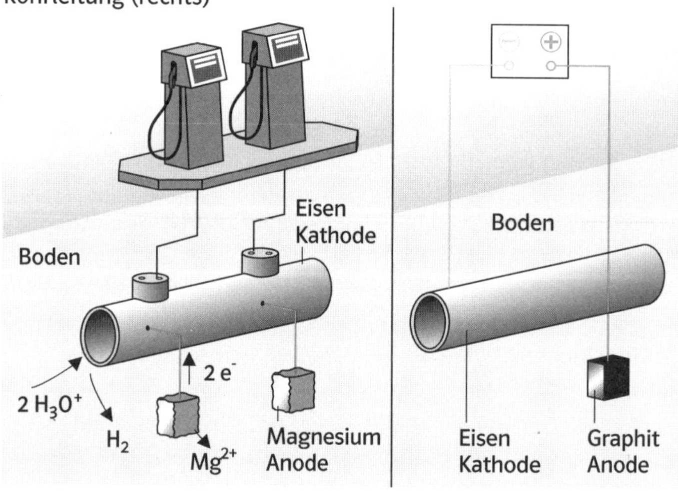

Das Rosten des Eisens ist durch die Bildung von Lokalelementen gekennzeichnet. Neben Beimengungen edlerer Metalle (Legierungsbestandteile) können dabei auch oxidbedeckte Stellen der Metalloberfläche als elektronenleitende Lokalkathoden wirken. Eine Säurekorrosion erfolgt dabei überwiegend in sauren Lösungen bei Sauerstoffmangel, die Sauerstoffkorrosion läuft bevorzugt in neutralen oder alkalischen Lösungen bei Sauerstoffzutritt ab.

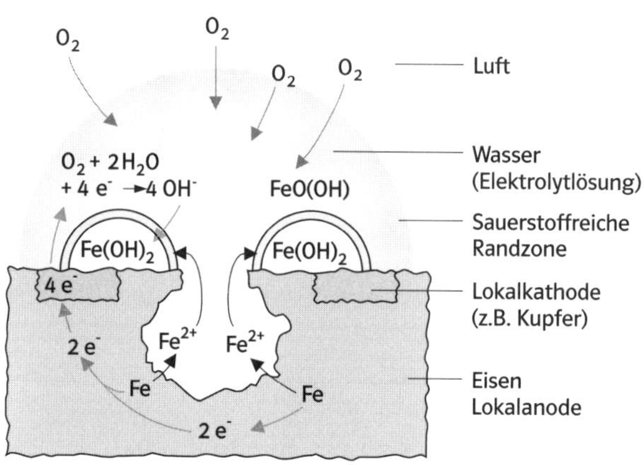

ROSTEN VON EISEN

1. Erläutern Sie die Säurekorrosion und Sauerstoffkorrosion von Eisen (Rosten) bei Lokalelementbildung mit einem edleren Metall.

2. Rost besteht überwiegend aus Eisen(III)-hydroxidoxid. Erklären Sie die Bildung des Rostes.

LÖSUNGEN

1. Das Eisen ist die Lokalanode und wird oxidiert: $Fe(s) \longrightarrow Fe^{2+}(aq) + 2\ e^-$.

   An der Lokalkathode werden bei der Säurekorrosion Oxoniumionen reduziert:

   $$2\ H_3O^+(aq) + 2\ e^- \longrightarrow 2\ H_2O(l) + H_2(g)$$

   An der Lokalkathode werden bei der Sauerstoffkorrosion in die Elektrolytlösung diffundierende Sauerstoffmoleküle zu Hydroxidionen reduziert:

   $$O_2(g) + 2\ H_2O + 4\ e^- \longrightarrow 4\ OH^-(aq)$$

   Treffen im Falle der Sauerstoffkorrosion die Hydroxidionen und Eisen(II)-Ionen zusammen, entsteht schwer lösliches Eisen(II)-hydroxid.

   $$Fe^{2+}(aq) + 2\ OH^-(aq) \longrightarrow Fe(OH)_2(s)$$

2. Durch Sauerstoff wird das Eisen(II)-hydroxid weiter zu rotbraunem Eisen(III)-hydroxid-oxid oxidiert.

   $$4\ Fe(OH)_2(s) + O_2(g) \longrightarrow 4\ FeO(OH)(s) + 2\ H_2O$$

WIEDERAUFLADBARE BATTERIEN

Unter den wiederaufladbaren Batterien kommt dem Bleiakkumulator als Starterbatterie für Kraftfahrzeuge eine besondere Bedeutung zu. Ein 12V-Akku besteht aus sechs Zellen, die hintereinandergeschaltet sind und jeweils eine Spannung von ca. 2V aufweisen. Die Zellen eines aufgeladenen Akkumulators enthalten eine Elektrode aus Blei und eine aus Bleidioxid (PbO_2). Der Akkumulator ist mit Schwefelsäure gefüllt. Beim Entladevorgang überziehen sich beide Elektroden mit Bleisulfat ($PbSO_4$).

KATHODE UND ANODE

Vereinbarungsgemäß wird als Kathode stets die Elektrode bezeichnet, an der eine Reduktion stattfindet, die Anode ist die Elektrode, an der eine Oxidation abläuft. Bei elektrolytischen Prozessen ist der Minuspol die Kathode und der Pluspol die Anode. Das trifft auch für das Aufladen des Bleiakkumulators zu. Beim Entladen dagegen findet am Minuspol, der Pb-Elektrode, eine Oxidation und am Pluspol, der PbO_2-Elektrode, eine Reduktion statt. Beim Laden bzw. Entladen wird für die Elektroden demnach die Bezeichnung gewechselt.

Eine Benennung der Elektroden als „Pluspol" und „Minuspol" führt nicht zu Verwechslungen.

DER VENTILREGULIERTE BLEIAKKUMULATOR

Gegen Ende des Ladevorganges und beim Überladen kann es vor allem bei Akkumulatoren älterer Bauart in großem Maße zur Entwicklung von Sauerstoff und Wasserstoff kommen. Das ist eine Gefahrenquelle und macht außerdem durch Wasserverlust einen erhöhten Wartungsaufwand nötig.

Der ventilregulierte Bleiakkumulator verringert diesen Aufwand erheblich. Das Grundprinzip besteht darin, dass der am positiven Pol gebildete Sauerstoff die Zelle nicht verlässt, sondern dem Minuspol zugeführt wird. Das wird durch einen „festgelegten" gelierten Elektrolyten ermöglicht, der Risse bildet, durch die Sauerstoff sehr schnell diffundieren kann. Es werden auch Glasfasermatten eingesetzt mit Hohlräumen, durch die Sauerstoff hindurch diffundieren kann.

Pluspol: $6\,H_2O \longrightarrow 4\,H_3O^+ + O_2 + 4\,e^-$

Am Minuspol werden die O_2-Moleküle dann zu Oxidionen reduziert, die mit Oxoniumionen zu Wassermolekülen reagieren:

Minuspol:

$$O_2 + 4\,e^- \longrightarrow 2\,O^{2-}$$

$$2\,O^{2-} + 4\,H_3O^+ \longrightarrow 6\,H_2O$$

$$\overline{O_2 + 4\,H_3O^+ + 4\,e^- \longrightarrow 6\,H_2O}$$

Auf diese Weise wird einerseits die Bildung von Wasserstoffmolekülen verhindert und andererseits werden die gebildeten Sauerstoffmoleküle als Bestandteile von Wassermolekülen dem Elektrolyten wieder zugeführt. Dieser interne Sauerstoffkreislauf ist nicht perfekt, sodass allerdings in großen Abständen doch Wasser nachgefüllt werden muss.

DEFINITION EINER BRENNSTOFFZELLE

Eine Brennstoffzelle ist ein galvanisches Element, bei dem das Reduktionsmittel („Brennstoff") und das Oxidationsmittel kontinuierlich von außen zugeführt werden.

BERECHNUNG DER ZELLSPANNUNG

$E(H_2/H_3O^+) = E°(H_2/H_3O^+) + 0{,}059\,V \cdot \lg\{c(H_3O^+)\}$
$= 0\,V - 0{,}059\,V \cdot pH$

$E(OH^-/O_2) = E°(OH^-/O_2) - 0{,}059\,V \cdot \lg\{c(OH^-)\}$
$= 0{,}40\,V + 0{,}059\,V \cdot pOH$
$= 0{,}40\,V + 0{,}059\,V \cdot (14 - pH)$
$= 0{,}40\,V + 0{,}83\,V - 0{,}059\,V \cdot pH$

$\Delta E = 1{,}23\,V$

Die maximal zu erwartende Zellspannung beträgt unabhängig vom pH-Wert 1,23 V. Durch Reaktionshemmung und unzureichende Geschwindigkeit der Gasdiffusion wird jedoch nur eine geringere Spannung erzielt.

AUFBAU EINER PEM-BRENNSTOFFZELLE

Das zentrale Bauelement ist die Elektroden/Membran-Einheit. Sie besteht aus einer sehr dünnen Membranfolie, die selektiv nur für Protonen durchlässig ist, und beidseitig aufgepressten porösen Elektroden, die mit Platin belegt sind. Darauf wiederum liegt je eine papierartige Gasdiffusionsschicht, die die Zufuhr der Gase ermöglicht, die Anode feucht hält und das an der Kathodenseite gebildete Wasser aufnimmt und abführt. Zu beiden Seiten wird diese Zelleinheit durch eine Bipolarfolie abgedeckt, in die feine Kanäle zur Verteilung der Gase eingefräst sind.

Diese Brennstoffzellen sind zu Stapeln (stacks) zusammengefügt, wobei die Bipolarfolien jeweils zwei benachbarten Zellen zur Sauerstoff- bzw. Wasserstoffverteilung dienen.

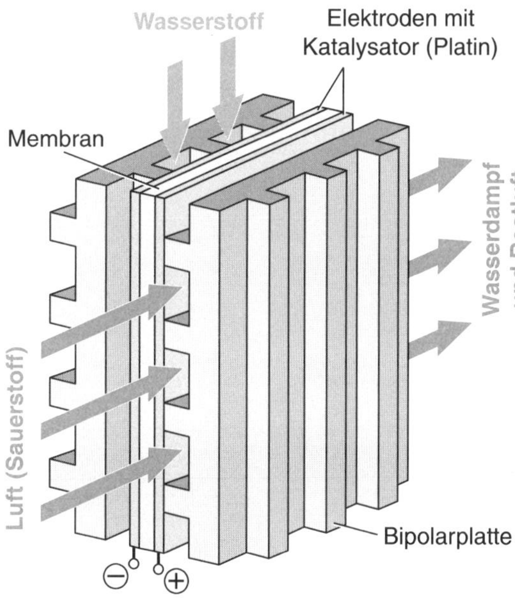

WEITERE TYPEN VON BRENNSTOFFZELLEN

Es gibt zahlreiche Typen von Brennstoffzellen, die sich u.a. durch die Art des Elektrolyten unterscheiden. Die meisten von ihnen arbeiten mit Wasserstoff. Dieser kann z.B. durch Reformieren aus Methanol oder Methan hergestellt werden:

$$CH_3OH + H_2O \longrightarrow 3\,H_2 + CO_2$$

$$CH_4 + H_2O \longrightarrow CO + 3\,H_2$$

Das entstehende Kohlenstoffmonooxid ist ein Katalysatorgift und muss entfernt werden.

Es ist auch möglich, Methanol direkt, d.h. ohne Reformierung, einzusetzen. Die Direkt-Methanol-Brennstoffzelle (DMFC, **D**irect-**M**ethanol-**F**uel-**C**ell) ist eine Weiterentwicklung der PEM-Brennstoffzelle.

$$CH_3OH + 7\,H_2O \longrightarrow 6\,H_3O^+ + CO_2 + 6\,e^-$$

$$1{,}5\,O_2 + 3\,H_2O + 6\,e^- \longrightarrow 6\,OH^-$$

$$\overline{CH_3OH + 1{,}5\,O_2 \longrightarrow 2\,H_2O + CO_2}$$

BRENNSTOFFZELLE

1. Stellen Sie Teilgleichungen für Reduktion und Oxidation auf und markieren Sie den Plus- und den Minuspol. Welche maximale Spannung ist zu erwarten?

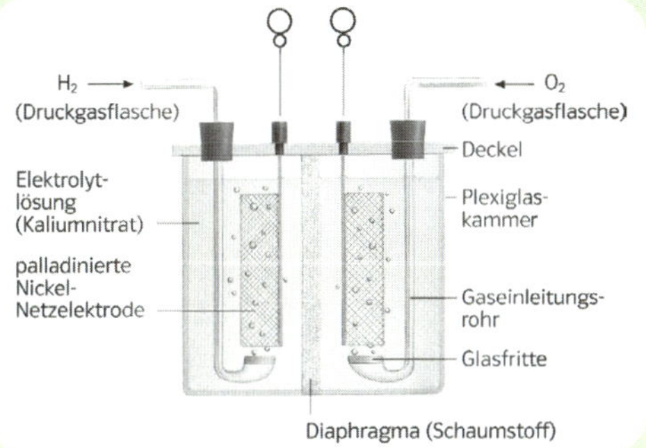

Brennstoffzelle als Demonstrationsmodell für den Schulgebrauch

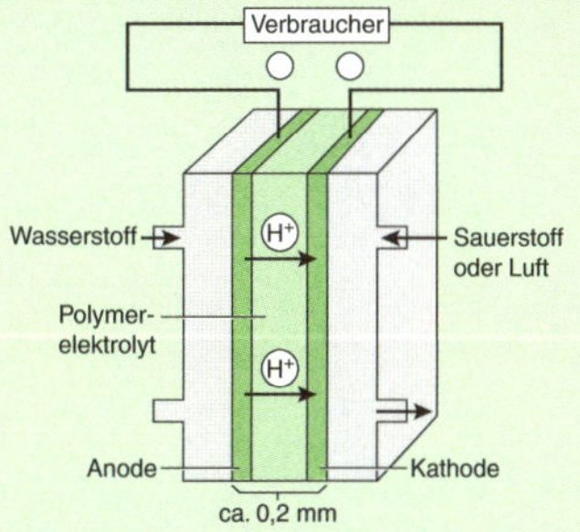

vereinfachte Darstellung einer PEM-Brennstoffzelle mit einer nur für Protonen durchlässigen Polymer-Elektrolyt-Membran bzw. Proton-Exchange-Membran (PEM)

2. Vergleichen Sie die PEM-Brennstoffzelle mit dem Demonstrationsmodell für den Unterricht, indem Sie zu den folgenden Fragen Stellung nehmen:
   a) Wie wirkt sich die sehr geringe Dicke der Elektroden/Membran-Einheit aus?
   b) Welchen Vorteil bietet die PEM gegenüber dem Schaumstoff-Diaphragma?

LÖSUNGEN

1. Minuspol: $2\,H_2 + 4\,H_2O \longrightarrow 4\,H_3O^+ + 4\,e^-$ Oxidation
   Pluspol: $O_2 + 2\,H_2O + 4\,e^- \longrightarrow 4\,OH^-$ Reduktion

   $4\,H_3O^+ + 4\,OH^- \longrightarrow 8\,H_2O$

   Wenn in beiden Halbzellen der gleiche pH-Wert vorliegt, ist die Potentialdifferenz und damit die zu erwartende maximale Spannung $\Delta E = 1{,}23\,V$.

2. a) Im Falle der Demonstrationszelle müssen die positiven und negativen Ladungen eine recht große Strecke überwinden. Durch Auf- bzw. Abbau von Wasserstoffbrücken kann dieser Ladungstransport allerdings erfolgen, ohne dass die Wanderung der H_3O^+- und OH^--Ionen erforderlich ist. Die unterschiedliche Aufladung der Halbzellen behindert den äußeren Stromfluss. Bei der PEM-Zelle handelt es sich nur um eine sehr kurze Strecke. Die gebildeten Protonen werden unmittelbar nach ihrer Entstehung von der Membran aufgenommen.
   b) Das Schaumstoff-Diaphragma ist sowohl für O_2- und H_2-Moleküle als auch für H_3O^+- und OH^--Ionen durchlässig. Eine Annäherung der Gaselektroden würde zwar den Diffusionsweg verkürzen, aber auch zu einer Vermischung der Gase führen. Der Abstand muss aber groß genug sein, um dies auszuschließen. Die PEM ist selektiv nur für Protonen durchlässig. Die Gasmoleküle können sehr nahe zueinander gebracht werden, ohne dass eine Vermischung erfolgt.

6 ORGANISCHE CHEMIE (ALIPHATISCH)

Halogenierung von Alkanen

HALOGENALKANE

Halogenalkane spielen als Zwischenprodukte für chemische Synthesen eine große Rolle. Man erhält sie z. B. durch Umsetzung von Chlor oder Brom mit Alkanen unter Belichtung.

ABLAUF DER RADIKALISCHEN SUBSTITUTION

Zunächst wird ein geringer Teil der Chlormoleküle durch Licht homolytisch gespalten. Es entstehen Radikale, die aufgrund ihres ungepaarten Elektrons dazu neigen, mit anderen Teilchen Atombindungen einzugehen. Ein Chlorradikal ist in der Lage, eine C—H-Bindung homolytisch zu spalten und eine H—Cl-Bindung zu bilden. Das zurückbleibende reaktive Methylradikal wiederum spaltet ein Chlormolekül zu einem Chlormethanmolekül und einem Chlorradikal. Die Schritte der Reaktionskette wiederholen sich, da abwechselnd immer wieder Methyl- und Chlorradikale entstehen. Neben den Kettenfortpflanzungsreaktionen sind noch weitere Reaktionen möglich, die Kombination von Radikalen. Unter Ausbildung eines gemeinsamen Elektronenpaars ergeben sich neue Moleküle. Dadurch enden die Reaktionsketten.

HALOGENIERUNG GRÖSSERER ALKANMOLEKÜLE

Chloriert oder bromiert man komplexere Alkanmoleküle, wie z.B. 2-Methylbutanmoleküle, so erkennt man, dass es bevorzugte Positionen für die Radikalreaktionen gibt. So entsteht bei der Reaktion mit Brom als Hauptprodukt 2-Brom-2-methylbutan:

$$CH_3-CH_2-\underset{\large H}{\overset{\large CH_3}{C}}-CH_3 + Br_2 \xrightarrow{\text{Licht}} CH_3-CH_2-\underset{\large |\underline{Br}|}{\overset{\large CH_3}{C}}-CH_3 + HBr$$

STABILITÄT DER RADIKALE

Man stellt fest, dass sich tertiäre C—H-Bindungen (C—H-Bindungen an einem „tertiären C-Atom", einem C-Atom, an das noch drei weitere C-Atome gebunden sind) besonders leicht spalten lassen (die Aktivierungsenergie zu ihrer Spaltung ist niedrig), gefolgt von sekundären C—H-Bindungen und schließlich primären C—H-Bindungen. Die Ursache liegt in der Stabilität der tertiären Alkylradikale, sie sind besonders energiearm, da deren C-Atome mit der Radikalstelle als „Elektronenmangelbereich" durch die +I-Effekte einer maximalen Anzahl an Alkylgruppen besonders gut stabilisiert werden. Es ergibt sich folgende Reihenfolge der Stabilität der Radikale:

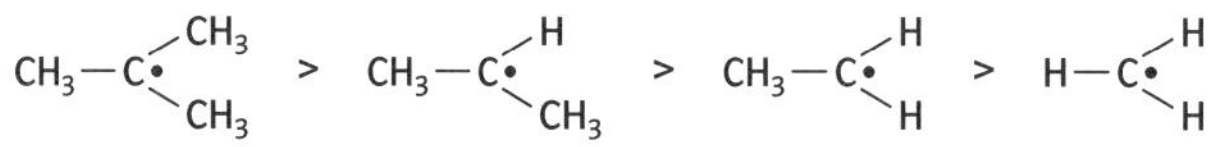

tertiäres | sekundäres Radikal | primäres

BEDEUTUNG DER HALOGENIERUNG

Die Bedeutung dieser Reaktionen liegt darin, die unpolaren und wenig reaktiven Moleküle der Alkane durch Radikale zu einer Reaktion zu zwingen. Die entstehenden Halogenalkane besitzen dann mit den C-Halogen-Bindungen polare Bindungen, die in Folgereaktionen einfach angegriffen und zur Synthese weiterer Produkte genutzt werden können.

ALKENE

Im Gegensatz zu den Reaktionen der Alkane mit Brom oder Chlor, die als Substitutionsreaktionen (S_R) nur unter Belichten oder bei hohen Temperaturen über einen radikalischen Mechanismus relativ langsam ablaufen, reagieren Alkene mit Chlor oder Brom schon bei Zimmertemperatur ohne wesentliche Energiezufuhr sehr rasch in einer elektrophilen Additionsreaktion (A_E).

Einen Hinweis darauf, dass der erste Angriff an die Doppelbindung durch ein polarisiertes Brommolekül erfolgt, erbringt der Vergleich der Entfärbungsgeschwindigkeit von Bromwasser und einer Lösung von Brom in einem unpolaren Lösungsmittel durch Ethen. Die raschere Entfärbung von Bromwasser ist auf eine starke Polarisierung des Brommoleküls durch Wasserdipole zurückzuführen. Zusätzlich wird die Bildung von Ionen durch deren Hydratisierung in Wasser energetisch begünstigt.

Ohne Lösungsmitteleinfluss erfolgt die Polarisierung durch Zusammenstöße der Brommoleküle mit Ethenmolekülen. Stößt ein Brommolekül auf die Ladungswolke der Doppelbindung, so werden die Elektronen des Brommoleküls durch die hohe Ladungsdichte der Doppelbindung etwas verschoben, das Molekül wird polarisiert. Dann tritt eine Wechselwirkung zwischen dem positivierten Ende des Brommoleküls und den Elektronen der Doppelbindung auf.

ELEKTROPHILE ADDITION

Der Verlauf der elektrophilen Addition lässt sich in zwei Teilschritte gliedern: die Bildung eines positiv geladenen Ions nach vorausgegangenem elektrophilen Angriff und die Entstehung des Endprodukts durch einen nucleophilen (von lat. nucleus, Kern) Angriff am Kation. Als nucleophil bezeichnet man Teilchen, die, wie hier das Bromidion, in starke Wechselwirkung zu positivierten Stellen anderer Teilchen treten und zur Bindungsbildung ein Elektronenpaar zur Verfügung stellen. Die im ersten Reaktionsschritt der Addition gebildeten Kationen können außer mit Bromidionen auch mit anderen nucleophilen Teilchen Bindungen eingehen. Dies erklärt die Entstehung eines hydrophilen Reaktionsprodukts beim Einsatz von Brom in Form von Bromwasser (Lösung von Brom in Wasser) in einer Halogenierungsreaktion mit Ethen. Es entsteht ein in Wasser lösliches und ein in Wasser unlösliches Reaktionsprodukt.

Die Ausbeute an 1,2-Dibromethan kann man dabei erhöhen, indem man die Konzentration der Bromidionen erhöht, also z. B. die Additionsreaktion in Bromwasser, in dem Kaliumbromid gelöst vorliegt, durchführt. Entsprechend ergeben sich folgende Reaktionsprodukte, wenn man die Addition mit Brom, gelöst in einer wässrigen Natriumchloridlösung, durchführt:

In der Lösung sind folgende Teilchen vorhanden: Brom- und Wassermoleküle, Natrium- und Chloridionen.

Die Reaktion bis zur Bildung des Bromoniumions verläuft immer gleich:

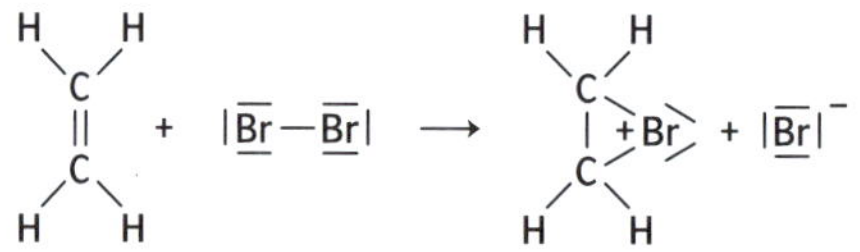

Dieses kann nun von verschiedenen Teilchen nucleophil angegriffen werden, durch Bromidionen, durch Wassermoleküle oder durch Chloridionen:

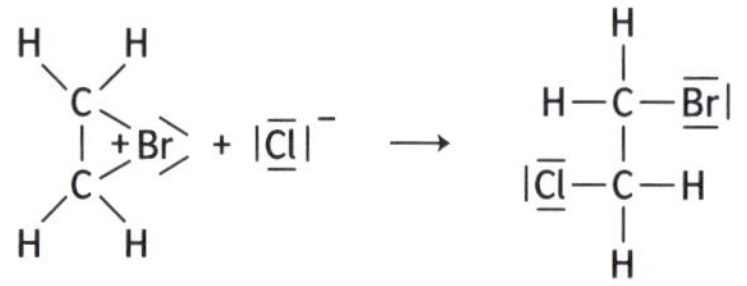

1-Brom-2-chlorethan

Das Auftreten mehrerer Additionsprodukte wie oben beschrieben ist ein Beweis für den Ablauf dieses Reaktionsmechanismus in zwei Stufen.

ADDITIONSREAKTIONEN

Außer mit Chlor und Brom können Alkene mit einer Vielzahl anderer Stoffe, z. B. den Halogenwasserstoffen, Additionsreaktionen eingehen.

Wladimir Wassiljewitsch Markownikow

REGEL VON MARKOWNIKOW

Die Reaktionsabläufe bei der Addition unsymmetrischer Angreifer (z. B. HX; H_2O) an unsymmetrische Alkene werden durch die „Regel von Markownikow" beschrieben: „Bei der Addition eines Protons (oder eines anderen positiven oder positiv polarisierten Teilchens) an eine Doppelbindung eines unsymmetrischen Alkenmoleküls geht das Proton an das Kohlenstoffatom der Doppelbindung, das die meisten Wasserstoffatome besitzt". Hintergrund dieser Regel ist die unterschiedliche Stabilität der verschiedenen Carbokationen, zu deren Bildung umso weniger Aktivierungsenergie erforderlich ist, je stabiler sie sind:

tertiäres — sekundäres Carbokation — primäres

Je mehr Alkylgruppen die Carbokationen besitzen, desto besser wird ihre Ladungsdichte durch den + I-Effekt der Alkylgruppen verringert.

ELEKTRONISCHE EFFEKTE

Elektronische Effekte beeinflussen auch ganz allgemein die Reaktionsgeschwindigkeit von Additionsreaktionen. Man beobachtet z. B., dass im Vergleich zur Addition an Ethen die Reaktion von Brom mit 2-Buten um den Faktor 15 schneller, die Addition an 1,2-Dichlorethen etwa um den Faktor 50 langsamer verläuft:

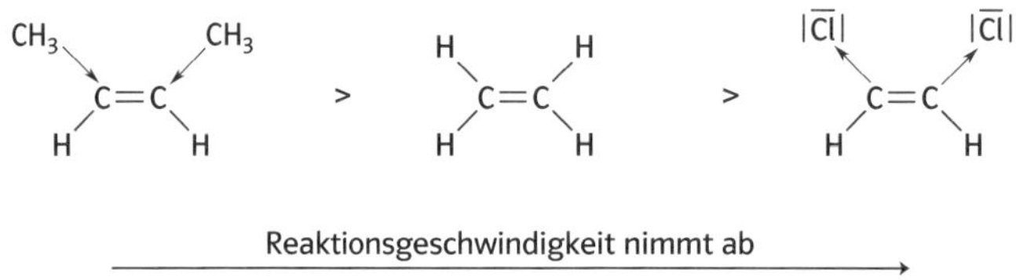

Die Geschwindigkeit der Additionsreaktionen ist umso größer, je größer der Ladungsgegensatz zwischen Doppelbindung (Ladungsdichte) und elektrophilem Angreifer ist. Die beiden Alkylgruppen im 2-Butenmolekül erhöhen aufgrund ihres + I-Effekts die Ladungsdichte an der Doppelbindung und damit den Ladungsgegensatz zu dem elektrophilen Angreifer. Die beiden Chloratome verringern sie aufgrund ihres – I-Effekts und damit auch den Ladungsgegensatz.

HALOGENIERUNG VON ALKANEN UND ALKENEN

1. **Halogenalkane spielen als Zwischenprodukte für chemische Synthesen eine große Rolle. Man erhält sie z. B. durch Umsetzung von Chlor oder Brom mit Alkanen unter Belichtung. Formulieren Sie die Reaktionsgleichung für die Reaktion von Methan mit Chlor.**

2. **In einer Halogenierungsreaktion werden Brom und Ethen eingesetzt. Dabei ist unter anderem folgende Beobachtung zu machen: Beim Einsatz von gasförmigem Brom oder von Brom in einem inerten Lösungsmittel entsteht ein in Wasser unlösliches Reaktionsprodukt.Formulieren und erläutern Sie den Reaktionsmechanismus dieser Reaktion und erklären Sie die vorliegende Beobachtung anhand des Reaktionsablaufs.**

LÖSUNGEN

1. Reaktionsgleichung:

$$CH_4 + Cl_2 \xrightarrow{UV} CH_3Cl + HCl$$

Je nach Reaktionsdauer und Stoffmengenverhältnis können auch Di-, Tri- und Tetrachlormethan entstehen:

$$CH_4 + 2\,Cl_2 \xrightarrow{UV} CH_2Cl_2 + 2\,HCl$$
$$CH_4 + 3\,Cl_2 \xrightarrow{UV} CHCl_3 + 3\,HCl$$
$$CH_4 + 4\,Cl_2 \xrightarrow{UV} CCl_4 + 4\,HCl$$

2. Ethen reagiert in einer Additionsreaktion mit Brom unter Bildung von 1,2-Dibromethan, das aufgrund seiner Molekülzusammensetzung hydrophob ist:

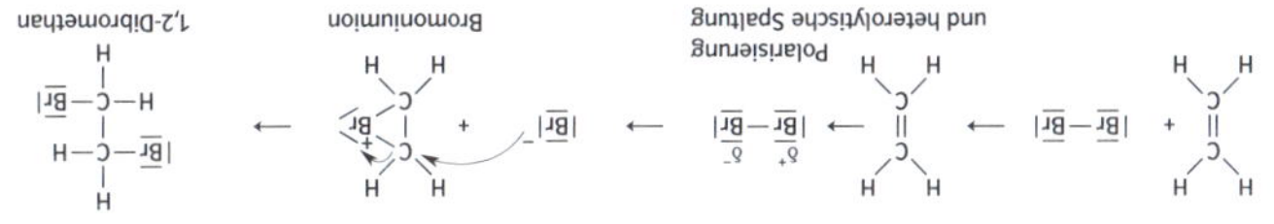

Dabei wird das durch Zusammenstöße mit dem Ethenmolekül polarisierte Brommolekül zunächst locker an die Elektronenwolke der Doppelbindung gebunden. Die Elektronenverschiebung führt letztendlich zur heterolytischen Bindungsspaltung, zur Bildung eines cyclischen Kations (Bromoniumions) und eines Bromidions. Die abschließende Bindung des Bromidions erfolgt von der Rückseite des Bromoniumions her. Insgesamt liegt eine elektrophile Additionsreaktion (A_E) vor.

MECHANISMUS DER NUCLEOPHILEN SUBSTITUTION

Für eine nucleophile Substitution muss in einem Molekül eine polare C—X-Bindung vorhanden sein, in der das C-Atom positiv polarisiert, also mit einem elektronegativeren Bindungspartner verbunden ist. Negative Teilchen (Anionen) oder Teilchen mit einer negativen Teilladung, d. h. nucleophile Teilchen, können mit dem Kohlenstoffatom in Wechselwirkung treten. Insgesamt wird das bislang vorhandene Atom oder die Atomgruppe also durch ein nucleophiles Teilchen ersetzt.

Man nennt diesen Mechanismus eine nucleophile Substitution (S_N-Reaktion). Um mit dem Kohlenstoffatom eine neue Bindung eingehen zu können, muss die Bindung zum bisherigen Bindungspartner gespalten werden. Das angreifende nucleophile Teilchen muss zur Ausbildung einer neuen Bindung ein freies Elektronenpaar zur Verfügung stellen. Für den zeitlichen Ablauf dieses Prozesses unterscheidet man modellhaft zwei Extremfälle.

BIMOLEKULARE NUCLEOPHILE SUBSTITUTION, S_N2

Hierbei lockert sich die Bindung zu dem austretenden Atom gleichzeitig mit der Ausbildung der neuen Bindung. In Übergangszustand liegen die übrigen Substituenten des Kohlenstoffatoms in einer Ebene. Nach dem Austritt des substituierten Atoms liegt wieder eine tetraedrische Struktur vor. Da an der Ausbildung dieses Übergangszustands zwei Teilchen beteiligt sind, nennt man diese Reaktion bimolekulare Substitution.

MONOMOLEKULARE NUCLEOPHILE SUBSTITUTION, S_N1

Hier erfolgt die Bindungsneubildung erst nach vorausgegangener Bindungslösung, d.h., nach der Abspaltung des austretenden Teilchens entsteht als Zwischenprodukt ein Carbokation, das dann in einem zweiten Schritt mit dem nucleophilen Angreifer eine Bindung ausbildet. Da an der Bildung des Carbokations nur ein Teilchen beteiligt ist, nennt man diese Reaktion monomolekulare Substitution.

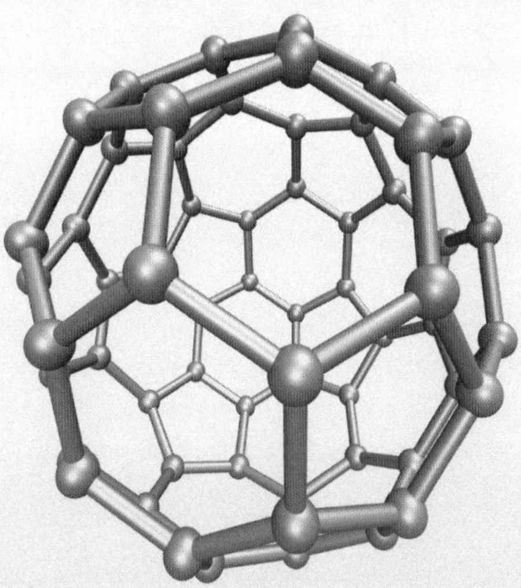

ABLAUF DER NUCLEOPHILEN SUBSTITUTION

Der Ablauf einer nucleophilen Substitutionsreaktion ist nicht von vornherein auf S_N1 oder S_N2 festgelegt, sondern ist abhängig von verschiedenen Faktoren, wie z. B. von der Struktur des Alkylrests, genauer: von der Anzahl der Alkylgruppen an dem Kohlenstoffatom, an dem die Reaktion ablaufen soll. So neigen Moleküle mit einem primären Kohlenstoffatom im Reaktionszentrum zu einem Ablauf nach S_N2, Moleküle mit einem tertiären Kohlenstoffatom im Reaktionszentrum zu einem Ablauf nach S_N1, da die Aktivierungsenergie zur Ausbildung des entstehenden tertiären Carbokations wesentlich geringer ist als bei sekundären oder primären C-Atomen.

Moleküle mit sekundären C-Atomen nehmen eine Zwischenstellung ein, sie können nach beiden Mechanismen reagieren. Da beim Ablauf nach S_N1 das Molekül zuerst in Ionen zerfällt, wird der Ablauf nach S_N1 durch gute Solvatisierung in einem hydrophilen Lösungsmittel unterstützt. Auf diese Weise können auch Moleküle mit sekundären C-Atomen zu einem Reaktionsablauf nach S_N1 gebracht werden.

DIETHYLETHER

Gibt man Ethanol und konzentrierte Schwefelsäure zusammen und destilliert, so erhält man eine Flüssigkeit mit geringer Siedetemperatur und charakteristischem Geruch, den Diethylether.

Diethylether diente als eines der ersten Narkosemittel. Aufgrund der starken Nebenwirkungen (ausgeprägte Erregungsphase, Übelkeit) wird er jedoch in der Anästhesie nicht mehr eingesetzt. Diethylether und andere Stoffe der Stoffgruppe der Ether werden hauptsächlich als Lösungsmittel eingesetzt.

Die Etherbildung verläuft als nucleophile Substitution.

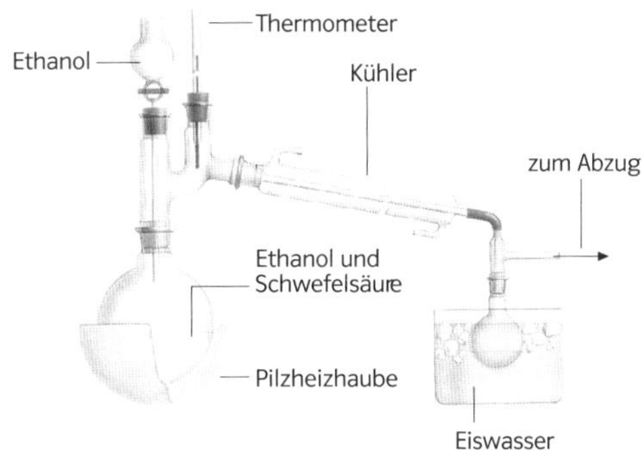

Apparatur zur Herstellung von Diethylether aus Ethanol und Schwefelsäure.

1. REAKTIONSSCHRITT

Im ersten Schritt gibt die Schwefelsäure ein Proton an das Sauerstoffatom der Hydroxy-Gruppe (früher: Hydroxyl-Gruppe) ab, es bildet sich ein Oxoniumion.

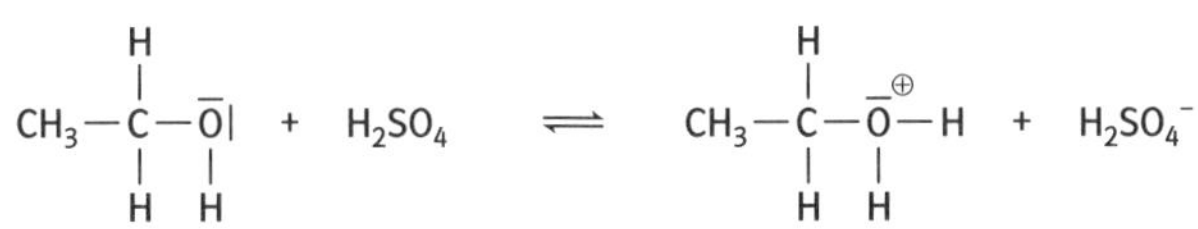

2. REAKTIONSSCHRITT

Im nächsten Schritt nähert sich dem Oxoniumion ein Ethanolmolekül. Das Ethanolmolekül weist am Sauerstoffatom eine negative Partialladung und ein freies Elektronenpaar auf, das es zur Ausbildung einer neuen Bindung zur Verfügung stellen kann. Das Oxoniumion weist am C-Atom eine positive Partiallagung auf. Es erfolgt die Bildung eines Übergangszustandes. In diesem Übergangszustand liegen die Substituenten des C-Atoms des Oxoniumions, also die beiden Wasserstoffatome und die Methylgruppe, in einer Ebene. Die Bindung zu dem vorgebildeten Wassermolekül hat sich gelockert, gleichzeitig bildet sich eine neue Bindung zu dem Ethanolmolekül aus. Da an der Ausbildung dieses Übergangszustands zwei Teilchen beteiligt sind, nennt man diese Reaktion bimolekulare Substitution (S_N2).

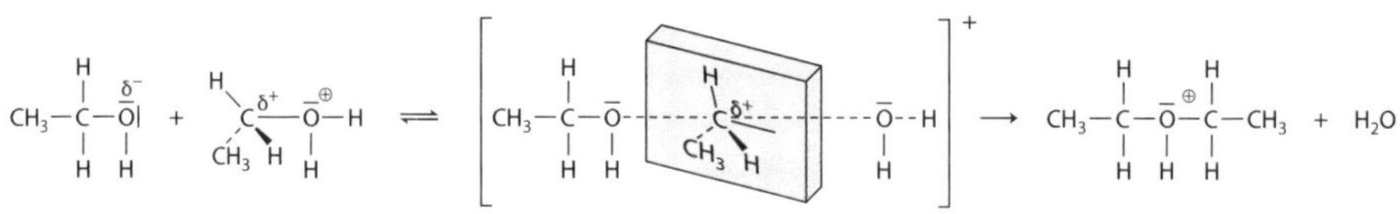

Das vorgebildete Wassermolekül entfernt sich aus dem Übergangszustand. Das organische Molekül weist noch eine positive Ladung am Sauerstoffatom auf, das die Brücke zwischen den beiden Alkylgruppen bildet.

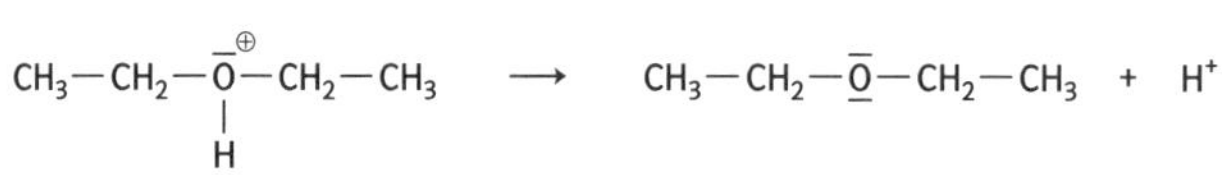

3. REAKTIONSSCHRITT

Im letzten Schritt wird ein Proton abgespaltet, der Katalysator ist wieder frei geworden. Das Proton wird von einem Wassermolekül bzw. einem Hydrogensulfation aufgenommen. Das Wasser wird von der Schwefelsäure gebunden, wenn von dieser genügend vorhanden ist.

$$H_2SO_4 + H_2O \longrightarrow HSO_4^- + H_3O^+$$

SUBSTITUTIONSREAKTIONEN

Halogenalkane, gewonnen durch die radikalische Substitution von Alkanen, stellen interessante und wichtige Zwischenverbindungen dar. Mit zwei Vertretern der Halogenalkane wurden folgende Experimente durchgeführt:

1. Bromethan wird mit Natronlauge erhitzt, dabei verschwindet die organische Schicht (Phase) und nach dem Ansäuern mit Salpetersäure und Zusatz von Silbernitratlösung bildet sich ein weißgelber Niederschlag.
2. 2-Iod-2-methylpropan wird mit Wasser und einigen Tropfen Universalindikator geschüttelt. Anschließend können mit Silbernitratlösung Iodidionen nachgewiesen werden, zudem zeigt der Indikator eine saure Lösung an.

Formulieren und erläutern Sie die Reaktionsgleichungen sowie den Reaktionsmechanismus der jeweiligen Reaktion.

LÖSUNGEN

1. Der weißgelbe Niederschlag mit Silbernitratlösung in salpetersaurem Medium weist auf Silberbromid und damit auf vorliegende Bromidionen hin, die nur aus den Bromethanmolekülen stammen können. Das Verschwinden der organischen Phase zeigt, dass aus einem hydrophoben Stoff ein hydrophiler Stoff entstanden ist: Das Halogenalkan hat in einer Substitutionsreaktion mit Hydroxidionen zu Bromidionen und Ethanol reagiert:

   $$C_2H_5Br + OH^- \longrightarrow C_2H_5OH + Br^-$$

   Aufgrund der Struktur des Alkylrests ist eine Reaktion nach S_N2 zu erwarten:

   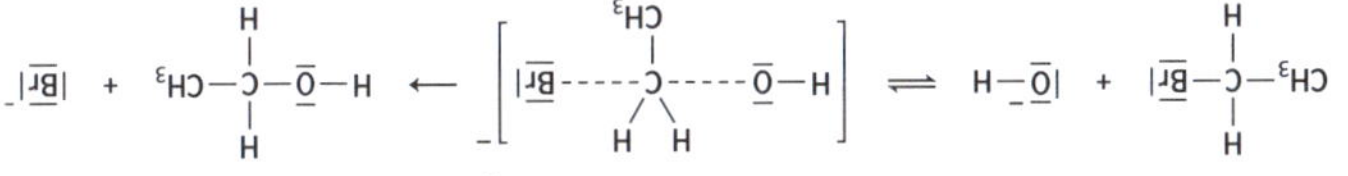

2. Die Iodidionen können nur durch eine Substitutionsreaktion aus 2-Iod-2-methylpropan gebildet worden sein. Reaktionspartner sind Wassermoleküle, die bei der Substitutionsreaktion ein Proton abgeben, das nachgewiesen werden kann:

   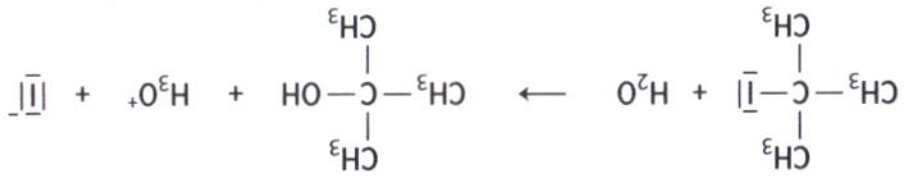

   Aufgrund der Struktur des Alkylrests, des hydrophilen Mediums und der guten Hydratisierung der entstehenden Ionen verläuft die Reaktion nach S_N1.

DIE REGULÄRE VERBRENNUNG IM BENZINMOTOR

Beim einfachen Ottomotor wird in den Zylinder des Motors ein Gemisch aus Benzin und Luft gesaugt. Bei modernen Motoren wird das Benzin-Luft-Gemisch in den Zylinder gespritzt. Das Benzin-Luft-Gemisch wird durch den Kolben verdichtet (komprimiert). Dabei erwärmt es sich stark und wird schließlich durch den Funken der Zündkerze entzündet. Die entstehenden heißen Verbrennungsgase beanspruchen einen viel größeren Raum als das Ausgangsgemisch. Der Druck im Zylinder wächst deshalb an, der Kolben wird weggedrückt. Durch eine gleichmäßige fortschreitende Verbrennung steigt der Druck zwar rasch, aber nicht schlagartig an; dadurch bewegt sich der Kolben relativ „weich" nach unten.

DIE KLOPFENDE VERBRENNUNG

Das im Motorzylinder verdichtete Benzin-Luft-Gemisch wird durch den Funken der Zündkerze gezündet. Die Flammfront breitet sich in den Zylinder aus, verdichtet und erwärmt das noch unverbrannte Benzin-Luft-Gemisch. Dieses kann zur Zündung von Gemischbestandteilen führen, bevor diese von der Flammfront erreicht werden, die von der Zündkerze ausgeht. Durch solche unerwünschten Sekundärzündungen steigt der Druck im Zylinder plötzlich an. Die harten Druckstöße erzeugen Klopfgeräusche, verringern die Leistung des Motors und erhöhen den Verschleiß.

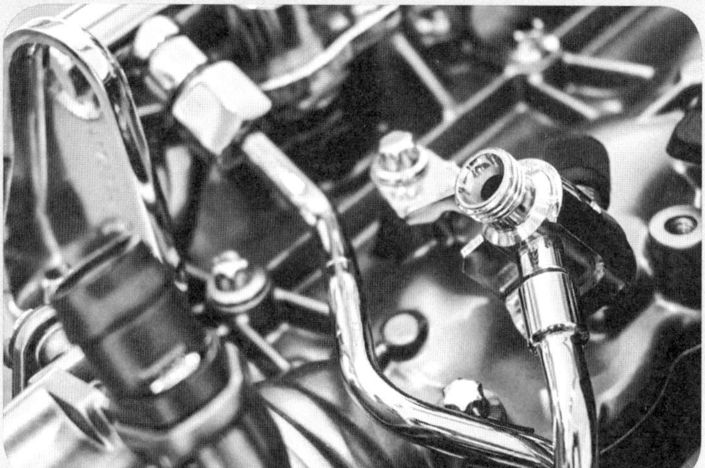

DIE REGULÄRE VERBRENNUNG IM BENZINMOTOR

Vor allem von geradkettigen Alkanen wird das „Klopfen“ eines Ottomotors hervorgerufen. Diese spalten bei hoher Temperatur und hohem Druck vor allem Wasserstoffatome ab, außerdem werden auch C—C-Bindungen getrennt. Die dadurch im Motorzylinder gebildeten Wasserstoff- und Alkylradikale reagieren schon vorzeitig mit dem Sauerstoff und lösen die Frühzündungen aus. Ein Antiklopfmittel reagiert mit diesen unerwünschten Radikalen, indem es selbst in Radikale zerfällt und mit den unerwünschten Radikalen reagiert. Verzweigte Alkane verbrennen, wie auch Alkohole, erheblich kontrollierter.

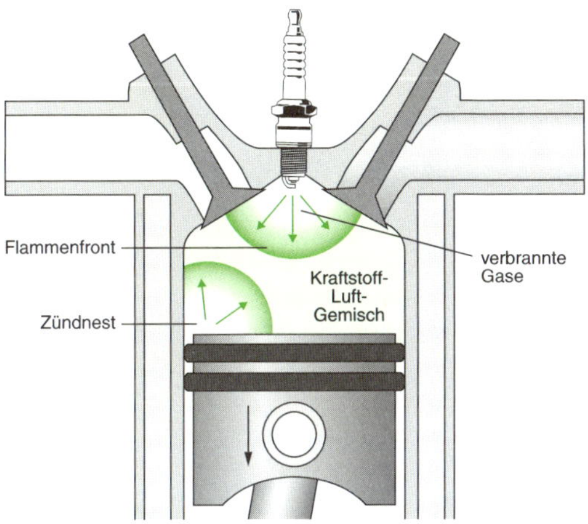

Klopfende Verbrennung

Tertiäre Alkylradikale sind stabiler als sekundäre, diese wiederum sind stabiler als primäre Alkylradikale.

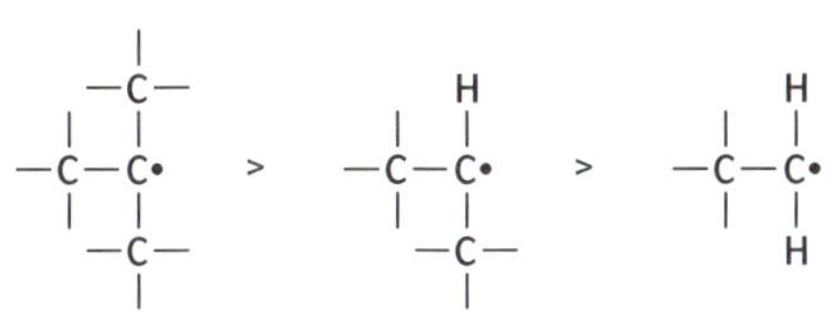

Ein Vergleich der Radikalstabilität kann über die Dissoziationsenergie der Bindung zwischen dem Kohlenstoff- und dem Wasserstoffatom vorgenommen werden, also der Energie, die für eine homolytische Spaltung dieser Bindung benötigt wird. Je kleiner diese Energie ist, desto leichter wird das Radikal gebildet und umso stabiler ist es.

$$R{-}H \longrightarrow R\bullet + H\bullet \quad | \text{ Dissoziationsenergie}$$

MTBE, ein Antiklopfmittel

Verbindung/ Bindung	Dissoziationsenergie in kJ/mol
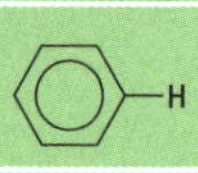	460
$H_2C{=}CH{-}H$	452
$H_3C{-}H$	435
$CH_3CH_2{-}H$	410
$(H_3C)_2CH{-}H$	397
$(H_3C)_3C{-}H$	385
$H_2C{=}CH{-}CH_2{-}H$	372
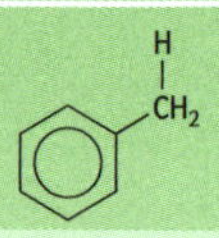	356

BEISPIELE VON REAKTIONEN DER AUS MTBE GEBILDETEN RADIKALE

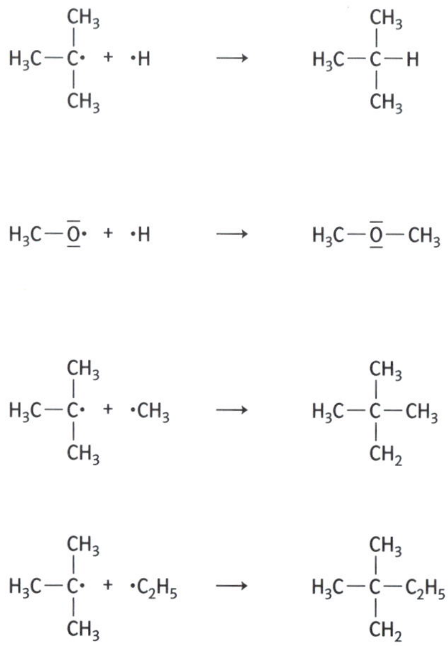

HOCHWIRKSAM

Das hochwirksame Antiklopfmittel MTBE, **M**ethyl-**t**ertiär-**b**utyl**e**ther (richtiger: tertiär-Butyl-methylether) wird säurekatalysiert aus Methylpropen und Methanol synthetisiert.

Nach einer EU-Richtlinie soll der Bioanteil in Kraftstoffen bis 2010 auf mindestens 5,75 Prozent steigen. Deshalb wird zunehmend **E**thyl-**t**ertiär**b**utyl-**e**ther, kurz ETBE, hergestellt, ein ebenso wirkungsvolles Additiv mit einer noch etwas besseren Oktanzahl.

WILLIAMSON-ETHERSYNTHESE

MTBE lässt sich in geringer Ausbeute auch durch die Williamson-Ethersynthese gewinnen. In einer Redoxreaktion werden zunächst die stark nucleophilen Alkoholat-Ionen gebildet.

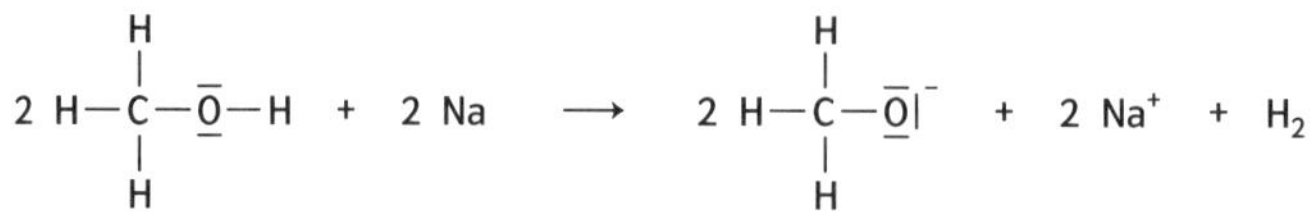

Methanol + Natrium ⟶ Natriummethanolat (gelöst z. B. in Methanol) + Wasserstoff

Die Alkoholationen reagieren dann mit einem Halogenalkan in einer nucleophilen Substitutionsreaktion zu dem Ether.

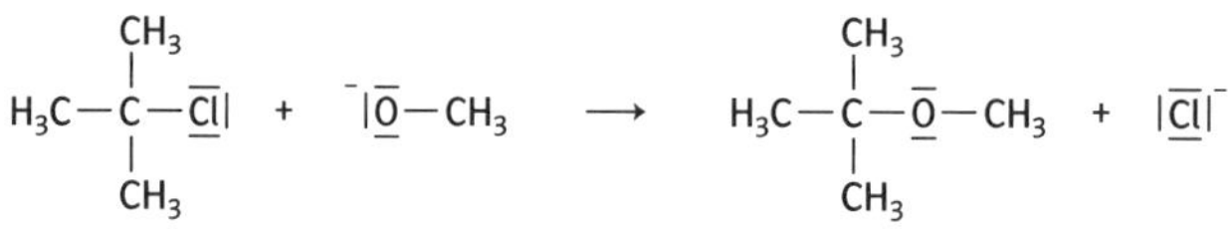

2-Chlor-2-methylpropan + Methanolat ⟶ Methyl-tertiär-butylether (MTBE) + Chlorid

Allerdings führt die Williamson-Ethersynthese nur mit primären Halogenalkanen zu einer angemessenen Ausbeute.

Die Alkoholationen sind starke Basen, sodass als Hauptprodukte in einer Eliminierungsreaktion Alkene entstehen.

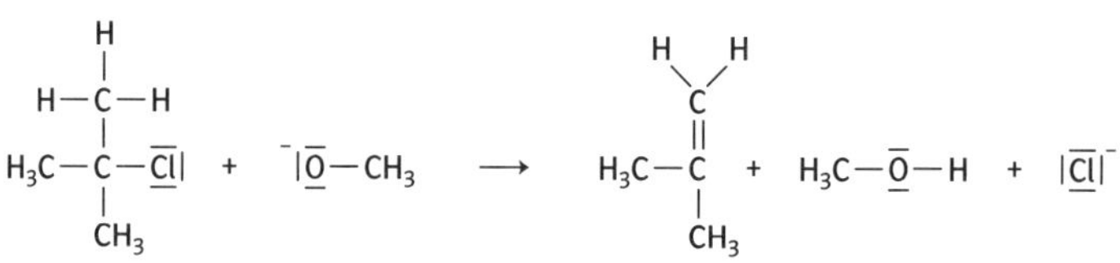

2-Chlor-2-methylpropan + Methanolat ⟶ 2 Methylpropen + Methanol + Chlorid

MTBE

1. **Erläutern Sie die Wirkungsweise des Antiklopfmittels MTBE. Stellen Sie dazu auch Reaktionsgleichungen auf.**

Zusatzinformation:

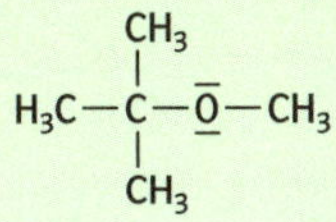

Methyl-tertiär-butylether

2. **Erläutern Sie die Reaktionsschritte zur säurekatalysierten Bildung von MTBE aus Methylpropen und Methanol. Geben Sie den Reaktionstyp an.**

LÖSUNGEN

1. Besonders kettenförmige Alkanmoleküle zerfallen bei hoher Temperatur und bei hohem Druck in Radikale und verbrennen, bevor sie von der Flammfront, die von der Zündkerze ausgeht, erreicht werden.

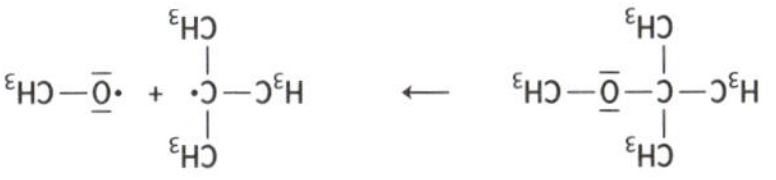

Die aus den MTBE-Molekülen gebildeten Radikale können mit den unerwünschten Radikalen zu klopffesten Verbindungen reagieren.

2. Das Methanol für die Synthese von MTBE wird aus den fossilen Rohstoffen Erdgas und Erdöl gewonnen. Ethanol kann dagegen in großem Umfang aus nachwachsenden Rohstoffen (z. B. Zuckerrohr, Zuckerrüben, Kartoffeln, Getreide usw.) gewonnen werden.

HYDROLYSE

Ester können durch saure oder alkalische Hydrolyse gespalten werden. Die alkalische Hydrolyse bezeichnet man als Verseifung, da mit dieser Methode Seifen aus Fetten hergestellt werden können. Eine ausführliche Darstellung des Mechanismus der sauren Esterhydrolyse finden Sie auf S. 290 ff.

NUCLEOPHILE ADDITIONSREAKTIONEN

Beide Reaktionen gehören vom Mechanismus her zu den **nucleophilen Additionsreaktionen** (A_N) an Carbonylgruppen (C=O-Doppelbindungen), die in ähnlicher Weise z. B. bei Aldehyden, Ketonen, Carbonsäuren, Carbonsäureestern und weiteren Carbonsäurederivaten (Sammelbegriff „Carbonylverbindungen") ablaufen.

Die jeweiligen Reaktionen beginnen mit einem nucleophilen Angriff an dem positiv polarisierten Kohlenstoffatom der Carbonylgruppe oder mit einem Angriff eines Protons als Katalysator am negativ polarisierten Sauerstoffatom der Carbonylgruppe, womit die Elektronenlücke für den nucleophilen Angriff am Carbonyl-C-Atom größer wird:

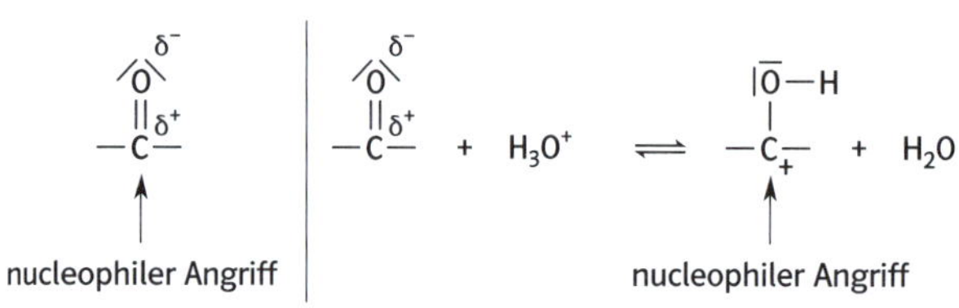

Diese Reaktionen besitzen besonders bei Aldehyden und Ketonen große Bedeutung.

MECHANISMUS DER NUCLEOPHILEN ADDITION AN CARBONYLVERBINDUNGEN

a) Addition von Wassermolekühlen

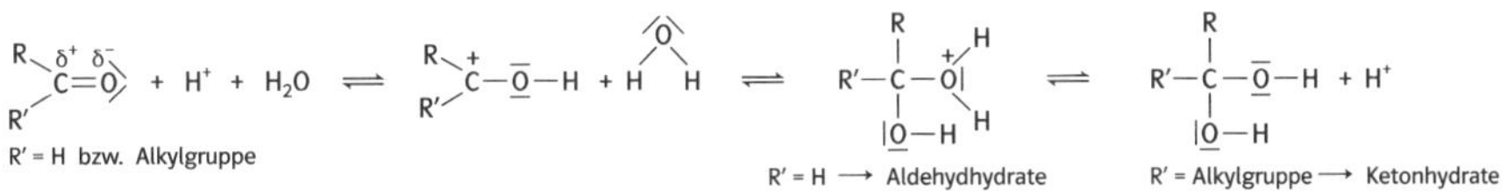

b) Addition von Alkoholmolekühlen

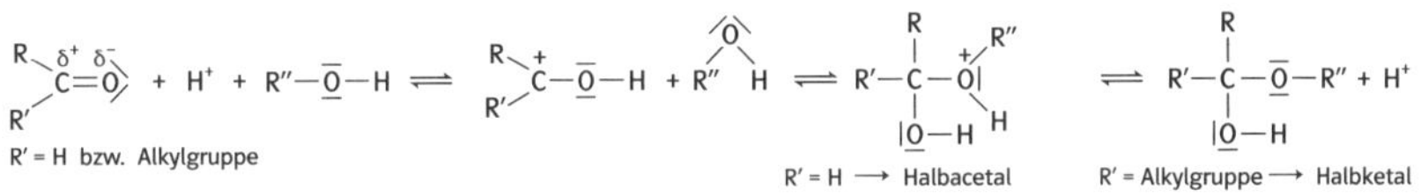

In Gegenwart starker Säuren reagieren die Halbacetal- bzw. die Halbketalmoleküle in einer S_N-Reaktion weiter mit Alkoholmolekülen:

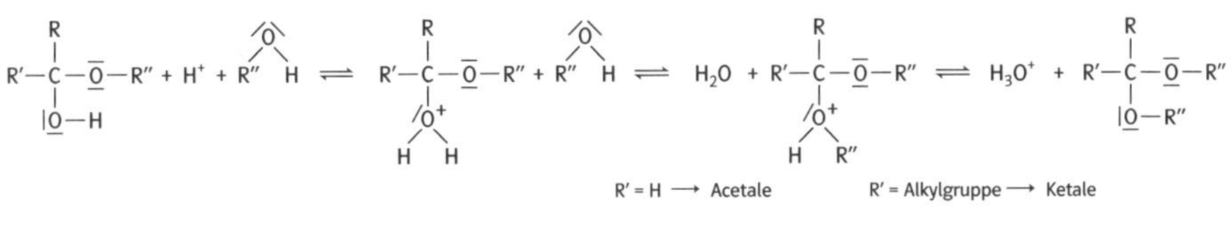

Sie stellen auch die Grundlage dar für die Ringbildung der Monosaccharide und die Verknüpfung der Monosaccharide zu Di-, Oligo- und Polysacchariden.

ALTERNATIVE KRAFTSTOFFE

Der zunehmende Energieverbrauch und die Preissteigerungen bei Erdölprodukten haben zur Suche nach alternativen Kraftstoffen geführt. Dieselkraftstoff kann durch einen aus Rapsöl gewonnenen Kraftstoff, den Rapsölmethylester, ersetzt werden.

Auch Rapsöl selbst lässt sich in speziellen Dieselmotoren einsetzen. Rapsölmethylester hat gegenüber Rapsöl den Vorteil, dass er in den meisten Dieselmotoren, z. B. von Kraftfahrzeugen, eingesetzt werden kann.

Zur Gewinnung von Rapsölmethylester lässt man Rapsöl mit Methanol in Gegenwart katalytischer Mengen von Natron- oder Kalilauge reagieren. Rohstoffe für die Methanolherstellung sind Erdgas und Erdöl.

EINIGE KENNWERTE VON RAPSÖL, RAPSÖLMETHYLESTER UND DIESEL

Kennwert	Einheit	Rapsöl		Rapsölmethylester DIN 51806		Diesel DIN EN 590	
		min.	max.	min.	max.	min.	max
Dichte bei 15 °C	g/cm³	0,9	0,93	0,875	0,9	0,82	0,845
Cetanzahl		42		49		51	
Viskosität bei 40 °C	mm²/s		38	3,5	5,0	2,0	4,5
Heizwert	MJ/l	35,8		35,2		35,6	

DICHTE

Da in Dieselmotoren die Kraftstoffmenge volumetrisch dosiert wird, kommt der Dichte eine große Bedeutung zu. Mit zunehmender Dichte steigt der Energiegehalt je Volumeneinheit.

Bei gleichem Einspritzvolumen steigt mit zunehmender Dichte die dem Dieselmotor zugeführte Energie, wodurch der Motor mehr Leistung abgibt.

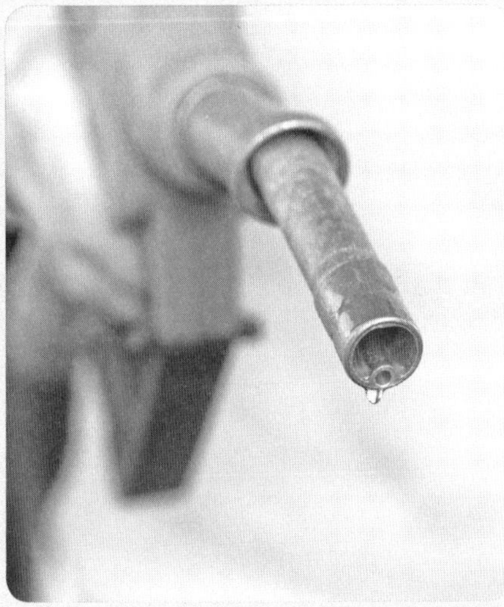

CETANZAHL

Die Cetanzahl zeigt die Zündwilligkeit eines Dieselkraftstoffs an. Eine hohe Zündwilligkeit und damit hohe Cetanzahl bedeutet leichten Start und glatten Lauf. Die Cetanzahl ergibt sich aus dem Volumenanteil des Cetans (Hexadecan) in einer Mischung aus Cetan und α-Methylnaphthalin, welche die gleichen Zündeigenschaften wie der zu prüfende Kraftstoff hat. Dem Cetan wird dabei die Zahl 100 zugeordnet, dem α-Methylnaphthalin die Zahl 0.

Die Cetanzahl steigt mit der Kettenlänge und fällt mit der Zahl der Doppelbindungen. So bedeutet z. B. eine Cetanzahl von 55, dass der Kraftstoff genauso zündwillig ist wie ein Vergleichsgemisch aus 55 Vol.-% Cetan und 45 Vol.-% α-Methylnaphthalin.

VISKOSITÄT

Die Viskosität (das Fließverhalten) darf für die Einspritzung des Kraftstoffs über Düsen nicht zu hoch sein, da sonst keine feine Zerstäubung mehr möglich ist.

HEIZWERT

Der Heizwert gibt die Energie (in kJ oder kWh) an, die bei der vollständigen Verbrennung eines Brennstoffs frei wird. Um für einen Brennstoff charakteristische Werte zu erhalten, kann man die Energie auf das Volumen oder die Masse der Brennstoffportion beziehen.

BIODIESEL

Dieselkraftstoff kann durch einen aus Rapsöl gewonnenen Kraftstoff, den Rapsölmethylester (RME), ersetzt werden.

Zur Gewinnung von Rapsölmethylester lässt man Rapsöl mit Methanol in Gegenwart katalytischer Mengen von Natron- oder Kalilauge reagieren. Rohstoffe für die Methanolherstellung sind Erdgas und Erdöl.

Stellen Sie die Reaktionsschritte für die Bildung von Rapsölmethylester aus Rapsöl und Methanol auf. Begründen Sie, warum die Herstellung von Rapsölmethylester aus Rapsöl und Methanol unter der katalysierenden Wirkung von Natronlauge vorgenommen wird.

LÖSUNGEN

Reaktionsschritte

Methanol reagiert mit Natronlauge in einer Gleichgewichtsreaktion zu Methanolationen und Wasser. Methanolationen sind stärker nucleophile Teilchen als Methanolmoleküle.

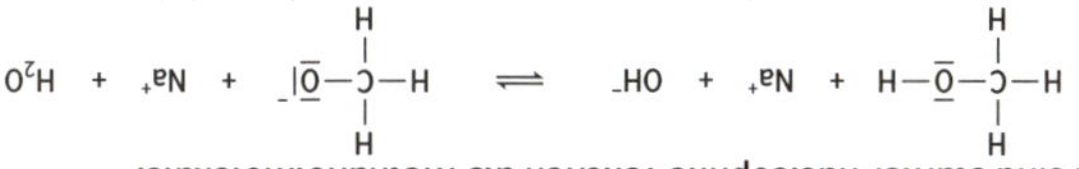

Die Methanolationen reagieren mit den Molekülen des Rapsöls (Triacylglycerine oder Triglyceride), dabei entstehen die Fettsäuremethylester-Moleküle und das Anion des Glycerins, das Glycerolat oder Propantriolat.

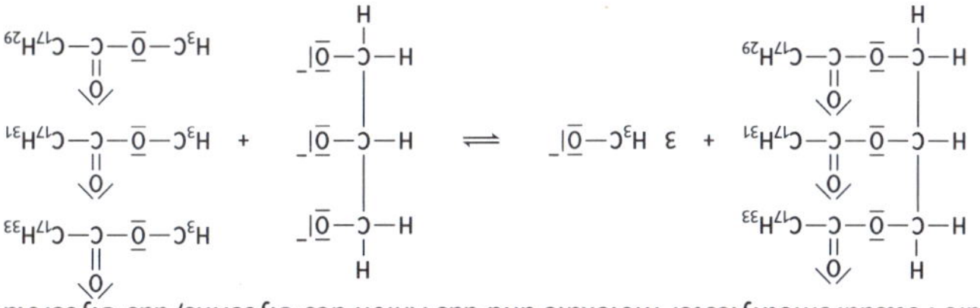

In einer Gleichgewichtsreaktion reagiert das Glycerolat mit Methanol zu Glycerin und Methanolat.

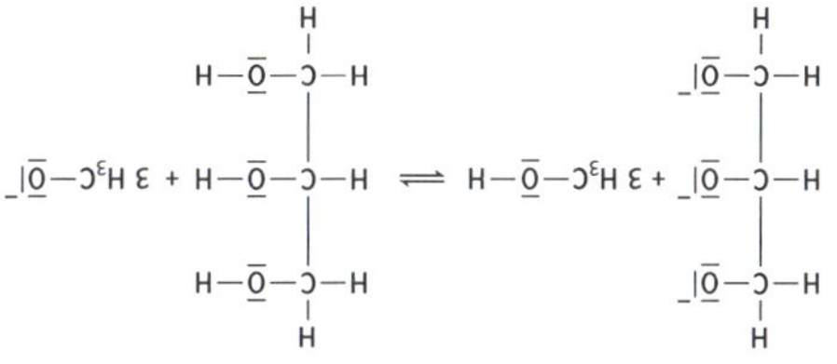

7 ORGANISCHE CHEMIE (AROMATISCH)

Der aromatische Zustand

KRITERIEN DES AROMATISCHEN ZUSTANDS

Aromatische Moleküle sind ringförmig gebaut und eben. Sie besitzen ein vollkommen delokalisiertes, geschlossenes Ringelektronensystem. Nach der Hückel-Regel müssen die delokalisierten Ringelektronensysteme $(4n+2)$ Ringelektronen besitzen ($n = 0, 1, 2, 3$ usw.). Die Teilchen dieser aromatischen Verbindungen besitzen eine ausgeprägte Mesomeriestabilisierung, wobei alle aromatischen Systeme mesomeriestabilisiert sind, aber nicht alle Teilchen mit Mesomeriestabilisierung auch aromatische Teilchen darstellen. Es müssen immer alle drei o.a. Kriterien erfüllt sein (Molekülbau, delokalisiertes Ringelektronensystem, Hückel-Regel).

Enthält ein Molekül neben Kohlenstoffatomen auch andere Atome im Ring (z.B. Schwefel- oder Stickstoffatome) und genügt der Hückel-Regel, so spricht man von einem Heteroaromaten. In diesen Molekülen ist ein freies Elektronenpaar des Heteroatoms am delokalisierten Ringelektronensystem beteiligt.

BESCHREIBUNG DER DELOKALISIERUNG MIT DEM ORBITALMODELL (σ-π-MODELL)

Zur Erklärung des regelmäßigen Sechsecks des Benzolmoleküls mit Bindungswinkeln von jeweils 120° wird eine sp^2-Hybridisierung an den Kohlenstoffatomen angenommen, deren drei Hybridorbitale jeweils eine Einfachbindung (σ-Bindung) zu den beiden benachbarten Kohlenstoffatomen und eine Einfachbindung zu einem Wasserstoffatom eingehen.

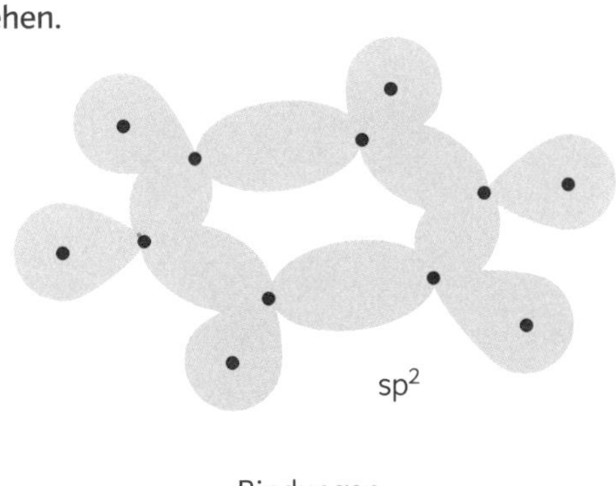

σ-Bindungen

Die jeweils an den Kohlenstoffatomen vorhandenen, nicht hybridisierten p-Orbitale (sechs Kohlenstoffatome ⇒ sechs p-Orbitale) stehen senkrecht zur Molekülebene und überlappen zu einem ringförmigen, geschlossenen π-Elektronensystem oberhalb und unterhalb der Molekülebene, einem vollkommen delokalisierten π-Elektronensystem. Dieser Zustand der Orbitale der sechs Kohlenstoffatome des Benzolmoleküls stellt den energieärmsten Bindungszustand dar.

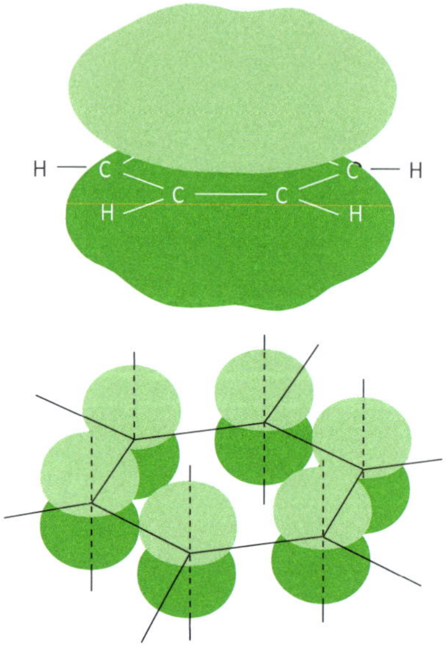

p_π-Orbitale

PROTONENDONATOREN UND PROTONENAKZEPTOREN

Allgemein kann ein Teilchen umso eher als Protonendonator (Brønsted-Säure) reagieren, je stärker seine $\overset{\delta^-}{X}-\overset{\delta^+}{H}$ -Bindung aufgrund unterschiedlicher Elektronegativitäten polarisiert ist. Ein zweiter Aspekt ist die Stabilität der sich durch die Protonenabgabe bildenden korrespondierenden Base (meist Anion). Diese ist besonders stabilisiert, wenn die negative Ladung auf ein großes Ionenvolumen oder mittels delokalisierter Elektronen (mögliche mesomere Grenzformeln!) über einen weiten Bereich verteilt werden kann. Energetisch ungünstig sind Teilchen mit einer hohen Ladungsdichte, also Ionen mit kleinem Radius (d.h. kleinem Volumen) und hoher Ladung.

Für die Reaktion eines Teilchens als Protonenakzeptor (Brønsted-Base) muss ein Atom des Teilchens ein freies Elektronenpaar besitzen. Die Ladungsdichte an diesem Atom bestimmt das Ausmaß der Basizität des Teilchens.

Beispiel: Vergleich von Anilin mit Cyclohexylamin.

Anilin: $pK_B = 9{,}4$

Cyclohexylamin: $pK_B = 3{,}3$

MESOMERE GRENZFORMELN DES ANILINMOLEKÜLS

NH_2-Gruppe am Benzolring

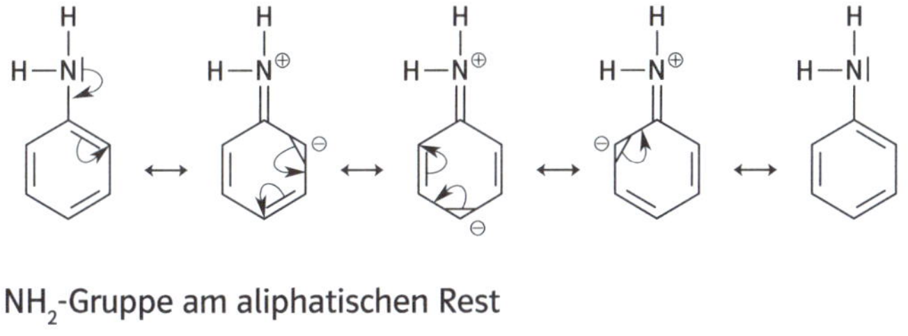

NH_2-Gruppe am aliphatischen Rest

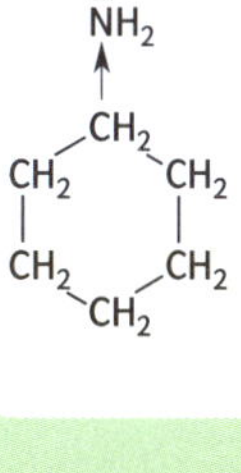

Der Cyclohexylrest des Cyclohexylaminmoleküls erhöht aufgrund seines + I-Effekts die Elektronendichte am Stickstoffatom. Im Anilinmolekül ist die Ladungsdichte am Stickstoffatom stark verringert, da durch den + M-Effekt der Aminogruppe das freie Elektronenpaar des Stickstoffatoms in die Mesomerie des Kerns mit einbezogen wird, sodass Grenzformeln mit einer positiven Ladung am Stickstoffatom vorliegen.

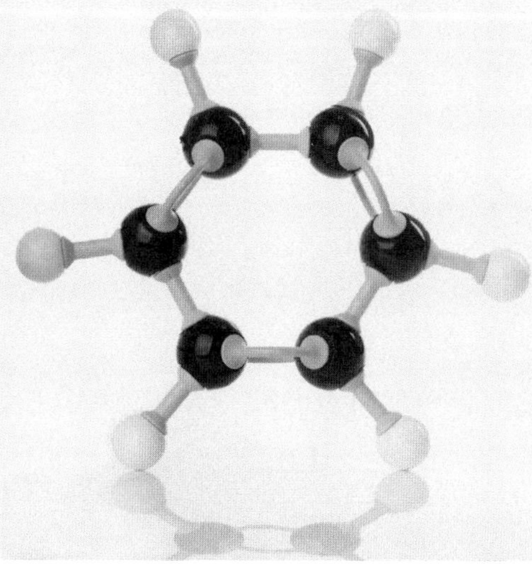

ELEKTRONISCHE EFFEKTE

Ändert sich die Elektronendichte an einem Atom als Folge einer Elektronegativitätsdifferenz, bezeichnet man dies als induktiven Effekt. Eine Erhöhung der Ladungsdichte wird von einem positiven induktiven Effekt (+ I-Effekt) hervorgerufen, umgekehrt besitzen Substituenten, deren Elektronegativität größer ist als die des Wasserstoffatoms, einen negativen induktiven Effekt (– I-Effekt).

Die Einbeziehung eines freien Elektronenpaars in die Mesomerie des Rings bezeichnet man als mesomeren Effekt (M-Effekt). Sowohl die Hydroxy- als auch die Aminogruppe üben einen + M-Effekt aus (und einen – I-Effekt). Substituenten, die Ringelektronen aus dem Kern herausziehen, besitzen einen – M-Effekt. Weisen M- und I-Effekte verschiedene Vorzeichen auf, so wirkt sich in der Regel der M-Effekt stärker aus.

AROMATISCHER ZUSTAND

Es werden vollständig hydriert:

a) Eine Stoffportion Benzol mit der Stoffmenge $n = 2\,\text{mol}$,

b) eine Stoffportion 1,3-Cyclohexadien mit der Stoffmenge $n = 3\,\text{mol}$,

c) eine Stoffportion Cyclohexen mit der Stoffmenge $n = 6\,\text{mol}$.

Für diese Reaktionen benötigt man jeweils eine Portion Wasserstoff mit der Stoffmenge $n(H_2) = 6\,\text{mol}$. Trotzdem unterscheiden sich die bei den Reaktionen jeweils frei werdenden Enthalpiebeträge voneinander:

$\Delta_r H°(1) = -418\,\text{kJ}$;
$\Delta_r H°(2) = -720\,\text{kJ}$;
$\Delta_r H°(3) = -696\,\text{kJ}$.

1. Stellen Sie die Reaktionsgleichungen mit den reagierenden Stoffmengen auf.
2. Ordnen Sie den einzelnen Reaktionen die entsprechende Reaktionsenthalpie zu und begründen Sie ihre Entscheidung.

LÖSUNGEN

1.

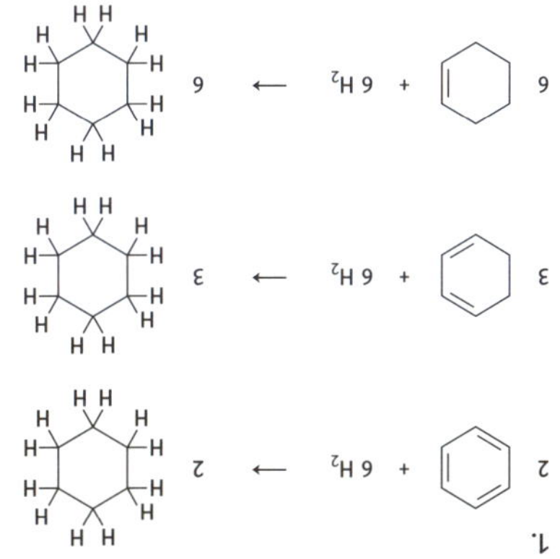

(a), (b), (c)

2. Zuordnung:
(a): $\Delta_r H°(1) = -418\,\text{kJ}$;
(b): $\Delta_r H°(3) = -696\,\text{kJ}$;
(c): $\Delta_r H°(2) = -720\,\text{kJ}$

Begründung:
Im Benzolmolekül liegt eine vollständige Delokalisierung der Ringelektronen vor, es ist eine aromatische Verbindung. Damit ist das Molekül im höchsten Maß mesomeriestabilisiert. Bei der exothermen Hydrierung wird deshalb nur der um die Mesomerieenergie reduzierte Enthalpiebetrag frei. Im Gegensatz dazu weisen die Cyclohexenmoleküle keinerlei Mesomeriestabilisierung auf, sodass hier der volle Betrag der Hydrierungsenthalpie für die Hydrierung von Doppelbindungen frei wird. Eine Zwischenstellung nehmen die 1,3-Cyclohexadienmoleküle ein, die aufgrund der konjugierten Doppelbindungen ebenfalls, jedoch nur in geringem Maße mesomeriestabilisiert sind. Daher wird bei ihrer Hydrierung nicht der vollständige Betrag der Hydrierungsenthalpie für Doppelbindungen frei.

SYNTHESE VON ALKYLBENZOLEN

Die Synthese von Alkylbenzolen zählt zu den Friedel-Crafts-Alkylierungsreaktionen. So wird z. B. als Zwischenprodukt zur Synthese von Styrol (Phenylethen), dem Ausgangsprodukt für Polystyrol, in großen Mengen Ethylbenzol durch Alkylierung von Benzol mit Ethen hergestellt.

ERLÄUTERUNGEN ZUM MECHANISMUS

Die Formulierung des Mechanismus mit Hilfe von Grenzformeln macht die teilweise Auflösung des delokalisierten Ringelektronensystems deutlich:

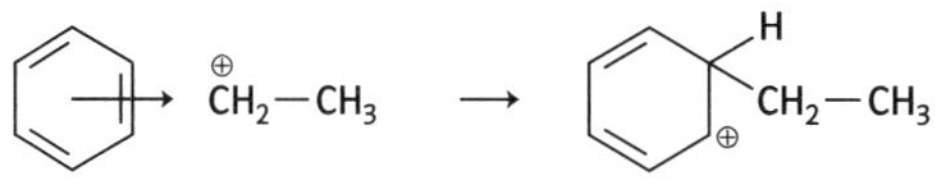

Zur Bindung des elektrophilen Angreifers über eine Einfachbindung muss dem Ringelektronensystem ein „Elektronenpaar" entnommen werden. Das sich bildende Carbokation stellt einen nichtaromatischen Übergangszustand dar, bei dem an einem C-Atom des Benzolmoleküls je ein Wasserstoffatom und ein C-Atom des elektrophilen Angreifers gebunden sind. Die positive Ladung, die vom elektrophilen Angreifer stammt, wird gleichmäßig auf die C-Atome des Rings verteilt, sie ist delokalisiert. Dadurch wird das gesamte Teilchen stabilisiert, es ist jedoch energiereicher als Teilchen mit einem vollständigen aromatischen System.

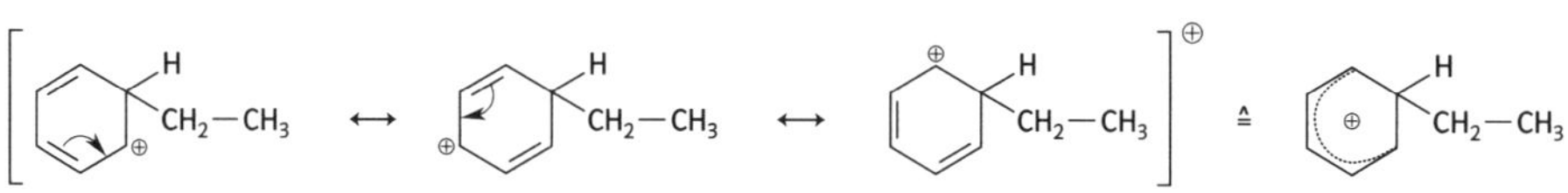

Das Carbokation reagiert im letzten Schritt unter Abgabe eines Protons, wodurch das aromatische System wieder entsteht.

WEITERE ELEKTROPHILE ANGREIFER FÜR DIE FRIEDEL-CRAFTS-ALKYLIERUNG

Neben Alkenen werden für die Friedel-Crafts-Alkylierung Alkohole und Halogenalkane eingesetzt, die ebenfalls in einer vorgelagerten Reaktion in einen elektrophilen Angreifer überführt werden müssen, bei Alkenen und Alkoholen mit Hilfe von Brønsted-Säuren, bei Halogenalkanen mit Hilfe von Lewis-Säuren.

ALKENE

$$CH_2{=}CH_2 \quad + \quad H^+ \quad \longrightarrow \quad CH_3{-}\overset{\oplus}{C}H_2$$

Bei unsymmetrischen Alkenen, wie z. B. Propen, ist bei der Addition des Protons die Regel von Markownikow (siehe S. 141 „Addition von Halogenwasserstoff an Alkene") zu beachten.

ALKOHOLE

$$CH_3{-}CH_2{-}\overline{\underline{O}}{-}H \quad + \quad H^+ \quad \rightleftharpoons \quad CH_3{-}CH_2{-}\underset{\oplus}{\overset{\overset{\displaystyle H}{|}}{\underline{O}}}{-}H \quad \rightleftharpoons \quad CH_3{-}\overset{\oplus}{C}H_2 \quad + \quad H_2O$$

HALOGENALKANE

$$CH_3{-}CH_2{-}\overline{\underline{Br}}| \quad + \quad AlBr_3 \quad \rightleftharpoons \quad CH_3{-}\overset{\delta^+}{C}H_2{-}\overline{\underline{Br}}| \longrightarrow \overset{\delta^-}{AlBr_3} \quad \rightleftharpoons \quad CH_3{-}\overset{\oplus}{C}H_2 \quad + \quad [AlBr_4]^-$$

Bei der Verwendung von Halogenalkanen reagiert das im letzten Reaktionsschritt abgespaltene Proton mit dem Aluminiumbromidion unter Rückbildung des Katalysators und Bromwasserstoff.

SUBSTITUTIONSREAKTIONEN AN ALKYLBENZOLEN

Die Substitutionsreaktionen an Alkylbenzolen können an der Seitenkette oder am Kern (Benzolring) des Moleküls erfolgen. An welcher der beiden Stellen eine Reaktion abläuft, hängt von den Reaktionsbedingungen ab. Es gilt die „SSS-KKK-Regel“ für die Substitution von Alkylbenzolen:

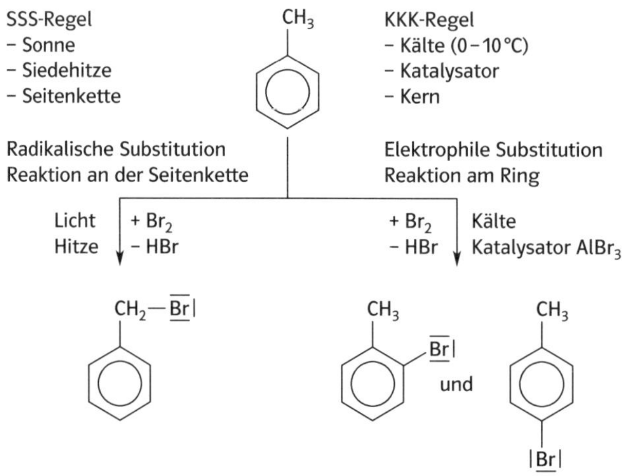

Bromphenylmethan
(Benzylbromid)

2- und 4-Bromtoluol

RADIKALISCHEN SUBSTITUTION

Setzt man Toluol (Methylbenzol) und Ethylbenzol jeweils unter den Bedingungen einer SSS-Reaktion mit Brom um, so stellt man fest, dass die Substitution immer an dem Kohlenstoffatom erfolgt, das eine Bindung zu einem Kohlenstoffatom des Benzolrings besitzt:

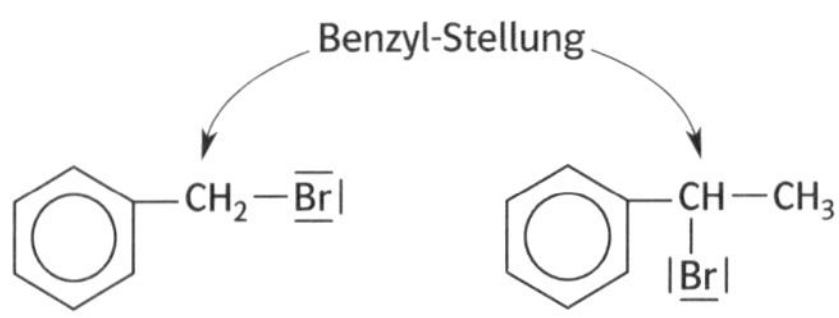

Dieses Kohlenstoffatom heißt „Benzyl-Kohlenstoffatom", man spricht auch von einer Reaktion in Benzylstellung. Die Halogenierungsreaktion an der Seitenkette verläuft nach dem Mechanismus der radikalischen Substitution (S_R-Reaktion). Befindet sich die Radikalstelle am Benzyl-Kohlenstoffatom, liegt ein besonders energiearmes, stabiles, mesomeriestabilisiertes Radikal vor, das bevorzugt gebildet wird:

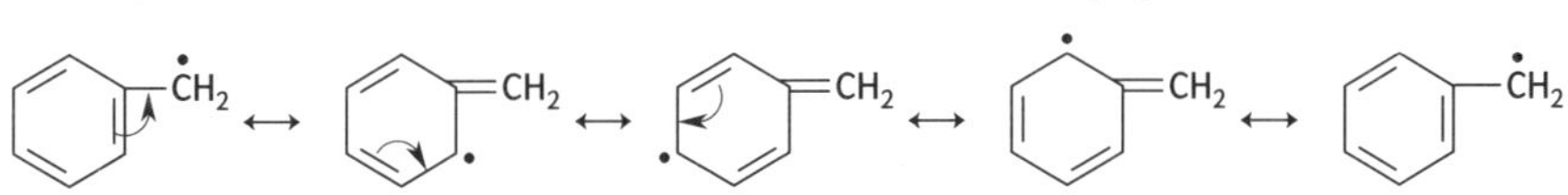

Aus diesem Grund erfolgt die radikalische Substitution bei Alkylbenzolen an der Seitenkette immer in Benzylstellung, gleichgültig, wie lange die Seitenkette ist.

ELEKTROPHILE SUBSTITUTION

Bei beiden Reaktionen verläuft jeweils der erste Schritt elektrophil, mit einem partiell positiv oder positiv geladenen Angreifer, weil sich dieser Angreifer aufgrund des Ladungsgegensatzes problemlos der weit in den Raum hinausragenden Elektronenwolke der Doppelbindung bzw. des Ringelektronensystems nähern und damit eine Reaktion einleiten kann.

Beim letzten Reaktionsschritt der elektrophilen Substitution an Aromaten handelt es sich um eine Eliminierungsreaktion, bei der elektrophilen Addition an Alkene um eine Additionsreaktion. Denkbar wäre auch, dass das Carbokation bei der Reaktion von Benzol mit Brom wie bei der elektrophilen Addition an Alkene ein Bromidion addieren würde, bei dieser Reaktion entstünde dann ein Cyclohexadienmolekül, welches kein aromatisches Molekül und daher wesentlich energiereicher wäre.

MECHANISMUS DER BROMIERUNG VON BENZOL

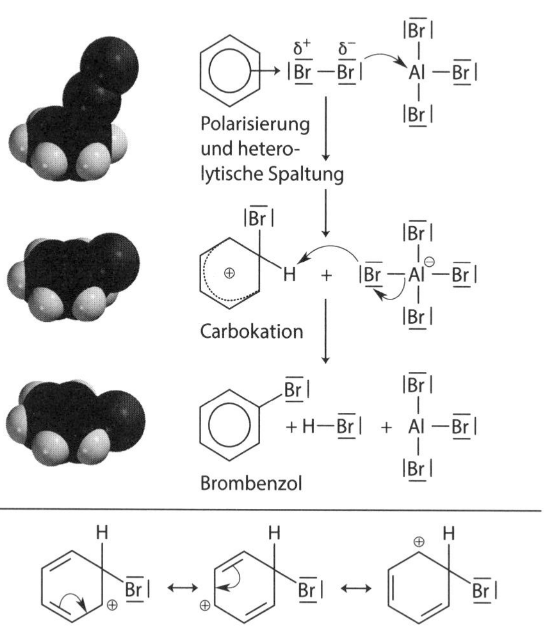

Elektrophile Substitution am Beispiel der Bromierung von Benzol

DER AROMATISCHE ZUSTAND

Durch die Abspaltung eines Protons entsteht wieder das delokalisierte Ringelektronensystem und damit der besonders stabile aromatische Zustand. Dies ist ein wichtiger Grund dafür, dass bei aromatischen Verbindungen beim Reaktionsablauf die Substitution gegenüber der Addition überwiegt.

ENTHALPIEDIAGRAMM DER BROMIERUNG VON BENZOL

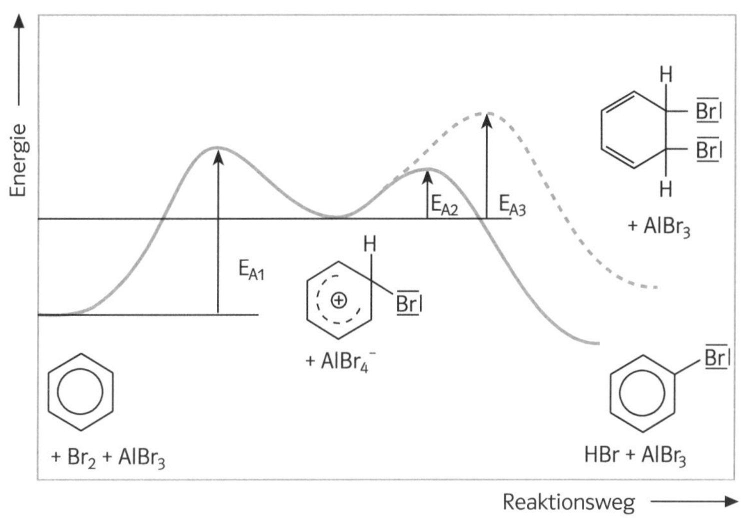

Justus von Liebig

ALKYLIERUNG VON BENZOL

Die Synthese von Alkylbenzolen zählt zu den Friedel-Crafts-Alkylierungsreaktionen. So wird z. B. als Zwischenprodukt zur Synthese von Styrol (Phenylethen), dem Ausgangsprodukt für Polystyrol, in großen Mengen Ethylbenzol durch Alkylierung von Benzol mit Ethen hergestellt.

1. Formulieren Sie die Reaktionsgleichung.
2. Formulieren Sie den Reaktionsmechanismus für diese Reaktion.

LÖSUNGEN

1. Reaktionsgleichung:

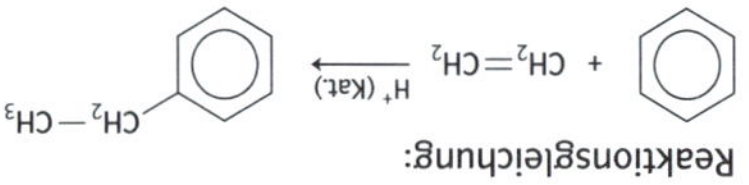

2. Reaktionsmechanismus:
   Es handelt sich um eine elektrophile Substitution am Aromaten, S_E.

a) Bildung des elektrophilen Angreifers:
Für die Reaktion muss zunächst Ethen mit Hilfe eines Katalysators (z. B. eine Säure) in ein Carbokation als elektrophiler Angreifer überführt werden:

$$CH_2=CH_2 + H^+ \longrightarrow CH_3-\overset{\oplus}{C}H_2$$

b) Ablauf der elektrophilen Substitution:
Zunächst wird der elektrophile Angreifer locker an das Ringelektronensystem des Benzolmoleküls addiert (π-Komplex). Im nächsten Schritt erfolgt die Bindung des Angreifers über eine Einfachbindung an ein C-Atom des Rings, hierzu muss die Delokalisierung der Ringelektronen teilweise aufgehoben werden (σ-Komplex). Das Carbokation reagiert im letzten Schritt unter Abgabe eines Protons, die vollständige Delokalisierung der Ringelektronen erfolgt erneut:

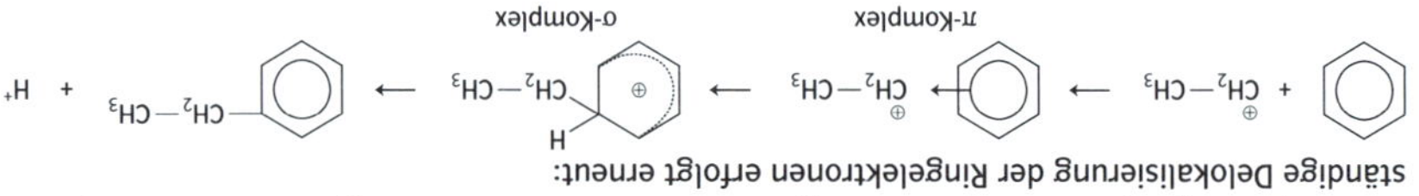

HALOGENIERUNG VON ETHEN UND BENZOL

Ethen und Benzol reagieren mit Brom.

1. Formulieren Sie jeweils die Reaktionsgleichung und benennen Sie den jeweiligen Reaktionstyp.
2. Formulieren Sie die Reaktionsmechanismen beider Reaktionen und untersuchen Sie diese auf Gemeinsamkeiten und Unterschiede.

LÖSUNGEN

1. Reaktionsgleichungen:

Ethen: $C_2H_4 + Br_2 \longrightarrow C_2H_4Br_2$ elektrophile Addition

Benzol:

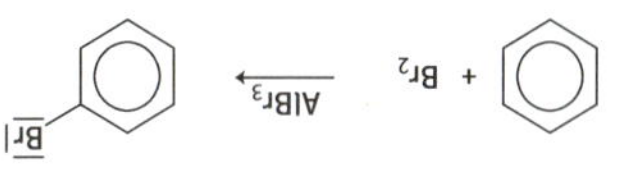

elektrophile Substition

2. Reaktionsmechanismen:
Reaktionsmechanismus der Reaktion von Brom mit Ethen siehe S. 139 ff., „Die Halogenierung von Alkenen", Erläuterungen zum Mechanismus der Reaktion von Brom mit Benzol siehe S. 168 f., „Alkylierung von Benzol". Der Mechanismus dieser Reaktion ist im Abschnitt „Wissen" dargestellt.
Beide Mechanismen sind in ihrem Ablauf bis zur Bildung des Carbokations bei der Reaktion des Benzolmoleküls bzw. Bromoniumions bei der Reaktion des Ethenmoleküls gleich (elektrophiler Angriff an die Doppelbindung bzw. an das Ringelektronensystem, nach lockerer elektrostatischer Bindung anschließende Bindung des elektrophilen Angreifers im Molekül über eine Atombindung). Beim Alken folgt nun ein Additionsschritt zur Bildung des Endprodukts, beim Benzol ein Eliminierungs-(Abspaltungs-)schritt.
Die Polarisierung des Angreifers durch Lösungsmittelmoleküle oder durch Zusammenstöße der Reaktionspartner reicht beim Alken zur Reaktion aus, beim energieärmeren Benzolmolekül muss der Angreifer in einer vorgelagerten Reaktion mit Hilfe eines Katalysators gebildet werden.

DIE ZWEITSUBSTITUTION

Phenol und Nitrobenzol sind wichtige Derivate des Benzols. Durch weitere Substitutionsreaktionen können daraus neue Verbindungen gewonnen werden. Da diese Moleküle gegenüber dem Benzolmolekül bereits einen Substituenten besitzen, bezeichnet man die Substitutionsreaktion zur Einführung eines weiteren Substituenten als Zweitsubstitution.

Dabei verläuft z. B. die Nitrierung von Phenol schon bei niedrigen Konzentrationen der Nitriersäure äußerst rasch, währen die Nitrierung von Nitrobenzol konzentrierte Nitriersäure erfordert und relativ langsam abläuft.

DIE GESCHWINDIGKEIT

Da sich die Benzolderivate in ihrer Reaktivität gegenüber Benzol unterscheiden, ist es nahe liegend, dass der Erstsubstituent Einfluss auf die Geschwindigkeit der Zweitsubstitution besitzt. Ausschlaggebend für die Geschwindigkeit einer elektrophilen Substitution ist der Ladungsgegensatz zwischen dem elektrophilen Angreifer (hier: Nitrylkation) und dem Ringelektronensystem des entsprechenden Moleküls, dieser wird über elektronische Effekte der Erstsubstituenten beeinflusst.

Besitzen M- und I-Effekte verschiedene Vorzeichen, so wirkt sich in der Regel der M-Effekt stärker aus, wie z. B. beim Phenolmolekül, bei dem die große Elektronegativität des Sauerstoffatoms (– I-Effekt!) die Elektronendichte am Benzolring eigentlich verringern müsste. Ein freies Elektronenpaar des Sauerstoffatoms tritt jedoch mit den delokalisierten Ringelektronen in Wechselwirkung und erhöht dadurch die Elektronendichte am Ring, die so trotz der Elektronegativität des Sauerstoffatoms größer wird. Eine Ausnahme von dieser Regel bilden die Halogenbenzole. Die Halogenatome als Substituenten besitzen zwar einen + M-Effekt, desaktivieren das Ringsystem jedoch aufgrund eines starken – I-Effekts.
Aktivierende Substituenten sind z. B.:

Mit +I-Effekt: $-CH_3$; $-C_2H_5$; (allgemein Alkylgruppen)

Mit +M-Effekt: $-\overline{\underline{O}}-H$; $-\overline{\underline{O}}-R$; $-\overline{N}{<}^{H}_{H}$

DESAKTIVIERENDE SUBSTITUENTEN

Dies sind u. a.:

Mit -I-Effekt: —Hal ; 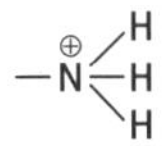

Mit -M-Effekt: 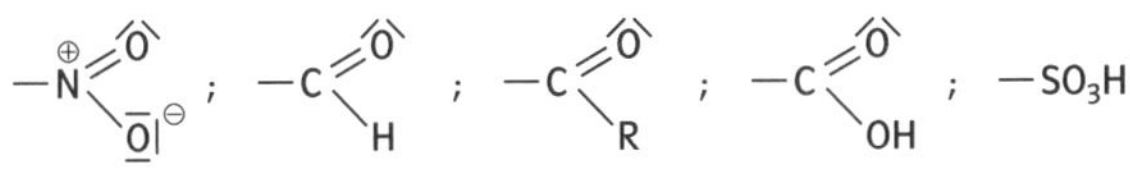

Für alle Moleküle mit Substituenten mit +M- oder -M-Effekt lassen sich analoge mesomere Grenzformeln formulieren wie für die Phenol- und Nitrobenzolmoleküle.

Für die Nitrierung von Phenol reicht die Konzentration der Nitrylkationen aus der Autoprotolysereaktion der Salpetersäuremoleküle aus,

$$HO-NO_2 + HNO_3 \rightleftharpoons H-\overset{H}{\underset{\oplus}{O}}-NO_2 + NO_3^- \rightleftharpoons H_2O + \overset{\oplus}{N}O_2 + NO_3^-$$

während für die Nitrierung von Nitrobenzol für eine hohe Konzentration an Nitrylkationen Nitriersäure (ein Gemisch aus Salpeter- und Schwefelsäure) eingesetzt werden muss:

$$HO-NO_2 + H_2SO_4 \rightleftharpoons H-\overset{H}{\underset{\oplus}{O}}-NO_2 + HSO_4^- \rightleftharpoons H_2O + \overset{\oplus}{N}O_2 + HSO_4^-$$

SUBSTITUENTEN

Der Erstsubstituent beeinflusst aufgrund seiner elektronischen Effekte den Ort (und die Geschwindigkeit) der Zweitsubstitution. In der Regel dirigieren Substituenten 1. Ordnung (Substituenten mit + M- oder + I-Effekten, „schiebende" Substituenten) vorzugsweise in o- und p-Stellung, sie sind gleichzeitig aktivierend (Ausnahme Halogenbenzole). Substituenten 2. Ordnung (Substituenten mit -M- oder – I-Effekten, „ziehende" Substituenten) dirigieren bevorzugt in m-Stellung, sie sind gleichzeitig desaktivierend.

Für den Ort der Zweitsubstitution ist die Stabilität der Carbokationen entscheidend, da die Bildung dieser Teilchen bei den meisten elektrophilen Substituenten der Schritt der Reaktion ist, der die meiste Aktivierungsenergie erfordert (teilweise Auflösung des Systems der delokalisierten Ringelektronen).

GRENZFORMELN DER CARBOKATIONEN FÜR SUBSTITUENTEN 1. ORDUNG

Beispiel: Bromierung von Phenol Zweitsubstitution in ortho-Stellung

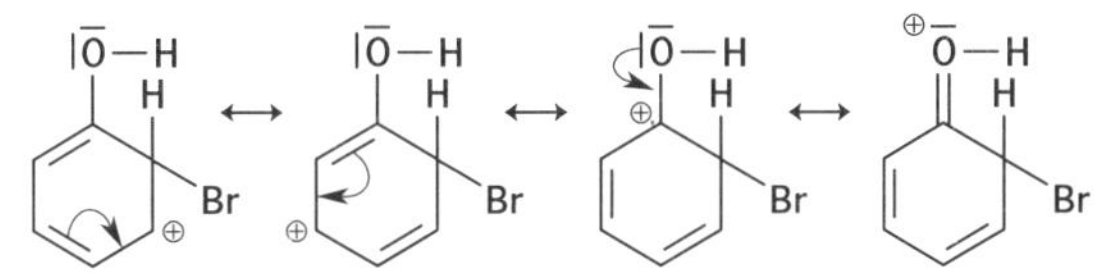

Zweitsubstitution in meta-Stellung

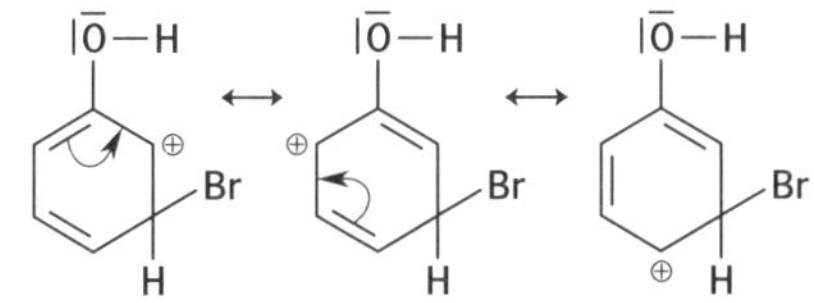

Zweitsubstitution in para-Stellung

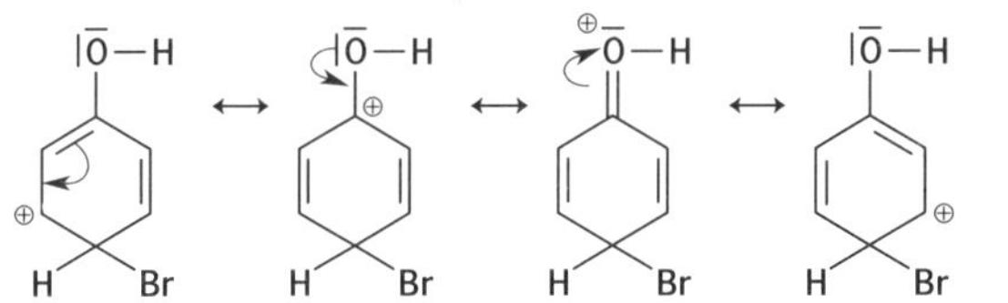

Analoge Grenzformeln lassen sich auch für andere Substituenten 1. Ordnung aufstellen wie etwa für —Cl, —Br, —I, CH_2, —CH=CH_2, —OR und —NH_2.

Für die o- und p-Stellung kann jeweils eine vierte Grenzformel formuliert werden. Hier hat der Erstsubstituent die positive Ladung des elektrophilen Angreifers übernommen, ohne dabei sein Elektronenoktett zu verlieren. Dies bedeutet, dass die positive Ladung über den Ring hinaus und damit über eine größeren Raum delokalisiert ist. Die Zweitsubstitution in o- und p-Stellung führt damit zu einem stabileren Carbokation als eine Zweitsubstitution in m-Stellung.

GRENZFORMELN DER CARBOKATIONEN FÜR SUBSTITUENTEN 2. ORDUNG

Beispiel: Nitrierung von Nitrobenzol Zweisubstitution in ortho-Stellung

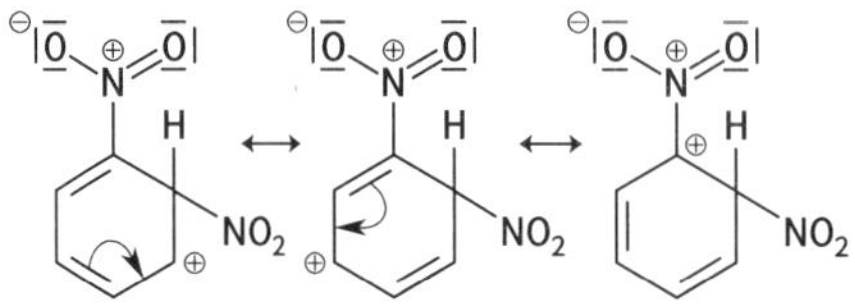

Zweisubstitution in meta-Stellung

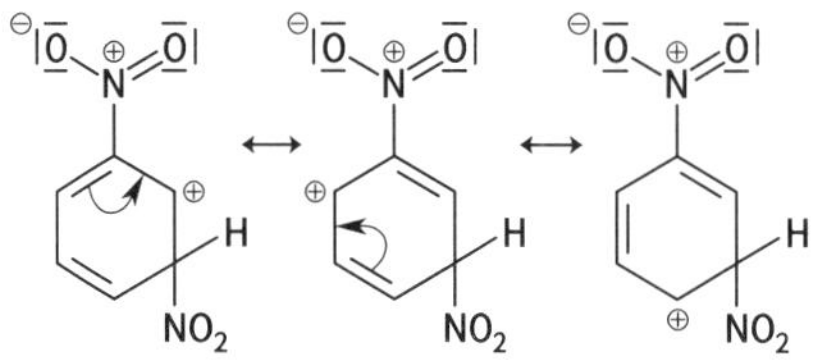

Zweisubstitution in para-Stellung

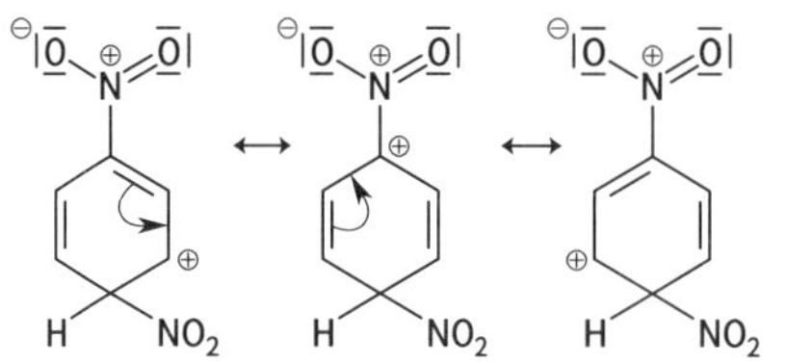

Analoge Grenzformeln lassen sich für andere Substituenten 2. Ordnung aufstellen wie etwa für $—SO_3H$, —COOH, —CHO.

Für eine Zweitsubstitution bei Anwesenheit eines Substituenten mit – M-Effekt (Substituent 2. Ordnung, z.B. die Nitrogruppe $-NO_2$) lassen sich drei Carbokationen mit jeweils drei mesomeren Grenzformeln formulieren. Bei der Bindung des elektrophilen Angreifers in o- und p-Stellung zur Nitrogruppe tritt jeweils eine Formel auf, bei der das Stickstoffatom und das benachbarte Kohlenstoffatom jeweils eine positive Ladung tragen. Eine derartige Häufung gleicher Ladungen ist energetisch ungünstig, die entsprechenden Carbokationen sind weniger stabil, die Zweitsubstitution findet bevorzugt in m-Stellung statt.

GESCHWINDIGKEIT UND ORT DER ZWEITSUBSTITUTION AM AROMATEN

1. **Geben Sie für das unterschiedliche Reaktionsverhalten bei der Nitrierung von Phenol und der Nitrierung von Nitrobenzol eine Erklärung, auch unter Zuhilfenahme von mesomeren Grenzformeln.**

2. **Bei der Bromierung von Phenol können drei isomere Verbindungen entstehen. Formulieren Sie deren Strukturformeln und geben Sie die Namen an.**

LÖSUNGEN

1. Die Reaktionsgeschwindigkeit einer Zweitsubstitution ist umso höher, je größer die Elektronendichte am Benzolring ist. Aufgrund des +M-Effekts der Hydroxy-Gruppe des Phenolmoleküls wird die Elektronendichte am Ring (trotz des ebenfalls vorhandenen –I-Effekts) soweit erhöht, dass auch mit einer geringen Konzentration an Nitrylkationen eine Reaktion rasch abläuft. Gerade umgekehrt verhält es sich beim Nitrobenzolmolekül, denn die Nitrogruppe desaktiviert das Ringsystem durch ihren –M-Effekt (und –I-Effekt), sodass hohe Konzentrationen an Nitrylkationen erforderlich sind, damit eine Reaktion überhaupt abläuft.

Grenzformeln des Phenolmoleküls

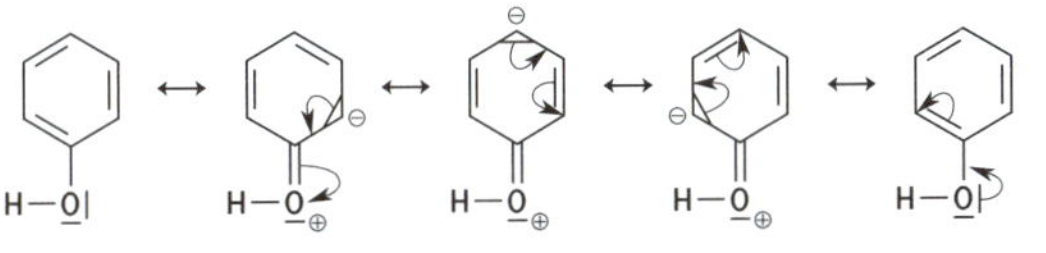

Elektronendichte im Ring wird durch die Hydroxy-Gruppe **größer** (+M-Effekt)

Grenzformeln des Nitrobenzolmoleküls

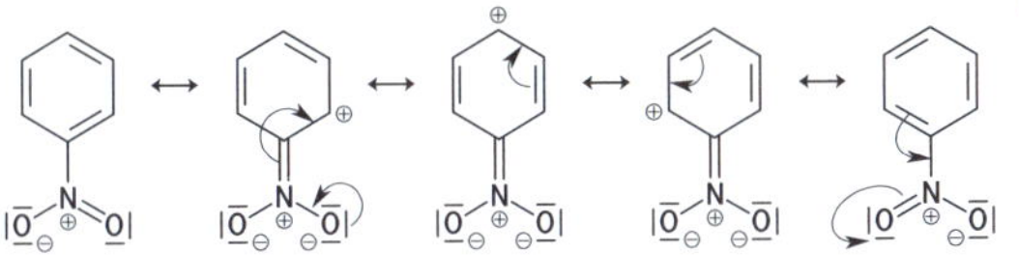

Elektronendichte im Ring wird durch die Nitrogruppe **kleiner** (–M-Effekt)

2.

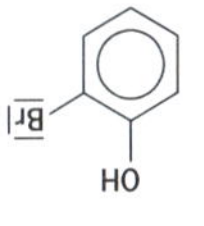

o-Bromphenol
2-Bromphenol

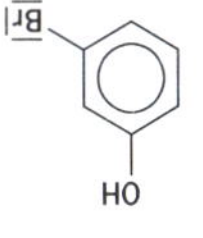

m-Bromphenol
3-Bromphenol

p-Bromphenol
4-Bromphenol

8 BIOLOGISCH WICHTIGE VERBINDUNGEN

Fette

Fette werden mit systematischem Namen als Triacylglycerine bezeichnet. Es sind keine nur aus einer Molekülart aufgebauten Stoffe, sondern Gemische verschiedener Triacylglycerinmoleküle.

Fette können bei Zimmertemperatur fest, halbfest oder flüssig sein. Durch Fetthärtung können flüssige in feste Fette umgewandelt werden, die z. B. zur Margarineherstellung eingesetzt werden.

ESSENZIELLE FETTSÄUREN

Einige der in den Fetten gebundenen ungesättigten Fettsäuren können vom menschlichen Stoffwechsel nicht synthetisiert werden. Da sie jedoch zur Aufrechterhaltung vieler Körperfunktionen benötigt werden, müssen sie mit der Nahrung zugefügt werden. Dazu gehören z. B. die Linol- und Linolensäure.

LINOLSÄURE (ZWEIFACH UNGESÄTTIGT)

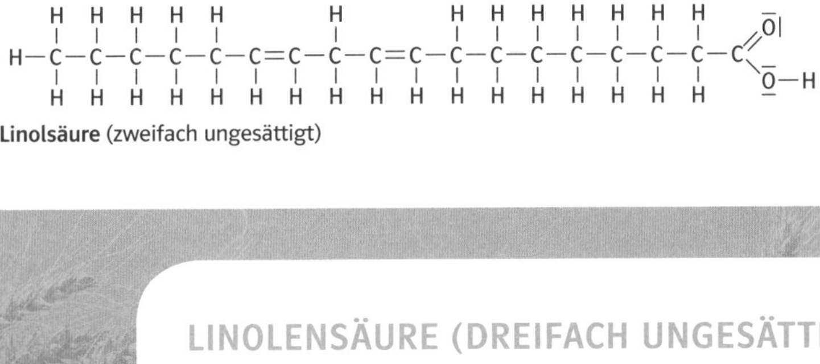

Linolsäure (zweifach ungesättigt)

LINOLENSÄURE (DREIFACH UNGESÄTTIGT)

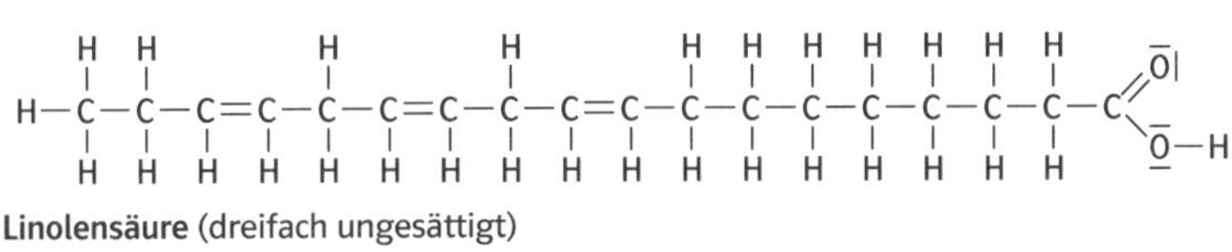

Linolensäure (dreifach ungesättigt)

OMEGA-FETTSÄUREN

Oft findet sich als Bezeichnung für ungesättigte Fettsäuren Omega-Fettsäuren. Dieser Bezeichnung liegt eine besondere Zählweise zur Kennzeichnung der Lage von Doppelbindungen zugrunde. Dabei wird vom letzten C-Atom, benannt nach dem letzten Buchstaben des griechischen Alphabets (ω), gezählt. Linolensäure ist eine Omega-3-Fettsäure, Linolsäure eine Omega-6-Fettsäure. Ein **Mangel** an diesen Fettsäuren in der Nahrung wird verantwortlich gemacht für zahlreiche **gesundheitliche Störungen**.

Zur Kennzeichnung der Zusammensetzung der Fette werden diese vollständig hydrolysiert. Die Massenanteile der Fettsäuren, die dabei entstehen, werden angegeben.

Der Zusammenhang zwischen Schmelztemperaturbereich, Iodzahl und Kettenlänge der Fettsäuren kann an zwei Beispielen dargestellt werden:

1. Kokosfett hat zwar die geringste Iodzahl, aber nicht den erwarteten höchsten Schmelzbereich, da kurzkettige Fettsäuren überwiegen.
2. Die drei bei Zimmertemperatur aufgeführten flüssigen Fette haben erwartungsgemäß die höchsten Iodzahlen.

Name	tierische Fette		pflanzliche Fette			
Formel	Butterfett	Schweinefett	Kokosfett	Olivenöl	Sonnenblumenöl	Leinöl
gesättigte Fettsäuren						
Buttersäure C_3H_7COOH	3	–	–	–	–	–
Laurinsäure $C_{11}H_{23}COOH$	3	–	48	–	–	–
Myristinsäure $C_{13}H_{27}COOH$	9	2	15	2	–	–
Palmitinsäure $C_{15}H_{31}COOH$	24	27	9	15	5	7
Stearinsäure $C_{17}H_{35}COOH$	13	14	3	2	2	3
ungesättigte Fettsäuren						
Ölsäure $C_{17}H_{33}COOH$	30	45	6	71	27	18
Linolsäure $C_{17}H_{31}COOH$	2	8	2	8	65	14
Linolensäure $C_{17}H_{29}COOH$	1	–	–	–	–	58
Iodzahl*	35	65	7	80	130	180
Schmelztemperaturbereich (°C)	31 bis 36	36 bis 42	23 bis 28	–3 bis 0	–18 bis –11	–20 bis –16

FETTHÄRTUNG

Das heute als klassisch bezeichnete Verfahren wurde 1901 von dem Chemiker W. Norman entwickelt und arbeitet bei Temperaturen zwischen 120° und 180 °C und einem Wasserstoffdruck von 600–700 hPa. Eingesetzt werden Nickelkatalysatoren.

Nachteile:

- zumindest teilweiser Verlust von essenziellen Fettsäuren
- geringe Mengen Nickel im gehärteten Fett

Bei einem neuen Verfahren wird eine Umesterung vorgenommen. Esterbindungen werden gelöst. Die freigesetzten Fettsäuren werden an anderer Stelle wieder gebunden. Durch die Umesterung ändert sich das Schmelzverhalten des Fettes.

Es gibt zahlreiche Stoffe, denen sich zwei Moleküle zuordnen lassen, die spiegelbildlich gebaut sind, sie sind chiral.

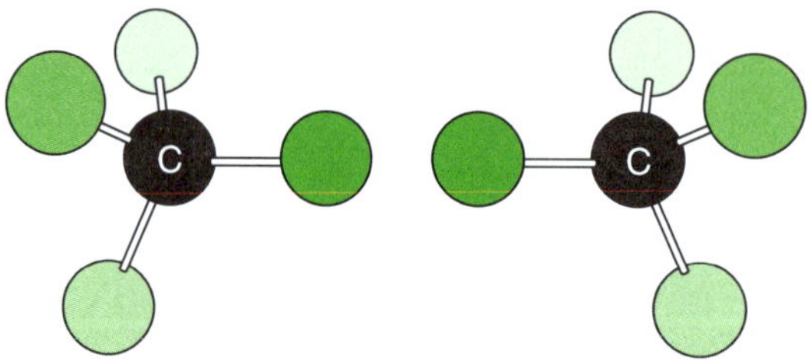

FISCHER-PROJEKTION

Die Fischer-Projektion wird häufig angewandt, wenn das Molekül ein oxidiertes C-Atom an der Spitze einer Kohlenstoffkette aufweist. Bei einer chiralen Verbindung wie Butan-2-ol erscheint diese Darstellungsart jedoch ungeeignet.

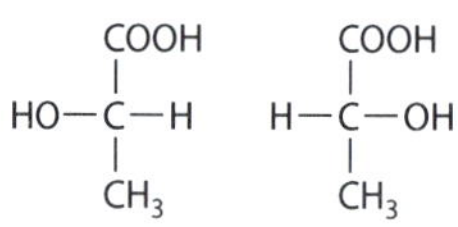

L D

Milchsäure

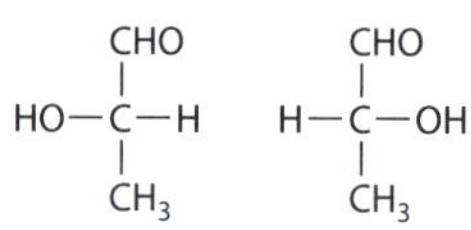

L D

Glycerinaldehyd

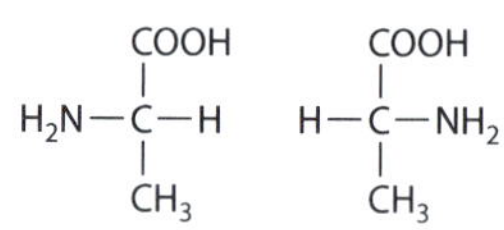

L D

Alanin

Vorgaben der Fischer Projektion am Beispiel der Milchsäure

Die tetraedrische Umgebung eines Kohlenstoff-Atoms mit vier Bindungspartnern wird in der Ebene dargestellt. Das Kohlenstoffatom liegt in der Mitte, die Bindungspartner werden kreuzförmig senkrecht bzw. waagerecht angeordnet.

- Die Kette von Kohlenstoffatomen wird senkrecht angeordnet.
- Das am höchsten oxidierte C-Atom (hier die Carboxy-Gruppe, früher Carboxyl-Gruppe) steht als Nr. 1 oben.
- Die weiteren zwei Bindungspartner des asymmetrischen C-Atoms (H; OH) stehen rechts bzw. links vom asymmetrischen C-Atom.

Diese Anordnung wird wie folgt interpretiert:

- Das asymmetrische C-Atom liegt in der Zeichenebene.
- Die senkrecht angeordneten Bindungspartner liegen unterhalb der Zeichenebene.
- Die beiden waagerecht angeordneten Bindungspartner liegen oberhalb der Zeichenebene.
- Liegt die OH-Gruppe links, liegt die L-Konfiguration vor, im anderen Fall handelt es sich um die D-Konfiguration der Milchsäure.

SEQUENZREGEL NACH CAHN, INGOLD UND PRELOG (CIP)

Nach einem komplizierten Regelwerk, das hier nur in Teilen angegeben wird, werden die Bindungspartner nach Prioritäten geordnet.

Die folgende Liste enthält einige häufig vorkommende Bindungspartner, geordnet nach aufsteigender Priorität:

$-H \quad -CH_3 \quad -CH_2CH_3 \quad -CH_2OH \quad -CHO \quad -COOH \quad -NH_2 \quad -OH$

Den Bindungspartnern des zu beurteilenden asymmetrischen C-Atoms werden Ziffern zugeordnet.

Ein H-Atom erhält die Ziffer 4.

Die übrigen Atome/Atomgruppen erhalten nach steigender Priorität die Ziffern 3, 2 und 1.

Das zu beurteilende Molekül wird so platziert, dass der Bindungspartner mit der Ziffer 4 – meistens ein H-Atom – vom Betrachter weg zeigt. Die zugewandten Ziffern werden mit dem Auge verfolgt. Ergibt sich von 1 an aufsteigend eine Drehung im Uhrzeigersinn, liegt die R-Konfiguration vor (rectus, lat. rechts), im anderen Fall die S-Konfiguration (sinister, lat. links).

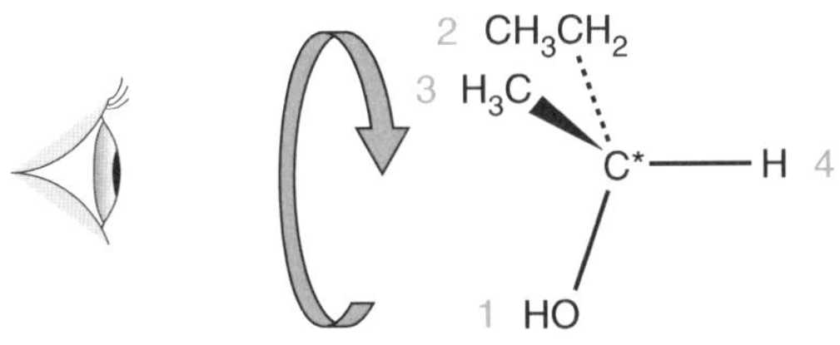

R-Butan-2-ol

Beispiel: D-Milchsäure (nach Fischer) entspricht R-Milchsäure (nach CIP).
L-Milchsäure (nach Fischer) entspricht S-Milchsäure (nach CIP).

MOLEKÜLBAU UND EIGENSCHAFTEN

Saccharose (auch Sucrose genannt) ist der übliche Haushaltszucker und kann aus Zuckerrüben oder Zuckerrohr gewonnen werden.

Die Moleküle sind aus je einer Einheit α-D-Glucose und β-D-Fructose aufgebaut, die sich unter Austritt eines Wassermoleküls über die OH-Gruppen der anomeren C-Atome miteinander verbunden haben. Diese Bindung wird glycosidische Bindung genannt.

Saccharose ist ein Disaccharid. Die Moleküle entsprechen der Summenformel $C_{12}H_{22}O_{11}$.

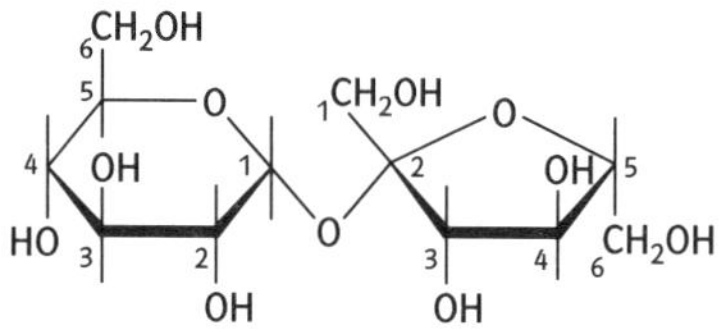

Saccharose ist in Wasser sehr gut löslich (204 g/100 g bei 20 °C) und dreht die Ebene des polarisierten Lichtes nach rechts ($\alpha_{sp} = +66° \cdot ml \cdot g^{-1} \cdot dm^{-1}$). Beim Erhitzen auf 185 °C schmilzt Saccharose und bildet eine allmählich braun werdende Schmelze („Karamell"). Anders als Monosaccharide reagiert Saccharose mit Fehling-Reagenz nicht. Im Saccharosemolekül liegen die beiden Komponenten so miteinander verbunden vor, dass unter Ringöffnung weder von der Glucose- noch von der Fructoseeinheit eine Aldehydgruppe gebildet werden kann. In beiden Fällen handelt es sich um nicht reduzierende Atomgruppierungen, die man Acetale nennt.

SPALTUNG VON SACCHAROSE

Durch den Einfluss von H_3O^+-Ionen lassen sich Saccharosemoleküle in ihre beiden Komponenten hydrolytisch aufspalten. Diese Spaltung lässt sich mit einem Polarimeter verfolgen. Im Verlauf dieses Prozesses nimmt der Drehwinkel immer mehr ab und geht schließlich in den negativen Bereich (Linksdrehung). Dieser Vorgang wird deswegen Inversion genannt.

Dabei entstehen D-Glucose- und D-Fructosemoleküle in den gleichen Stoffmengen (Invertzucker, Kunsthonig). Zwischen den Ring- und Kettenformen stellen sich Gleichgewichte ein.

Die spezifische Drehung der Invertzuckerlösung lässt sich experimentell bestimmen oder aus vorliegenden Daten berechnen. Sie ergibt sich als arithmetisches Mittel aus den spezifischen Drehungen von D-Glucose und D-Fructose in ihren Gleichgewichten:

$$\alpha_{sp} = \frac{\alpha_{sp}(\text{Glucose}) + \alpha_{sp}(\text{Fructose})}{2}$$

$$\alpha_{sp} = \frac{53° \cdot \text{ml} \cdot \text{g}^{-1} \cdot \text{dm}^{-1} + (-92{,}4)° \cdot \text{ml} \cdot \text{g}^{-1} \cdot \text{dm}^{-1}}{2} = -19{,}7° \cdot \text{ml} \cdot \text{g}^{-1} \cdot \text{dm}^{-1}$$

ZUR REDUZIERENDEN WIRKUNG DES INVERTZUCKERGEMISCHES

Dass der Glucoseanteil reduzierend wirkt, bedarf keiner besonderen Bemerkung.

Allerdings bedarf die Tatsache, dass auch Fructose reduzierend wirkt, einer Erklärung. Das kettenförmige Molekül enthält keine Aldehyd-, sondern eine Ketogruppe, die gegenüber dem Fehling-Reagenz nicht reduzierend wirkt.

Unter dem katalytischen Einfluss von OH^--Ionen, die im Reagenz enthalten sind, kommt es zu einer Amadori-Umlagerung (Keto-Enol-Tautomerie), bei der Fructose in Glucose überführt wird.

Es stellt sich ein Gleichgewicht ein, in dem die Glucosemoleküle überwiegen.

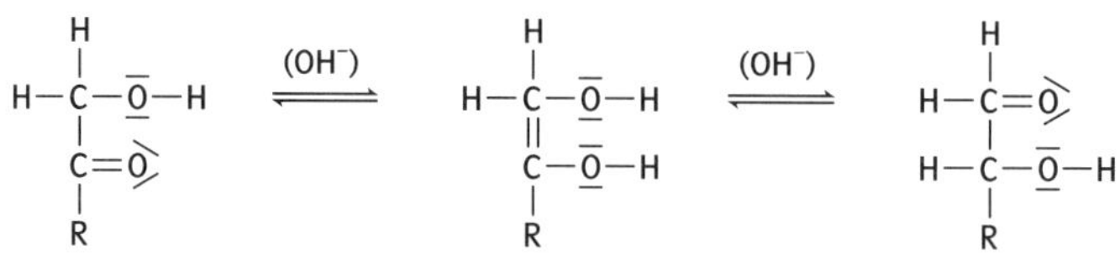

D-Fructose | Enolform der D-Fructose bzw. D-Glucose | D-Glucose

FETTE, SACCHAROSE

Fette

1. Zeichnen Sie in einer vereinfachten Darstellung, die die wichtigen funktionellen Gruppen zeigt, das Bauprinzip eines Triacylglycerinmoleküls.
2. Von welchen Faktoren kann es abhängen, ob ein Fett bei Zimmertemperatur fest oder flüssig ist?

Saccharose

Saccharose wirkt gegenüber dem Fehling-Reagenz nicht reduzierend. Eine Lösung von Saccharose ist rechtsdrehend. Nach Zugabe von z. B. Salzsäure verringert sich der Drehwinkel und geht in den negativen Bereich („Inversion"). Diese Lösung wirkt reduzierend.

3. Geben Sie eine Begründung dafür an, dass Saccharose-Lösungen nicht reduzierend wirken.

LÖSUNGEN

1.

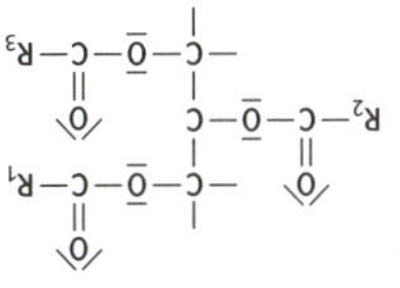

2. Zwei wichtige Faktoren, die die Schmelztemperatur beeinflussen:
   a) Durchschnittliche Kettenlänge der gebundenen Fettsäuren. Mit steigender Kettenlänge steigt der Schmelztemperaturbereich.
   b) Anzahl der C=C-Doppelbindungen. Triacylglycerinmoleküle, die ungesättigte Fettsäuren enthalten, können sich im kristallinen Verband nicht so dicht zusammenlagern. Zwischenmolekulare Kräfte wirken sich nicht so stark aus. Das führt zu einem niedrigen Schmelzbereich.
3. Das Saccharose-Molekül besteht aus zwei Komponenten (α-D-Glucose und β-D-Fructose), die glycosidisch miteinander verbunden sind. In Bezug auf beide Molekülteile liegen Acetale (Vollacetale) vor. Eine Ringöffnung unter Bildung von reduzierend wirkenden Aldehydgruppen ist nicht möglich. Deshalb verläuft die Fehling-Probe mit Saccharose negativ.

ZUORDNUNG DES GLUCOSEMOLEKÜLS ZUR D-REIHE

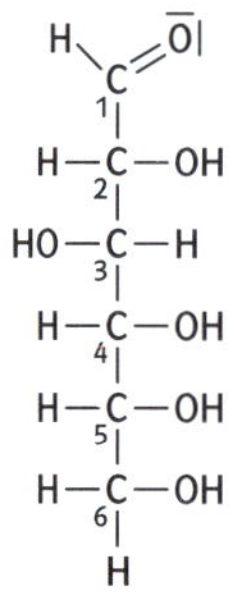

Glucosemoleküle in der Kettenform weisen fünf asymmetrische C-Atome auf. Vereinbarungsgemäß wird die Konfiguration am untersten C-Atom (C-Atom 5) der Zuordnung zur D/L-Reihe zugrunde gelegt

RINGFÖRMIGE GLUCOSEMOLEKÜLE

Mehrere experimentelle Ergebnisse sind mit der Kettenform der Moleküle der D-Glucose nicht erklärbar. So wird z. B. eine Lösung von Fuchsinschwefliger Säure durch Glucose nicht rot gefärbt, obwohl ein solcher Farbwechsel der Reagenzlösung typisch ist für Moleküle mit Aldehydgruppen. Tatsächlich liegen die Moleküle der Glucose überwiegend als sechsgliedrige Ringe vor, die durch eine innermolekulare Halbacetalbildung zwischen der Aldehydgruppe und der Hydroxy-Gruppe des fünften Kohlenstoffatoms entstehen. Dadurch wird das Carbonylkohlenstoffatom des kettenförmigen Glucosemoleküls, das **anomere Kohlenstoffatom**, zu einem weiteren asymmetrischen Kohlenstoffatom. Je nach Stellung der Hydroxy-Gruppe an diesem C-Atom ergeben sich zwei Strukturisomere (Anomere), die α-D-Glucose und β-D-Glucose genannt werden.

ABBILDUNG DER RINGFÖRMIGEN GLUCOSEMOLEKÜLE

Die beiden Anomere sind nicht eben gebaut. Der Molekülring entspricht dem des Cyclohexans wobei ein Kohlenstoffatom durch ein Sauerstoffatom ersetzt ist. Ebenso wie bei Cyclohexan existieren verschiedene Konformationen in Sessel- und Wannenform. Die Sesselformen sind energetisch begünstigt.

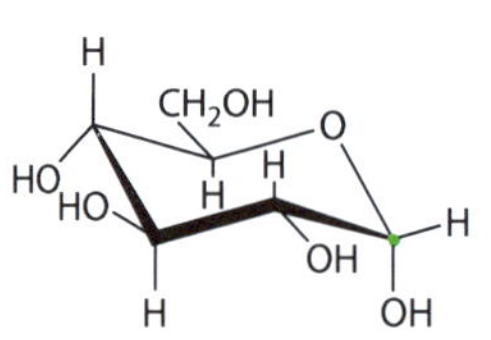

α-D-Glucose

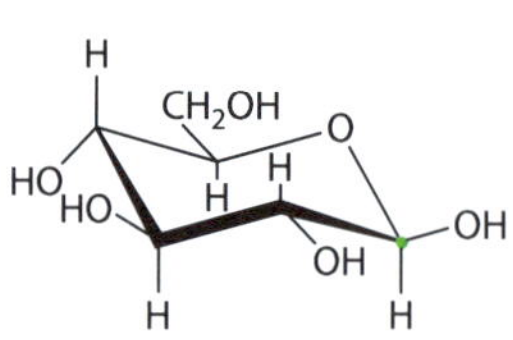

β-D-Glucose

Alternativ dazu führte W. N. Haworth die nach ihm benannten ebenen Projektionen, Haworth-Formeln, ein. Das zyklische Molekül stellt man sich als ein waagerecht liegendes, ebenes Sechseck vor, bei dem sich das Ringsauerstoffatom in der rechten hinteren Ecke befindet. Man zeichnet dieses Molekül perspektivisch, von schräg oben betrachtet. Die Bindung von Substituenten und Wasserstoffatomen wird mithilfe senkrechter Linien durch die Ecken angedeutet. Substituenten, die in der Fischer-Projektion nach links (rechts) weisen, stehen in der Haworth-Projektion oben (unten).

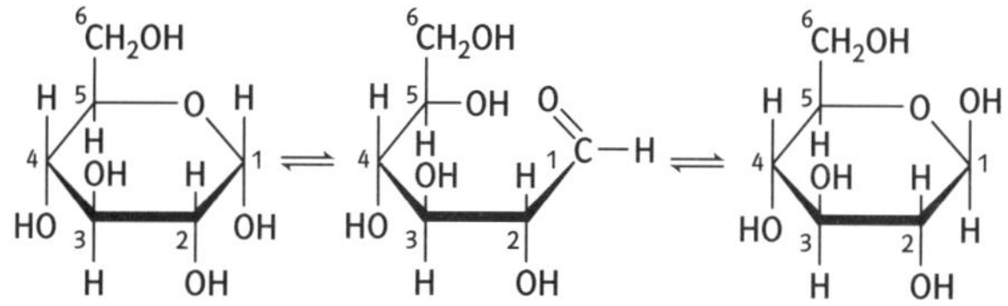

α-D-Glucose — offene Form des Glucosemoleküls — β-D-Glucose

OPTISCHE AKTIVITÄT VON GLUCOSELÖSUNGEN

Lösungen der beiden Anomere der Glucose drehen die Ebene des polarisierten Lichtes, allerdings in unterschiedlichem Maße:

α_{sp} (α-D-Glucose) $= +112° ml \cdot g^{-1} \cdot dm^{-1}$,

α_{sp} (β-D-Glucose) $= +19° ml \cdot g^{-1} \cdot dm^{-1}$.

Bei einer frisch angesetzten Lösung eines der beiden Anomere kann man feststellen, dass sich der Drehwinkel der Lösung allmählich verändert. Ursache dieser Erscheinung, die Mutarotation (von lat. mutare, ändern) genannt wird, ist die spontane Umwandlung des einen Anomers über die offenkettige Form in das andere Anomer. Dabei stellt sich ein chemisches Gleichgewicht ein, in dem die β-D-Glucose mit einem Massenanteil von ca. 63 % überwiegt. Auf die α-D-Glucose entfallen etwa 37%. Der Anteil der kettenförmigen Moleküle ist kleiner als 1 %. Die spezifische Drehung im Gleichgewicht beträgt $\alpha_{sp} = +53° \cdot ml \cdot g^{-1} \cdot dm^{-1}$.

Da die offene Form nur in Lösungen und dort in sehr geringer Konzentration auftritt, fällt die relativ unempfindliche Probe mit Fuchsinschwefliger Säure negativ aus.

MUTAROTATION

Für D-Glucose werden verschiedene Moleküle angegeben:

Ein kettenförmiges und zwei ringförmige Moleküle (α-D-Glucose, β-D-Glucose). Die Abbildung zeigt das kettenförmige Molekül in einer Konformation, die die Ringbildung erkennen lässt. Mit einem Polarimeter wurde der Drehwinkel einer frisch hergestellten Glucoselösung (Massenkonzentration $\beta = 0{,}1\,g \cdot ml^{-1}$, Länge des Probenrohres $l = 2\,dm$) untersucht. Er betrug $\alpha_1 = +22{,}4°$. Nach einigen Tagen zeigte die gleiche Lösung einen Drehwinkel $\alpha_2 = +10{,}6°$.

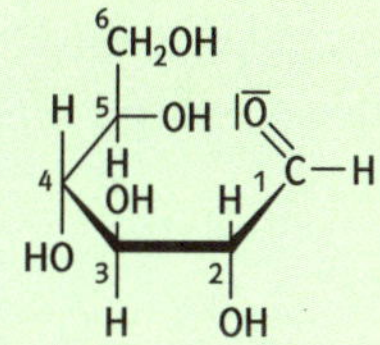

1. Skizzieren Sie den Aufbau eines Polarimeters, beschreiben Sie die Funktion der Bauelemente und berechnen Sie die spezifische Drehung für beide Fälle.
2. Deuten Sie die festgestellte Veränderung des Drehwinkels.

Zusatzangaben:

$\alpha_{sp}(\alpha\text{-D-Glucose}) = 112° \cdot ml \cdot g^{-1} \cdot dm^{-1}$

$\alpha_{sp}(\beta\text{-D-Glucose}) = 19° \cdot ml \cdot g^{-1} \cdot dm^{-1}$

LÖSUNGEN

1.

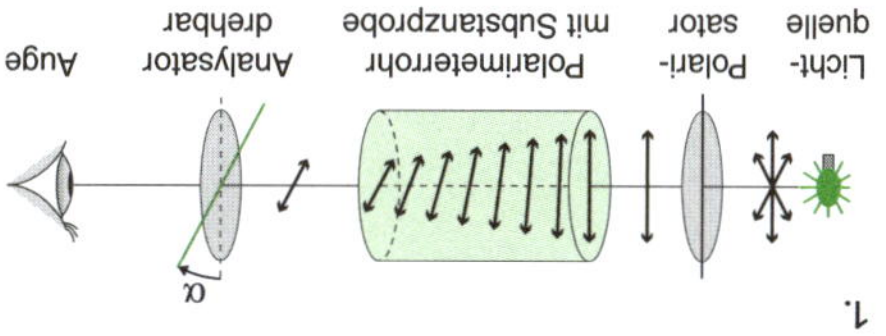

Die Lichtquelle sendet unpolarisiertes Licht aus, das in allen Ebenen senkrecht zur Ausbreitungsrichtung schwingt. Der Polarisator lässt nur eine Schwingungsrichtung ungehindert hindurchtreten. Der Analysator, der zunächst in gleicher Stellung steht, signalisiert dem Auge des Betrachters maximale Lichtintensität. Durch Einlegen des Polarimeterrohres mit der optisch aktiven Substanz wird die Ebene des polarisierten Lichtes gedreht, das Auge registriert eine geringere Lichtstärke. Durch Drehung um den Winkel α wird die volle Helligkeit wieder erreicht.

$\alpha = \alpha_{sp} \cdot \beta \cdot l \qquad \alpha_{sp} = \frac{\alpha}{\beta \cdot l}$

$\alpha_{sp}\text{(zu Beginn)} = \frac{22{,}4°}{0{,}1\,g \cdot ml^{-1} \cdot 2\,dm} = 112° \cdot ml \cdot g^{-1} \cdot dm^{-1}$

$\alpha_{sp}\text{(am Ende)} = \frac{10{,}6°}{0{,}1\,g \cdot ml^{-1} \cdot 2\,dm} = 53° \cdot ml \cdot g^{-1} \cdot dm^{-1}$

2. Der spezifische Drehwinkel zeigt, dass zu Be-ginn in der Lösung ausschließlich α-D-Glucosemoleküle vorliegen. Über die Ringform stellt sich ein Gleichgewicht ein, in dem die β-D-Glucosemoleküle überwiegen, wie der Drehwinkel am Ende des Experimentes zeigt.

VITAMIN C

Ascorbinsäure wird auch als Vitamin C bezeichnet. Damit wird es als eine Substanz gekennzeichnet, die lebenswichtig ist und regelmäßig mit der Nahrung aufgenommen werden muss. Ein Überschuss wird nicht gespeichert, sondern ausgeschieden.

In chemischer Sicht ist Ascorbinsäure eine stärkere Säure als Essigsäure. Außerdem wirkt sie reduzierend und wird als Antioxidationsmittel eingesetzt.

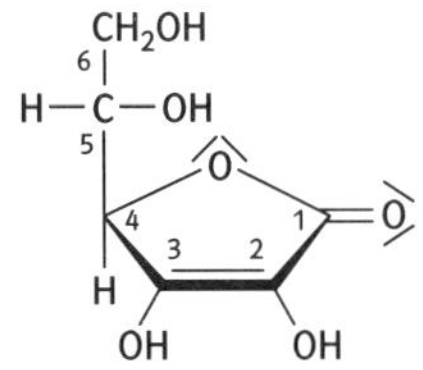

L(+)-Ascorbinsäure

Das Molekül enthält neben vier OH-Gruppen einen Ring, gebildet aus vier Kohlenstoff- und einem O-Atom (vergl. Fructose) und eine Endiolgruppe in der cis-Konfiguration. Außerdem gibt es zwei asymmetrische C-Atome. Die Konfiguration am C-Atom 5 führt zur Einordnung in die L-Reihe.

HERSTELLUNG UND VERWENDUNG

Jährlich werden mehr als 100 000 t Ascorbinsäure hergestellt. Die eine Herstellungsart basiert auf Glucose, die mit chemischen Methoden und mikrobiellem Einsatz zu Ascorbinsäure umgebaut wird. Der größte Teil der in den Handel kommenden Ascorbinsäure wird allerdings gentechnisch hergestellt.

Der Hauptverwendungszweck ist im Einsatz als Antioxidationsmittel im Lebensmittelbereich zu sehen. Ascorbinsäure dient auch zur Stabilisierung von Medikamenten.

MOLEKÜLBAU

Entsprechend den zwei asymmetrischen C-Atomen gibt es vier verschiedene Isomere. Je zwei davon bilden ein Enantiomerenpaar, aber nur ein Isomer (L(+)-Ascorbinsäure, s. Abb.) hat biologische Bedeutung.

Obwohl keine der üblichen Säuregruppen im Molekül vorkommt, ist es doch eindeutig eine Säure. Es ist eine zweiprotonige Säure mit den pK_S-Werten: $pK_{S1} = 4{,}2$, $pK_{S2} = 11{,}8$. Der erste pK_S-Wert zeigt, dass sie stärker sauer ist als Essigsäure. Der niedrige Wert von pK_S1 geht auf eine Mesomeriestabilisierung des einfach negativ geladenen Anions zurück.

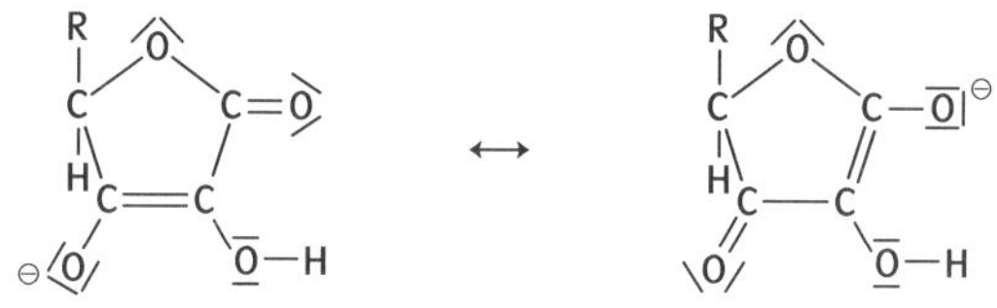

PHYSIOLOGISCHE WIRKUNG

Ascorbinsäure ist an zahlreichen Stoffwechselprozessen beteiligt. In den meisten Fällen ist dies auf die reduzierende Wirkung zurückzuführen:

$C_6H_8O_6$	$\longrightarrow$	$C_6H_6O_2 + 2H^+ + 2e^-$
Ascorbinsäure		Dehydroascorbinsäure

Ohne Ascorbinsäure kann z. B. kein Kollagen aufgebaut werden. Das ist das Protein, welches z. B. am Aufbau des Hautgewebes, der Sehnen und der Blutgefäßwände beteiligt ist. Kollagen hält die Zähne im Kiefer fest. Es wird auch zur Herstellung des Hormons Adrenalin benötigt.

Bei Fehlen von Ascorbinsäure in der Nahrung kommt es deshalb zu Skorbut (Symptome: z. B. Hautveränderungen, Blutungen, Zahnausfall), der von Seefahrern vergangener Jahrhunderte gefürchteten Krankheit. Sie begünstigt auch durch Komplexbildung sowohl die Aufnahme von Eisenionen als auch die Ausscheidung von Schwermetallionen.

ASCORBINSÄURE ALS RADIKALFÄNGER

Ascorbinsäuremoleküle können mit Radikalen, die im Stoffwechsel des Menschen entstehen und sehr schädlich sind, reagieren und sie auf diese Weise entfernen. Dazu gehören Hydroxylradikale HO• und die negativ geladenen Superoxidradikale O_2^-•.

Beispiel:

Ascorbinsäuremolekül + HO• ⟶ Ascorbinsäureradikal• + H_2O

$C_6H_8O_6$ + HO• ⟶ $C_6H_7O_6$• + H_2O

Die Ascorbinsäureradikale können anschließend miteinander unter Bildung von Ascorbinsäure und Dehydroascorbinsäure reagieren.

RESERVESTOFFE

Stärke und Glycogen sind Polysaccharide, die als Reservestoffe große biologische Bedeutung haben. Cellulose dagegen ist der typische Baustoff pflanzlicher Zellen. Stärke ist ein wichtiger Nährstoff für den Menschen, dagegen kann Cellulose nicht verdaut werden, sie spielt aber als Ballaststoff in der Ernährung eine wichtige Rolle.

MOLEKÜLBAU UND EIGENSCHAFTEN DER STÄRKE

Stärke ist ein Stoff, der aus zwei Fraktionen besteht, Amylose und Amylopektin. In heißem Wasser löst sich ein Teil der Stärke, der Amylose genannt wird. Der überwiegende Teil (ca. 80 %), das Amylopektin, bleibt ungelöst.

Gelöste Stärke bildet keine klare, sondern eine eigenartig trübe, opaleszierende Lösung. Das weist darauf hin, dass sie Teilchen enthält, die so groß sind, dass sie Licht streuen können (Tyndall-Effekt). Es sind Makromoleküle, die eine kolloide Lösung bilden. Bei hohem Massenanteil der Stärke entsteht mit Wasser ein Gel, das als Stärkekleister bezeichnet wird.

STÄRKEMOLKÜLE

Stärkemoleküle besitzen die angenäherte Summenformel $(C_6H_{10}O_5)_n$. Amylosemoleküle bestehen aus einigen hundert miteinander verbundenen α-D-Glucoseeinheiten. Dabei ist das C-Atom 1 des einen Moleküls mit dem C-Atom 4 des folgenden Glucosemoleküls verbunden. Diese Art der Verknüpfung wird **1,4-α-glycosidische Bindung** genannt.

Das kettenförmige Molekül bildet eine schraubenförmige Struktur mit sechs Glucoseeinheiten pro Umgang aus, die durch Wasserstoffbrücken zusammengehalten wird. Amylopektinmoleküle besitzen zusätzlich Seitenketten, die aus bis zu 20 Glucoseeinheiten bestehen und über 1,6-α-glycosidische Bindungen mit dem Hauptstrang verbunden sind. Unter dem Einfluss von Oxoniumionen bzw. Enzymmolekülen können die glycosidischen Bindungen hydrolytisch gespalten werden.

Wird die Hydrolyse vorzeitig unterbrochen, entstehen Bruchstücke der Polysaccharidketten, Dextrine. Bei weiterer Fortführung erfolgt ein vollständiger Abbau zu D-Glucosemolekülen.

α-Amylase zerteilt Ketten unter Bildung von kleiner werdenden Bruchstücken.

β-Amylase spaltet vom Molekülende Glucoseeinheiten ab.

NACHWEIS VON STÄRKE

Ein empfindliches Reagenz auf Stärke ist Iodlösung. Die Reaktion beruht auf der Entstehung einer Einschlussverbindung. Dabei werden Iodmoleküle in die Windungen der Stärkemoleküle eingelagert. Mit Amylose entsteht eine blaue, mit Amylopektin eine rotbraune Färbung. Mit dem Fehling- oder dem Tollens-Reagenz reagiert Stärke nicht.

GLYCOGEN

Das Polysaccharid Glycogen dient Tieren und Menschen als Reservestoff. Es ist ähnlich wie Amylopektin aufgebaut. Seine Moleküle sind größer und stärker verzweigt.

MOLEKÜLBAU UND EIGENSCHAFTEN VON CELLULOSE

Cellulosemoleküle bestehen aus Tausenden von D-Glucoseeinheiten, die in **1,4-β-glycosidischen Bindungen** miteinander verknüpft sind. Es sind kettenförmige Moleküle, die zu Nachbarmolekülen zahlreiche Wasserstoffbrücken ausbilden können. Dadurch entstehen Molekülbündel (Elementarfibrillen) mit teilweise kristalliner Ordnung und großem inneren Zusammenhalt. Mehrere dieser Fibrillen lagern sich beim Aufbau der Zellwände zu dickeren Einheiten zusammen (Mikrofibrillen), die netzartig miteinander verflochten sind.

Durch konzentrierte Säure kann Cellulose hydrolytisch unter Entstehung von D-Glucose gespalten werden. Enzyme des menschlichen Verdauungstraktes können die β-glycosidischen Bindungen im Cellulosemolekül nicht spalten, weil das dazu notwendige Enzym Cellulase nicht vorhanden ist. Cellulose ist trotzdem für die Verdauung von großer Bedeutung. Sie aktiviert den Darm, indem sie die Darmbewegung fördert.

Cellulose ist ein wichtiger Rohstoff zur Herstellung von Papier.

NACHWEIS VON CELLULOSE

Mit Iodlösung allein lässt sich Cellulose nicht nachweisen. Durch Einwirkung von Zinkchlorid-Iodlösung auf Cellulose entsteht eine blaue Färbung, die ähnlich aussieht wie im Falle der Amylose.

Die Zinkchloridlösung wirkt quellend, sodass sich Iodmoleküle zwischen die Cellulosemoleküle schieben können.

ASCORBINSÄURE

In chemischer Sicht ist Ascorbinsäure eine stärkere Säure als Essigsäure. Außerdem wirkt sie reduzierend und wird als Antioxidationsmittel eingesetzt.

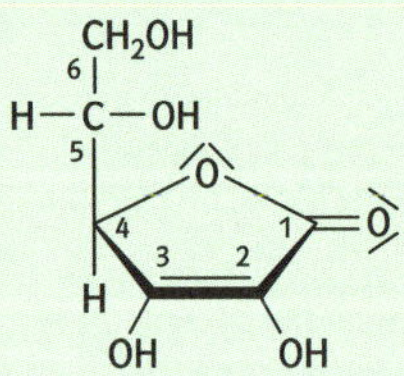

L(+)-Ascorbinsäure

Das Molekül enthält neben vier OH-Gruppen einen Ring, gebildet aus vier Kohlenstoff- und einem O-Atom (vergl. Fructose) und eine Endiolgruppe in der cis-Konfiguration. Außerdem gibt es zwei asymmetrische C-Atome. Die Konfiguration am C-Atom 5 führt zur Einordnung in die L-Reihe.

1. Geben Sie eine Erklärung für den Säurecharakter der Verbindung und formulieren Sie entsprechende Protolyse-Gleichungen.
2. Formulieren Sie Redoxreaktionen der Ascorbinsäuremoleküle mit Permanganat-Ionen.

LÖSUNGEN

1. Die saure Reaktion geht auf die Endiol-Gruppierung zurück. Die vollständige Protolyse umfasst zwei Stufen. Allerdings ist fraglich, ob die zweite Stufe in nennenswertem Umfang abläuft.

1. Stufe / 2. Stufe

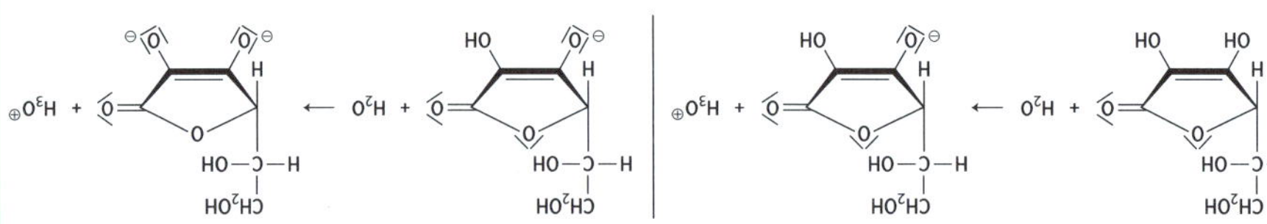

2. Es entstehen Moleküle der Dehydroascorbinsäure und Mn^{2+}-Ionen.

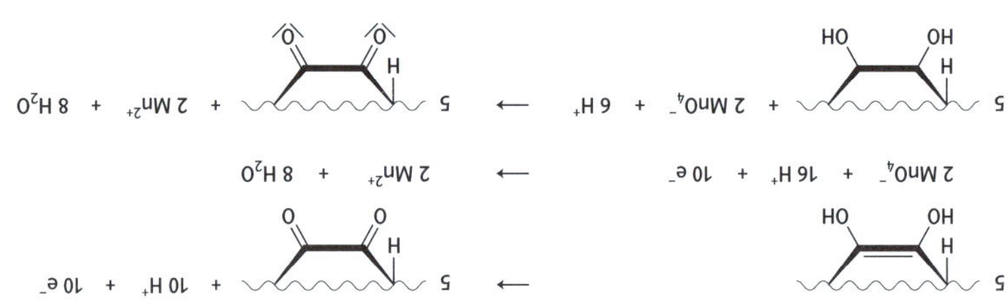

POLYSACCHARIDE

Stärke und Cellulose sind Polysaccharide, die beide aus Glucose-Einheiten aufgebaut sind, aber unterschiedliche Eigenschaften und biologische Funktionen besitzen.

Stärke lässt sich in zwei Fraktionen zerlegen:

- Amylose (unverzweigte Moleküle) und
- Amylopektin (Moleküle mit größerer Kettenlänge und Verzweigungen)

1. Stellen Sie mit Strukturformeln einen Ausschnitt von je vier Einheiten a) eines Amylose- und b) eines Cellulosemoleküls dar. Beziffern Sie die C-Atome und benennen sie die Art der Verknüpfung der Glucose-Einheiten.
2. Erweitern Sie die Zeichnung des Amylose-Moleküls so, dass der Beginn einer Verzweigung erscheint (1,6-α-glycosidische Bindung).
3. Geben Sie an, wie Amylose und Amylopektin getrennt und identifiziert werden können.

LÖSUNGEN

1. a) Amylose

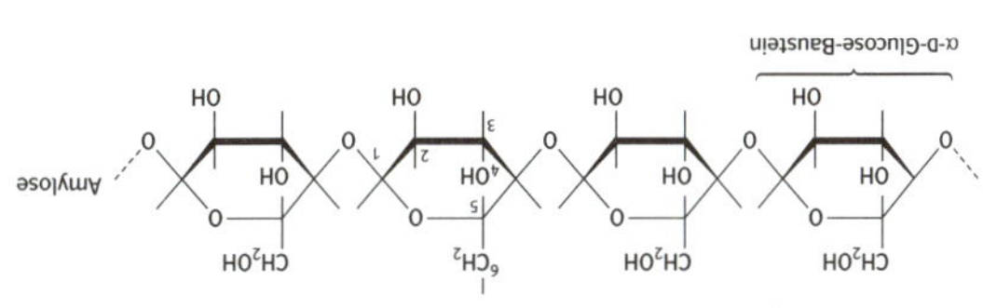

Verknüpfung: 1,4-α-glycosidische Bindung, C-Atom 1 ist mit C-Atom 4 des folgenden Glucosemoleküls verbunden.

1. b) Cellulose

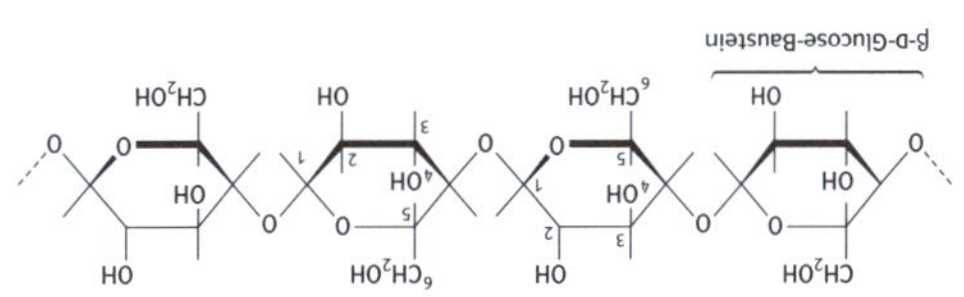

Verknüpfung: 1,4-β-glycosidische Bindung, kettenförmige Moleküle, die zu Nachbarmolekülen zahlreiche Wasserstoffbrücken ausbilden können.

2. Amylopektin

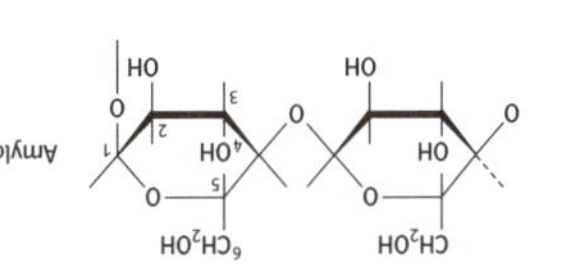

3. Beim Erhitzen auf über 60 °C entsteht aus dem Amyloseanteil eine opaleszierende kolloide Lösung, während der Amylopektinanteil lediglich quillt. Durch Filtration lassen sich die beiden Fraktio-nen trennen. Nach dem Erkalten und der Zugabe von Iodlösung entsteht mit Amylose eine blaue, mit Amylopektion eine rotbraune Färbung.

BIOETHANOL

Die zunehmende Nutzung von Bioethanol als Treibstoffzusatz macht ein Verfahren wieder interessant, bei dem bis in die 60er Jahre des vorigen Jahrhunderts in Deutschland Holz, das zu ca. 40 bis 50 % aus Cellulose besteht, eingesetzt wurde.

CELLULOSE

Cellulose zählt mit Amylose, Amylopektin und Glykogen zu den wichtigsten Polysacchariden. Im Cellulosemolekül sind β-D-Glucoseeinheiten β-1,4-monoglycosidisch miteinander verknüpft. D.h., die glycosidische Hydroxy-Gruppe am C-Atom 1 befindet sich in β-Stellung oberhalb des Ringes; die alkoholische Hydroxy-Gruppe am C-Atom 4 befindet sich unterhalb. Zur Darstellung der Verknüpfung der Bausteine muss daher jedes zweite β-Glucosemolekül um 180° nach vorne „gekippt“ werden, sodass sich die Hydroxy-Gruppen alternierend oberhalb und unterhalb der Ringe verknüpfen.

Dies führt dazu, dass sich die Bindungswinkel an den „Verknüpfungssauerstoffatomen“ nach einem weiteren Baustein immer wieder ausgleichen. Es liegen so lange Molekülketten vor, die zu Nachbarmolekülen zahlreiche Wasserstoffbrückenbindungen ausbilden können. Dadurch entstehen Molekülbündel (Elementarfibrillen) mit teilweise kristalliner Ordnung und großem inneren Zusammenhalt. Mehrere dieser Fibrillen lagern sich beim Aufbau der Zellwände zu dickeren Einheiten zusammen (Mikrofibrillen).

D-GLUCOSE

Durch konzentrierte Säuren kann Cellulose hydrolytisch in D-Glucose gespalten werden. Enzyme des menschlichen Verdauungstrakts können die β-glycosidischen Bindungen im Cellulosemolekül nicht spalten, das hierzu erforderliche Enzym Cellulase ist nicht vorhanden, jedoch z.B. bei den Bakterien im Magen von Wiederkäuern.

Beim Einsatz von Holz als Quelle für Cellulose muss dieses zunächst durch physikalische und chemische Verfahren aufgeschlossen werden, da die Cellulosemoleküle von Hemicellulosen (Polypentosen) umgeben und in den Holzstoff Lignin eingebettet sind. Die Kompaktheit des Holzes, die enzymatisch nur schwer abbaubaren Hemicellulosen und die zahlreichen kristallinen Bereiche stehen momentan noch einer technischen enzymatischen Hydrolyse entgegen, sodass der Aufschluss von Holz direkt mit Säuren erfolgt, die zunächst benötigt werden, um die Cellulose aus dem Holz freizusetzen und sie dann anschließend zu spalten.

Den weniger spezifischen Nachweis, dass bei der hydrolytischen Spaltung der Cellulose reduzierende Zucker entstanden sind, kann man nach Neutralisation mit der Fehling-Probe oder der Silberspiegel-Probe (Tollens-Probe) führen.

AMINOESSIGSÄURE

Für Glycin (Aminoessigsäure) ist häufig die folgende Strukturformel zu finden:

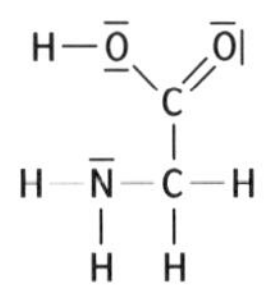

Trotz der Ähnlichkeit im Molekülbau besitzt Glycin Eigenschaften, die stark von denen der Essigsäure abweichen:

a) Glycin ist ein kristalliner Feststoff, der sich beim Erhitzen auf ca. 230 °C zersetzt, ohne zu schmelzen. Zum Vergleich: Essigsäure ist eine Flüssigkeit, die bei 118 °C siedet.

b) Glycinlösungen sind nur sehr schwach sauer (pH ≈ 6, c = 0,1 mol/l). Lösungen von Essigsäure gleicher Konzentration sind stärker sauer (pH ≈ 3).

Zwitterionen des Glycins können als Protonendonatoren und als Protonenakzeptoren reagieren, je nach Reaktionspartner. Im ersten Fall entstehen Anionen, im zweiten Fall Kationen.

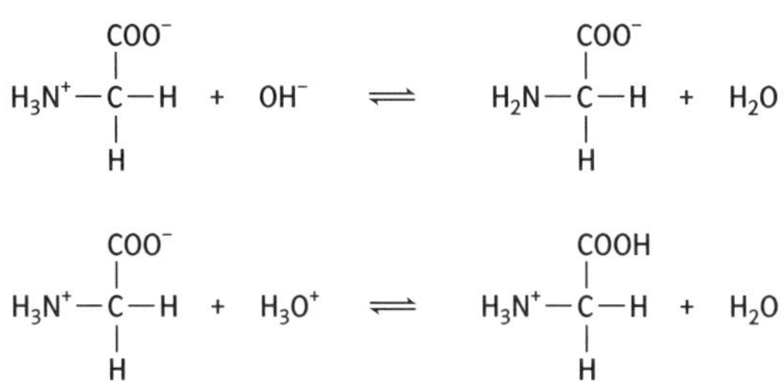

IN PROTEINEN GEBUNDENE AMINOSÄUREN

Neben Glycin gibt es noch weitere 19 verschiedene Aminosäuren, die in Proteinen gebunden vorkommen. In vielen Abbildungen werden sie aus formalen Gründen in der Moleküform dargestellt.

Alle Aminosäuren sind wie Glycin kristalline Substanzen, die aus Zwitterionen aufgebaut sind. Sie tragen die Aminogruppe an dem C-Atom, das der Carboxy-Gruppe benachbart ist. Es sind 2-Aminocarbonsäuren, sie werden auch α-Aminocarbonsäuren genannt. Mit dem griechischen Buchstaben α wird das C-Atom gekennzeichnet, das in Nachbarstellung zur Carboxy-Gruppe steht. Die Moleküle unterscheiden sich durch einen als R bezeichneten Molekülteil (Rest). Er kann weitere funktionelle Gruppen enthalten.

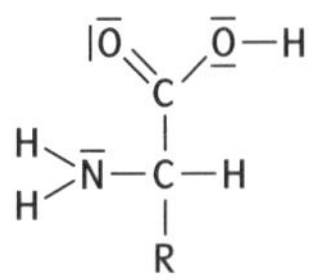

Bis auf Glycin sind alle Moleküle chiral gebaut und besitzen die L-Konfiguration am C_2-Atom.

SAURE AMINOSÄUREN

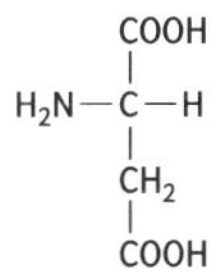

Asparaginsäure (Asp)

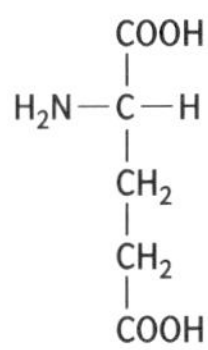

Glutaminsäure (Glu)

BASISCHE AMINOSÄUREN

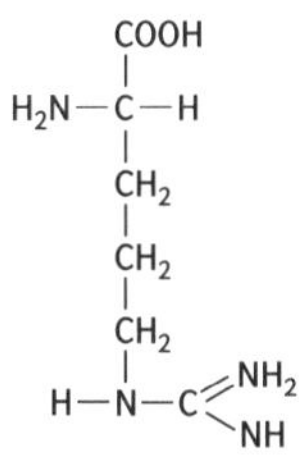

Arginin (Arg)

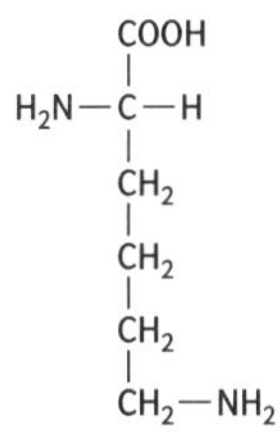

Lysin (Lys)

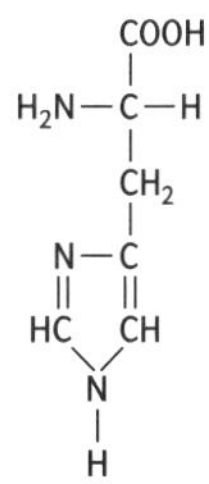

Histidin (His)

NEUTRALE AMINOSÄUREN

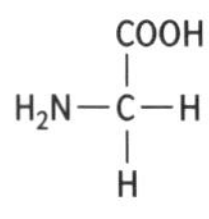
Glycin (Gly)

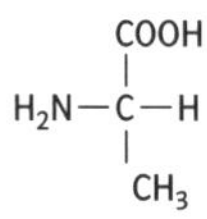
Alanin (Ala)

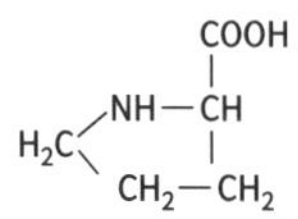
Prolin (Pro)

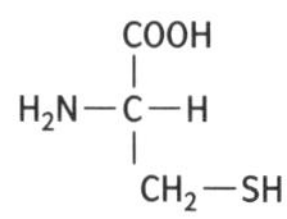
Cystein (Cys)

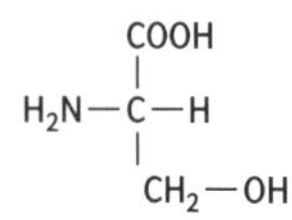
Serin (Ser)

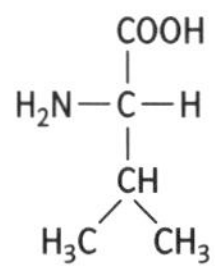
Valin (Val)

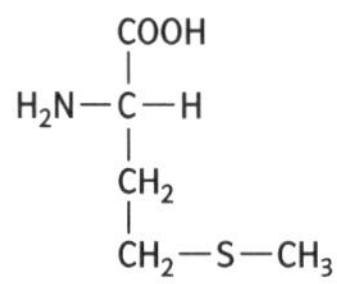
Methionin (Met)

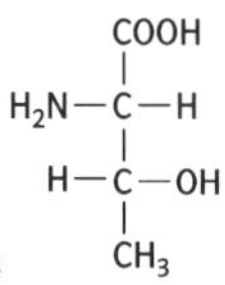
Threonin (Thr)

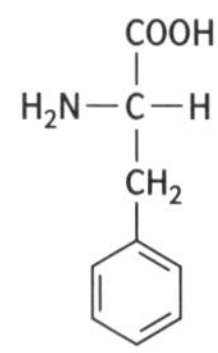
Phenylalanin (Phe)

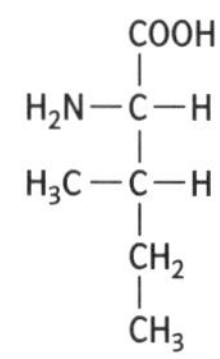
Isoleucin (Ile)

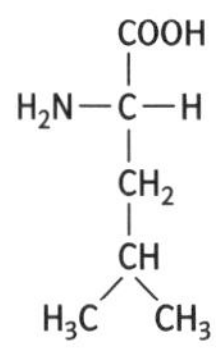
Leucin (Leu)

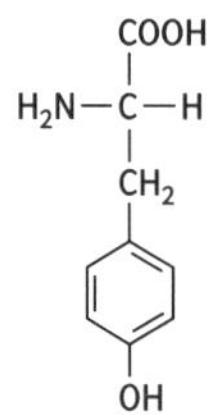
Tyrosin (Tyr)

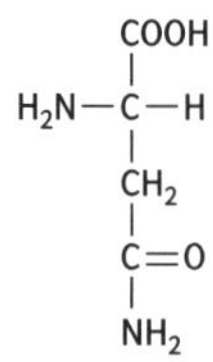
Asparagin (Asn)

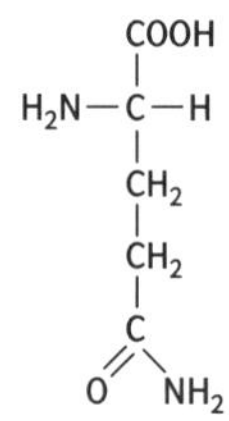
Glutamin (Glu)

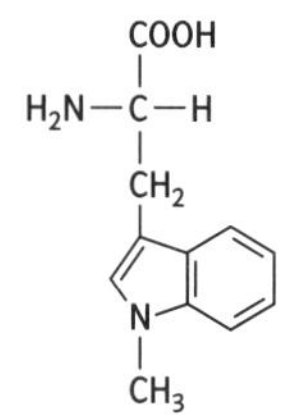
Tryptophan (Try)

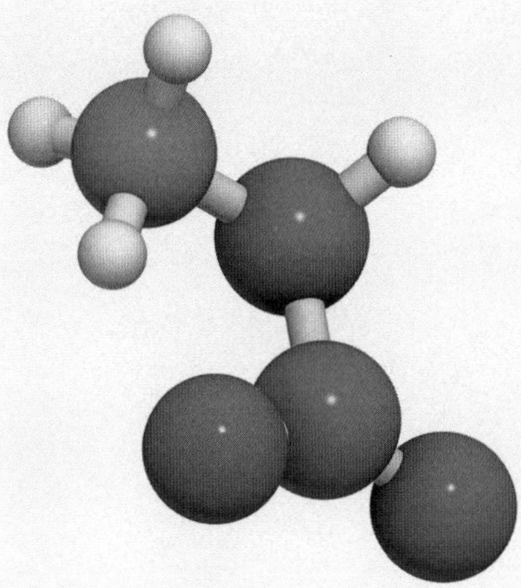

BIOETHANOL DURCH „HOLZVERZUCKERUNG“

1. Stellen Sie einen aussagekräftigen Strukturformelausschnitt aus einem Cellulosemolekül dar und benennen Sie die Bausteine sowie ihre Art der Verknüpfung.

2. Beschreiben Sie eine Möglichkeit, wie man Cellulose in vergärbare Zucker überführen kann.

3. Wie könnte man die in 2. entstandenen Bausteine spezifisch nachweisen?

LÖSUNGEN

1.

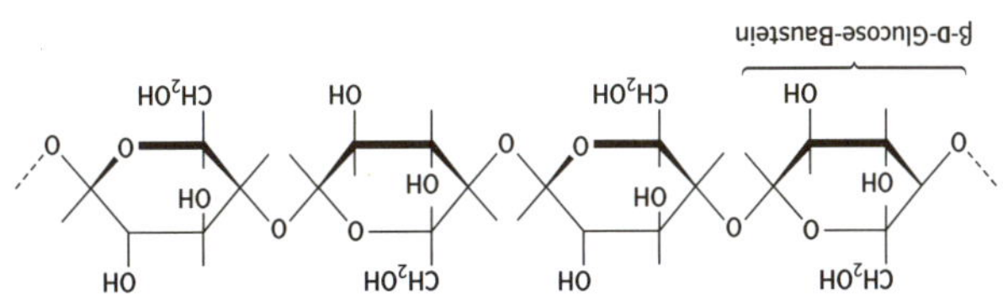

β-D-Glucosebausteine sind β-1,4 monoglycosidisch verknüpft.

2. Cellulose wird mit Säuren gekocht, dabei werden die glycosidischen Verknüpfungen hydrolytisch gespalten.

3. Nach Neutralisation kann man die Glucose mit Hilfe eines Glucose-Oxidase-Teststreifens (GOD-Test) nachweisen, wie man ihn z. B. zur Untersuchung von Harn verwendet.

DIE PEPTIDBINDUNG

Formal entsteht die Bindung zwischen zwei Aminosäuremolekülen, indem die Aminogruppe des einen Moleküls mit der Carboxy-Gruppe des anderen Moleküls reagiert. Es handelt sich wie bei der Esterbildung um eine Kondensation. Die dabei entstehende Atomgruppierung –CO–NH– nennt man die Peptidgruppe.

Da keine freie Drehbarkeit um die C–N-Achse besteht, gibt es ähnlich wie bei den Alkenen eine cis-trans-Isomerie. In natürlich vorkommenden Peptiden liegt immer die trans-Konfiguration vor.

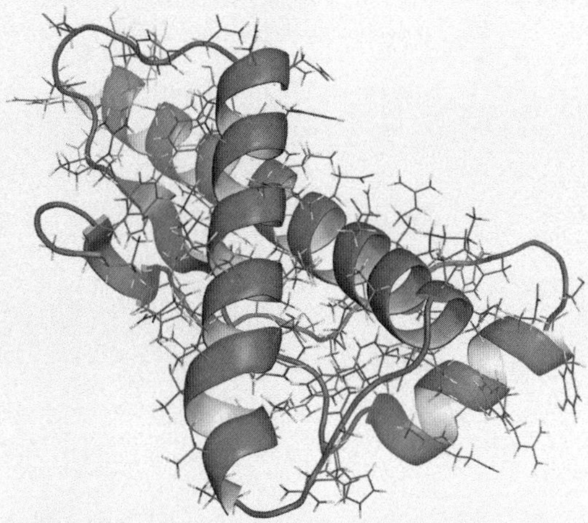

BENENNUNG VON PEPTIDEN

Sind zwei, drei, vier usw. Aminosäuremoleküle miteinander verknüpft, spricht man von Di-, Tri-, Tetrapeptiden usw.

Oligopeptide enthalten als Bausteine weniger als zehn, Polypeptide (von griech. oligos, wenig; polys, viel) zehn und mehr Aminosäureeinheiten pro Molekül.

Polypeptide, deren Moleküle aus mehr als 100 Aminosäureeinheiten aufgebaut sind und eine biologische Funktion besitzen, werden Proteine genannt. Diese Einteilung wird allerdings nicht streng gehandhabt.

BENENNUNG UND DARSTELLUNG

Der systematische Name eines Peptids wird gebildet, indem die Aminosäure, deren Molekül die Carboxy-Gruppe für die Peptidbindung liefert, die Endsilbe „-yl" erhält. So können beispielsweise zwei unterschiedlich gebaute Dipeptide, deren Moleküle aus Glycin- und Alanineinheiten aufgebaut sind, eindeutig benannt werden: Glycylalanin bzw. Alanylglycin.

Eine Peptidkette wird vereinbarungsgemäß so dargestellt, dass die Aminogruppen jeweils nach links und die Carboxy-Gruppen nach rechts zeigen.

GLYCYLALANIN

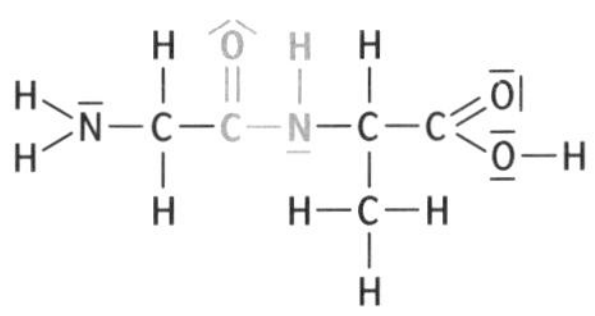

ALANYLGLYCIN

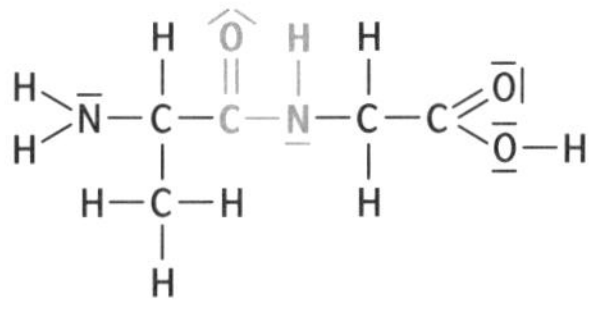

DIE SEKUNDÄRSTRUKTUR VON PROTEINEN

Viele Proteine besitzen einen kristallinen Aufbau. Dies ist ein Zeichen dafür, dass sich im molekularen Bereich gewisse räumliche Strukturelemente regelmäßig wiederholen. Ursache ist die Ausbildung von Wasserstoffbrücken zwischen einer C=O- und einer N—H-Gruppe verschiedener Peptidgruppen. Zwar sind Wasserstoffbrücken im Vergleich zu Atombindungen schwach, doch führt ihre beträchtliche Anzahl zu einem recht starken Zusammenhalt Die am häufigsten auftretenden Sekundärstrukturen sind gegenläufige Faltblattstruktur und α-Helix (siehe Kapitel Seide auf S. 216 ff.).

Oft treten in ein und demselben Proteinmolekül α-Helix, Faltblattstruktur und ungeordnetes Knäuel nebeneinander in einzelnen Bereichen auf.

TERTIÄRSTRUKTUR VON PROTEINEN

Vor allem die folgenden Bindungsarten, die von den Resten der Aminosäuren ausgehen, sind an der Bildung der Tertiärstruktur beteiligt:

- Wasserstoffbrückenbindung
- Ionenbindung
- Van-der-Waals-Bindung
- Disulfidbindung

QUARTÄRSTRUKTUR

Bilden mehrere Proteinmoleküle eine Funktionseinheit, so spricht man von der Quartärstruktur. Der Zusammenhalt der Moleküle wird durch die gleichen Bindungsarten bewirkt, die auch die Tertiärstruktur bedingen.

DENATURIERUNG

Das Eiweiß eines Hühnereies wird beim Kochen hart, das Eiweiß der Milch koaguliert, wenn sie sauer wird. Diese Prozesse nennt man Denaturierung. Häufig geht dabei auch die biologische Funktion des Proteins verloren.

Bei der Denaturierung werden Bindungen gestört, die die dreidimensionale Struktur der Proteinmoleküle bedingen. Daran können zahlreiche Faktoren beteiligt sein:

- Disulfidbrücken können durch Reduktionsmittel gelöst werden.
- Wasserstoffbrücken lassen sich durch Wärmeeinwirkung öffnen.
- Ammoniumgruppen, z. B. von Lysinmolekülen, können mit Hydroxidionen eine Säure-Base-Reaktion eingehen, wobei ungeladene Aminogruppen entstehen.
- Carboxylatgruppen, z. B. von Glutaminsäuremolekülen, können mit Oxoniumionen zu ungeladenen Carboxy-Gruppen reagieren.
- Eine Zugabe von Salzen kann zum Verlust der Hydrathülle („Aussalzen") führen.
- Schwermetallionen können an negativ geladene Molekülteile gebunden werden und so die Raumstruktur verändern. Hierauf beruht z. B. die Giftigkeit von Blei- oder Quecksilbersalzen.

Häufig ist die Denaturierung ein irreversibler Prozess, wenn sie z. B. durch Erhitzen verursacht wird. In anderen Fällen, wie bei einer Veränderung des pH-Wertes, kann sie reversibel sein.

MODELL EINES GLOBULÄREN PROTEINMOLEKÜLS

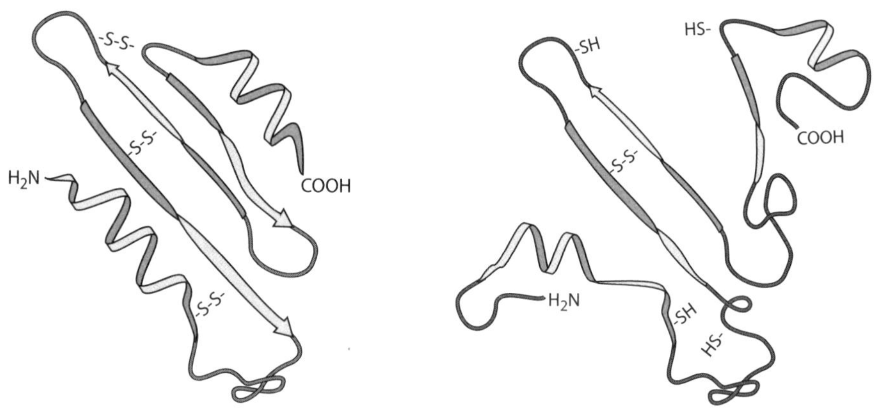

Nativer Zustand eines Proteinmoleküls

Zustand nach Temperatureinwirkung (70-80°C)

STRUKTUR EINES PROTEINMOLEKÜLS

Die Aminosäuresequenz der Proteinmoleküle ist durch die genetische Information festgelegt.

Die Molekülgestalt bildet sich – bedingt durch Bau und Eigenschaften der Aminosäure-Einheiten – dann von alleine aus. Allerdings kann durch Veränderungen des Milieus, z. B. der Temperatur, die Molekülgestalt verändert, das Protein also denaturiert werden.

1. Geben Sie mit Bezug zum auf S. 214 abgebildeten Molekül an, was unter Primär-, Sekundär- und Tertiärstruktur eines Proteinmoleküls verstanden wird. Geben Sie an, welche Bindungsarten jeweils daran beteiligt sind bzw. sein können.
2. Vergleichen Sie die beiden Abbildungen und stellen Sie fest, wie sich die Wärmeeinwirkung auf die Bindungsverhältnisse ausgewirkt hat.

LÖSUNGEN

1. Als Primärstruktur wird die Aminosäuresequenz bezeichnet. Sie ist durch die geschlängelte Linie dargestellt. Links ist die Aminogruppe der ersten, rechts die Carboxy-Gruppe der letzten Aminosäure-Einheit zu erkennen. Verantwortlich für den Zusammenhalt ist die Peptidbindung.
   Als Sekundärstruktur wird die Helix bzw. das Faltblatt bezeichnet. Molekülanfang und -ende liegen in der Helix-Struktur vor. In der Mitte ist ein Faltblatt zu erkennen, gebildet aus drei Strängen. Der mittlere Strang ist in Bezug zu den anderen beiden gegenläufig. Verantwortlich für diese Strukturen sind Wasserstoffbrücken zwischen C=O- und NH-Gruppen. Bei der Helix und bei dem Faltblatt liegen Wasserstoff-brücken vor.
   Als Tertiärstruktur werden räumliche Verbindungen zwischen Resten von Aminosäuren eines Moleküls bezeichnet, die in der Sequenz voneinander entfernt liegen. Disulfidbindungen sind an drei Stellen erkennbar. Weitere Bindungsmöglichkeiten: Ionenbindung, Wasserstoffbrücken, Van-der-Waals-Wechselwirkung.
2. Zwei der drei Disulfidbrücken sind durch ein im Medium enthaltenes Reduktionsmittel geöffnet worden. Die Helix-Bereiche erscheinen teilweise aufgelöst. Durch thermische Bewegung sind die Wasserstoffbrücken geöffnet worden. Das Gleiche gilt für einen Strang des Faltblattes, der sich von den beiden anderen abgelöst hat.

GEWINNUNG VON SEIDE

Seide wird aus den Kokons der Larven des Seidenspinners gewonnen. Die Raupen verpuppen sich und legen die in speziellen Drüsen produzierte Seide um sich herum. Sie werden in ihren Kokons mithilfe von heißem Wasser oder Wasserdampf vor dem Schlüpfen abgetötet. Danach wird der Seidenfaden des Kokons abgewickelt. Durch Kochen in Seifenwasser wird das Protein Sericin (Seidenleim), das die Fasern verklebt, entfernt.

EIGENSCHAFTEN

Seide ist aufgrund der in vielen Faserbereichen vorliegenden kristallinen Strukturen sehr reiß- und scheuerfest und wegen der amorphen Bereiche auch elastisch. Seidengewebe haben deshalb eine geringe Neigung zum Knittern.

Es wird erzählt, dass ein am Körper getragenes Seidentuch bei einem Duell im wilden Westen den Angeschossenen rettete. Das berichtet jedenfalls ein Gerichtsmediziner aus Arizona (1887).

Auch der militärische Erfolg der Mongolen im Mittelalter wird mit ihrer Bekleidung aus Seide in Verbindung gebracht, die für gegnerische Pfeile undurchdringlich gewesen sein soll.

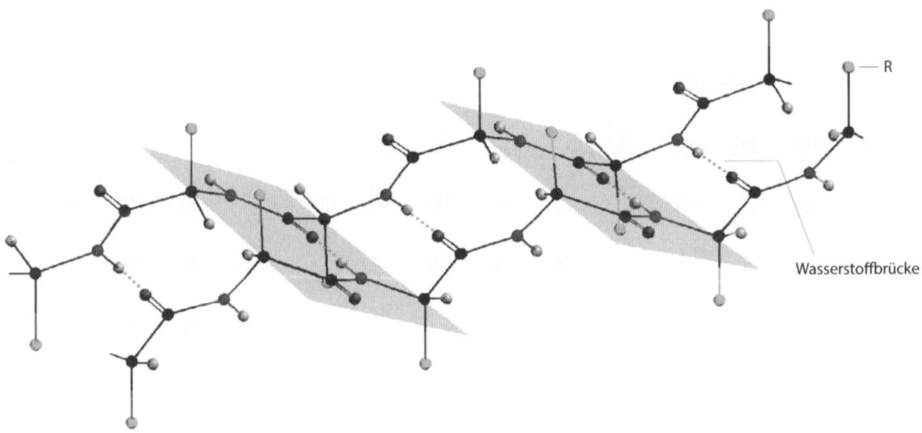

FALTBLATTSTRUKTUR

Bei dieser Konformation ordnen sich mehrere Peptidketten so nebeneinander an, dass die Peptidgruppen wie in den Flächen eines mehrfach gefalteten Blattes liegen. Benachbarte Ketten werden durch Wasserstoffbrücken zusammengehalten. Die Restgruppen (R) stehen abwechselnd oberhalb und unterhalb des gefalteten Blattes. Am weitesten verbreitet ist die auch bei der Seide vorliegende gegenläufige Faltblattstrukur.

Größere Faltblattstrukturbereiche kommen nur dann zustande, wenn die Aminosäurereste wie im Fall des Fibroins klein sind.

FIBROIN

Fibroin, das Protein der Seide, ist aus zum großen Teil parallel zur Faserachse verlaufenden Proteinketten in einer gegenläufigen Faltblattstruktur aufgebaut. Dort wiederholt sich die Sequenz: Gly—Ser—Gly—Ala—Gly—Ala. Es gibt auch amorphe Zonen, in denen auch andere Aminosäuren gebunden sind, allerdings fehlt Cystein. Die einzelnen Faltblattschichten sind so übereinander gestapelt, dass sich abwechselnd Glycin- bzw. Alanin-Serin-Einheiten gegenüberliegen.

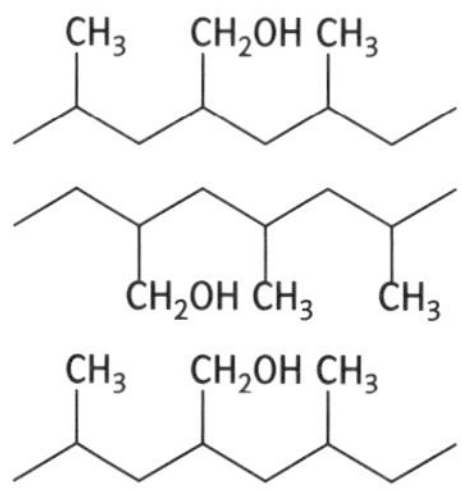

Schichtung der Faltblätter des Fibroins

SEIDE

1. **Zeichnen Sie nach vorgegebenem Muster einen Ausschnitt aus einem Faltblatt mit der für Fibroin typischen Aminosäuresequenz (siehe auch S. 218).**

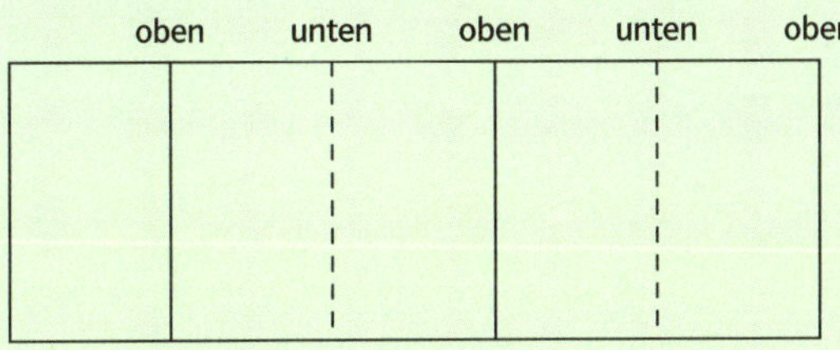

2. **Erklären Sie, warum Seide außerordentlich reißfest, aber auch elastisch ist, indem Sie**

a) den Zusammenhalt der Proteinketten innerhalb eines Faltblattes und
b) den Zusammenhalt der Schichten untereinander berücksichtigen.

LÖSUNGEN

1.

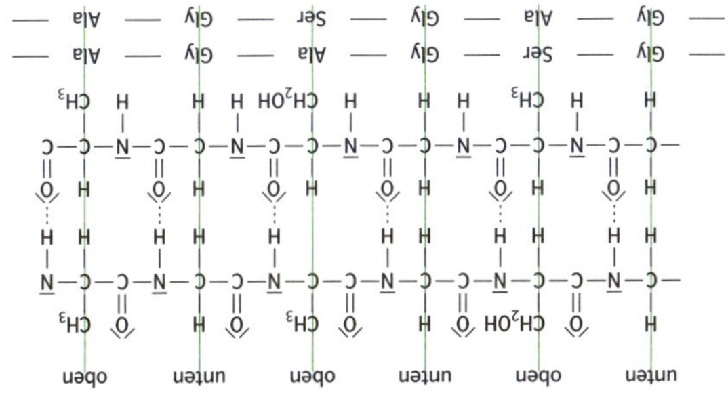

2. a) Die Atome der antiparallelen Proteinketten werden untereinander durch zahlreiche Wasserstoffbrücken zusammengehalten.
   b) Die Schichten werden durch Van-der-Waals-Kräfte und durch Wasserstoffbrücken zwischen Serin-Resten fixiert. Die kurzen Reste passen zueinander, sodass die Bindungskräfte gut wirksam werden können.
   Diese Zonen mit kristalliner Ordnung sind für die Reißfestigkeit verantwortlich, die wenig geordneten amorphen Bereiche bewirken die Elastizität der Seidenfasern.

GLUTATHION

Bei der Zubereitung eines Teiges werden die miteinander vernetzten Moleküle des Weizeneiweißes (Gluten) mechanisch gedehnt. Das im Mehl enthaltene Tripeptid Glutathion wirkt auf die Moleküle des Weizeneiweißes ein und erleichtert den Knetprozess.

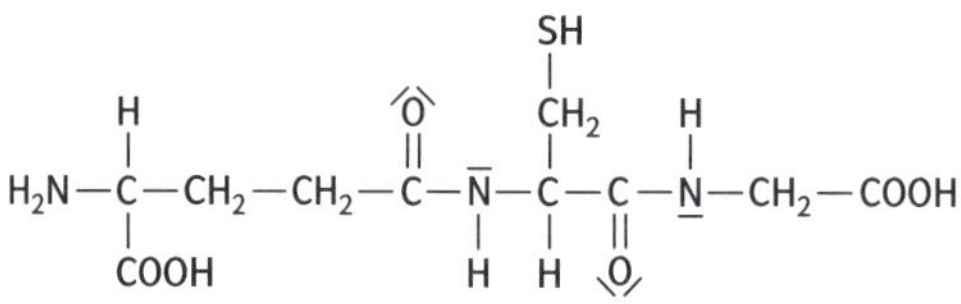

Molekül von Glutathion

Glutathionmoleküle können sich paarweise unter Bildung einer Disulfidbrücke —S—S— vereinigen.

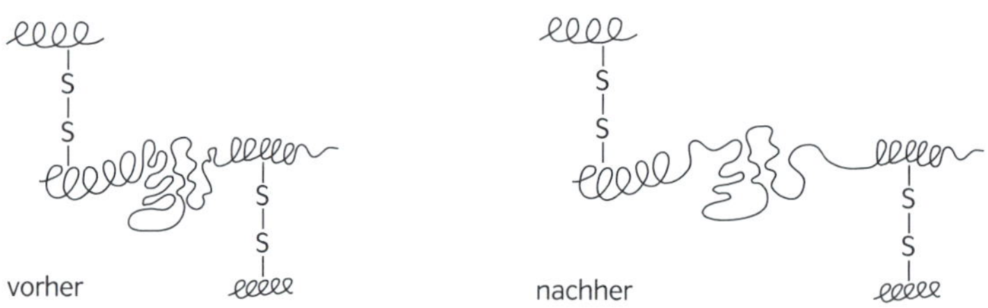

CYSTEIN

Cystein ist ein zur Mehlbehandlung zugelassener Lebensmittelzusatzstoff (E 920). Ein Zusatz von Cystein kann die Wirkung des Glutathions unterstützen. Die Vorgänge bei der Teigzubereitung weisen Parallelen zu den Prozessen auf, die bei der Haarformung nach dem Dauerwellverfahren ablaufen.

VORGÄNGE BEI DER TEIGBEREITUNG

1. **Erläutern Sie durch Auswertung der Abbildungen zu Gluten (siehe S. 220), welche Veränderungen das Gluten durch Kneten erfährt. Begründen sie, warum nur bestimmte Stellen des Moleküls betroffen sind.**

2. **Erstellen Sie für Glutathion das Redox-Gleichgewicht, das die Bildung von Disulfidbrücken zwischen zwei Glutathionmolekülen belegt, und entwickeln Sie eine Vorstellung davon, wie Glutathion den Kraftaufwand beim Knetprozess beeinflusst.**

LÖSUNGEN

1. Es werden vorwiegend die ungeordneten Teile des Moleküls gedehnt. In den Helix-Bereichen bewirken die zahlreichen Wasserstoffbrücken einen nahezu kristallinen Zusammenhalt. In den ungeordneten Teilen des Moleküls liegen weniger Wasserstoffbrücken und andere stabilisierende Bindungsarten vor als in den Helix-Bereichen.

2. Redox-Gleichgewicht Glutathion

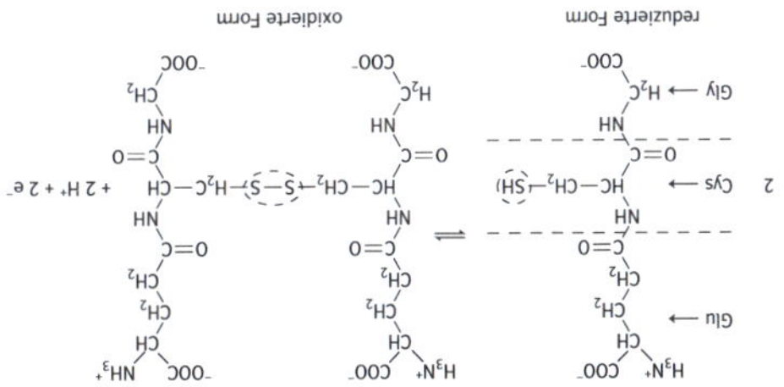

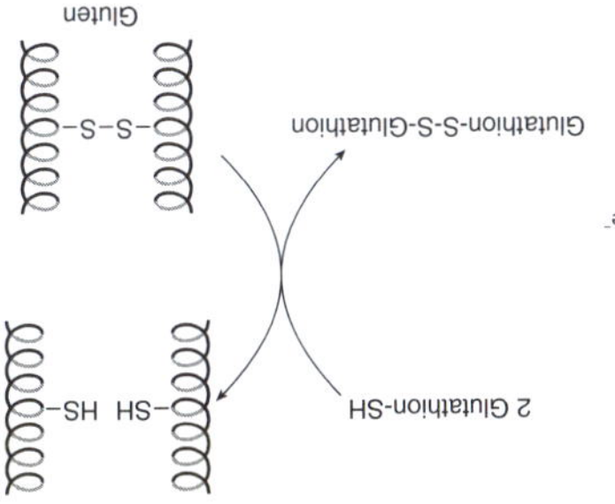

Es liegt eine Redox-Beziehung zwischen den Gluten- und den Glutathionmolekülen vor. Durch die Oxidation von Glutathionmolekülen und Reduktion von Glutenmolekülen wird die Anzahl der SH-Gruppen zwischen Glutenmolekülen verringert. Der Teig lässt sich leichter bearbeiten.

DAUERWELLE

Die Verformung der Haare nach dem Dauerwellverfahren beruht darauf, dass Disulfidbrücken zwischen zwei Cysteinmolekülen von demselben oder von zwei verschiedenen Peptidsträngen geöffnet und nach gewünschter Formgebung der Haare wieder geschlossen werden. Davon sind etwa 20 % der im Haar vorhandenen Dilsulfidbrücken betroffen. Im Gegensatz zur Föhnwelle werden Elektronenpaarbindungen verändert. Die so erzielten Frisuren sind wetterfest und einige Monate haltbar.

DAUERWELLVERFAHREN ALS REDOXVORGANG

Beim Dauerwellverfahren laufen Redoxprozesse ab. Als **Reduktionsmittel** („Wellmittel") kann z. B. Cystein eingesetzt werden.

Die früher eingesetzte alkalische Lösung von Ammoniumthioglycolat ($HS-CH_2-COO^-NH_4^+$) wird dagegen kaum noch benutzt. Bei häufiger Anwendung traten Schädigungen des Haares auf, sie wurden in manchen Fällen stumpf und brüchig.

Als **Oxidationsmittel** („Fixiermittel") wird Wasserstoffperoxidlösung (w = 1 bis 2 %) eingesetzt.

PROZESSE BEI DER ERZEUGUNG EINER DAUERWELLE

Die Prozesse bei der Erzeugung einer Dauerwelle lassen sich in folgende Abschnitte gliedern:

a) Öffnen der Disulfidbrücken:

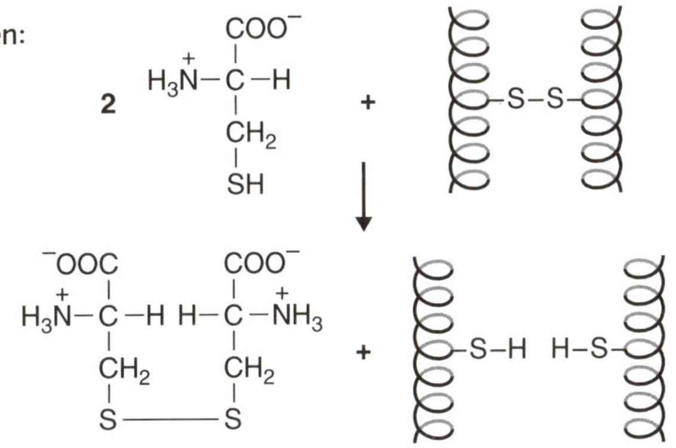

b) Legen der neuen Frisur und Ausspülen von überschüssigem Wellmittel.

c) Schließen der Disulfidbrücken unter Verknüpfung von Cysteineinheiten, die durch das Legen der Frisur in die gewünschte Position gebracht wurden:

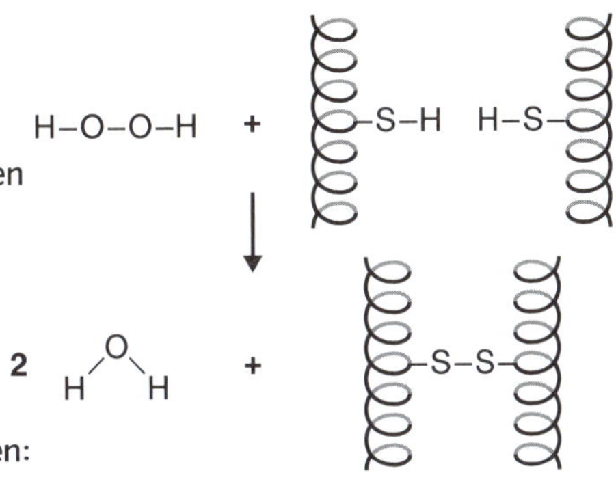

WECHSELZAHL

Ein Maß für die Enzymaktivität ist die Wechselzahl. Das ist die Anzahl von Substratmolekülen, die von einem Enzymmolekül pro Sekunde katalytisch verändert werden. Im Experiment zeigt sich die Wechselzahl nicht direkt. Ihre Auswirkung ist in der Geschwindigkeit zu sehen, mit der die Substratkonzentration nachlässt bzw. die Konzentration des Eduktes/der Edukte zunimmt.

Im Fall der Amylase wird die Enzymaktivität mithilfe der Jod-Stärke-Reaktion getestet. Dazu werden dem Reaktionsansatz in regelmäßigen Abständen Proben entnommen und fotometrisch untersucht. Die verringerte Extinktion wird als Maß für die abbauende Wirkung des Enzyms gesetzt.

Vereinfachend kann auch die Zeit bestimmt werden, die bis zum negativen Ausfall der Probe vergeht.

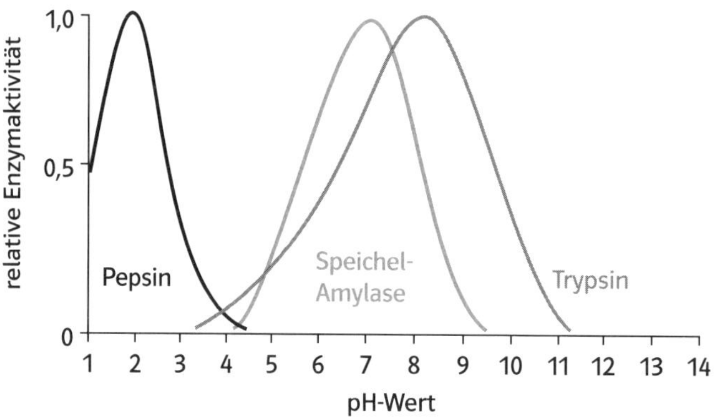

TERMPERATUROPTIMUM

Das Temperaturoptimum liegt für die meisten Enzyme zwischen 30 und 45 °C. Enzyme von Archäbakterien, die in heißem Wasser nahe der Siedetemperatur leben, können ein Optimum von 90 °C haben.

PH-OPTIMUM

Das pH-Optimum liegt keineswegs immer bei pH = 7, wie die Abbildung am Beispiel der proteinspaltenden Enzyme (Proteasen) Pepsin und Trypsin zeigt.

ENZYMTÄTIGKEIT

An dem Enzym Amylase lässt sich gut die Abhängigkeit der Enzymwirkung von pH-Wert und Temperatur darstellen.

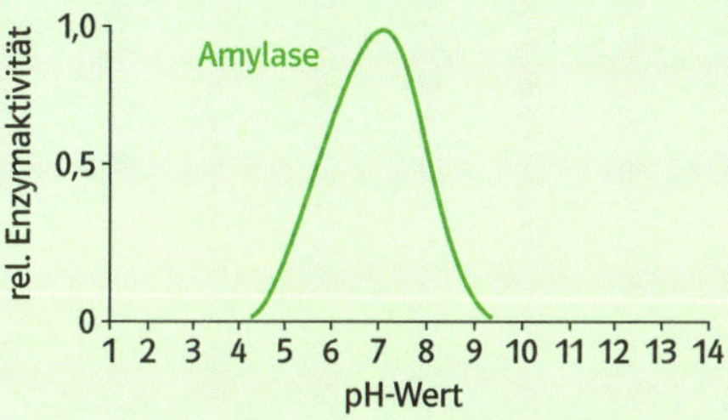

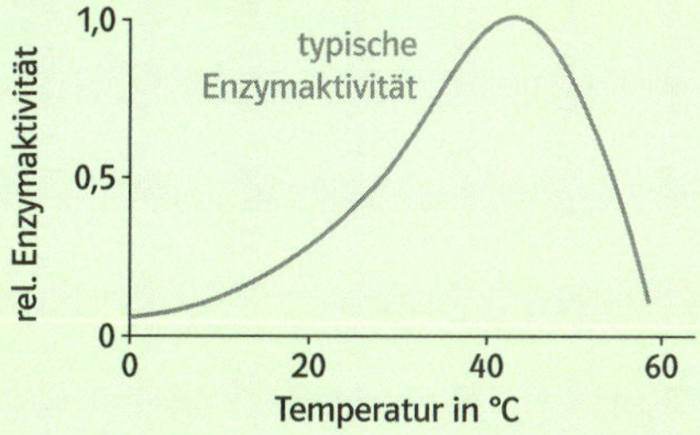

Für andere Enzyme lassen sich entsprechende Graphiken erstellen, wobei die jeweiligen Maxima verschoben sein können.

1. Deuten Sie die pH-Abhängigkeit der Amylasetätigkeit mit Bezügen zu den Bindungen, die die Tertiärstruktur des Enzymproteins beeinflussen.
2. Werten Sie die Kurve aus, die die Abhängigkeit von der Temperatur zeigt, indem Sie zum aufsteigenden bzw. absteigenden Ast der Kurve Stellung nehmen.

LÖSUNGEN

1. Das Enzym hat ein aktives Zentrum, an das Amylosemoleküle nach dem Schlüssel/Schloss-Prinzip gebunden werden. Eine räumliche Veränderung in diesem Bereich führt zu einer Verringerung der Enzymaktivität. Zu den Kräften, die die Tertiärstruktur zusammenhalten, gehören auf elektrostatischer Anziehung beruhende Bindungen. Als Beispiel dienen die protonierte Aminogruppe in der Seitenkette von Lysin und die Carboxylatgruppe in der Seitenkette von Asparaginsäure:

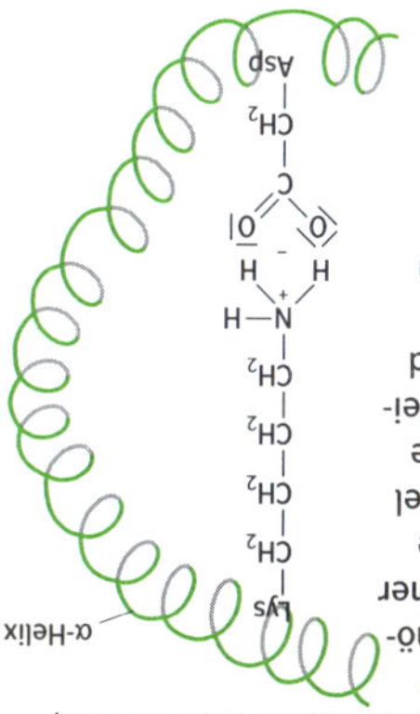

Wenn eine der beiden Gruppen ihre Ladung verliert, kann die Tertiärstruktur an dieser Stelle nicht erhalten bleiben.
Durch Oxoniumionen wird die Carboxylatgruppe des Asparagins in eine ungeladene Carboxy-Gruppe umgewandelt. Hydroxidionen lassen eine ungeladene Aminogruppe des Lysins entstehen.

2. Der Anstieg im linken Bereich lässt sich mit der RGT-Regel erklären. Das stimmt recht gut für die Werte bei 10 °C/20 °C und 20 °C /30 °C. Der Grund für die verstärkte Aktivität ist die zunehmende Teilchenbewegung, die eine höhere Wechselzahl zulässt. Von dieser Temperatur an lässt die Steigung der Kurve nach. Es macht sich ein Einfluss bemerkbar, der ab ca. 40 °C zum Nachlassen der Enzymaktivität führt, die Hitzedenaturierung. Sie beruht auf stärker werdender Teilchenbewegung und dadurch bedingter zunehmender Auflösung der Tertiärstruktur.

METHODE VON MICHAELIS UND MENTEN

Mit der Methode von Michaelis und Menten lassen sich Vergleichswerte für die katalytische Effizienz verschiedener Enzyme oder von einem Enzym bei unterschiedlichen äußeren Bedingungen erhalten.

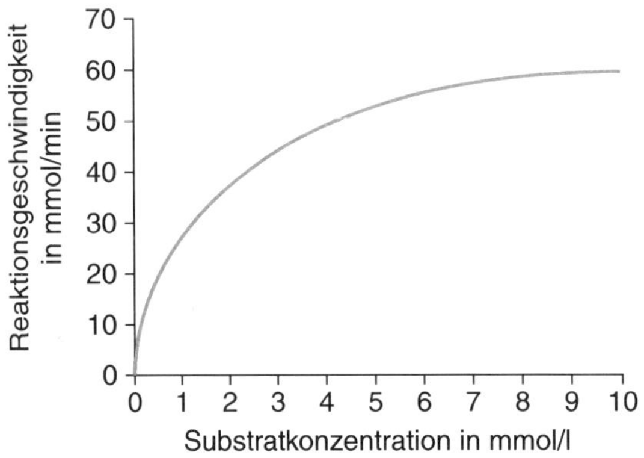

Für Laborexperimente gut geeignet ist die Amylase-Reaktion, die es gestattet, exakte Angaben zur Reaktionsgeschwindigkeit zu machen.

GRUNDLAGEN

Grundlage der Theorie ist die Annahme, dass Enzymmoleküle (E) mit Substratmolekülen (S) einen Enzym-Substrat-Komplex (ES) bilden. Aus dem Substratkomplex entsteht unter Regeneration des Enzymmoleküls das Molekül P des Endproduktes.

$$E + S \rightleftharpoons ES \qquad ES \longrightarrow E + P$$

Die zweite Teilreaktion ist nach Michaelis/Menten die langsamere, also geschwindigkeitsbestimmende Teilreaktion. Weitere Annahmen: Die Gleichgewichte liegen sehr weit auf der rechten Seite, die Reaktion verläuft vollständig.

Die Abhängigkeit der Reaktionsgeschwindigkeit von der Substratkonzentration lässt sich mit der Michaelis/Menten-Gleichung beschreiben.

$$v = \frac{v_{max} \cdot c(S)}{k_m + c(S)}$$

$c(S)$: Substratkonzentration
v: Reaktionsgeschwindigkeit
v_{max}: Maximalgeschwindigkeit
k_m: Michaelis/Menten-Konstante

Für $v = \frac{1}{2} v_{max}$ gilt: $c(S) = k_m$

Die Konstante ist nicht abhängig von der vorliegenden Enzymkonzentration, wie sich durch Experimente mit verschiedenen Enzymkonzentrationen bei sonst gleichen Bedingungen zeigen lässt. Bei einer Halbierung von $c(S)$ wird v_{max} zwar ebenfalls halbiert, aber die Konzentration bei Halbsättigung bleibt unverändert.

In vielen Fällen lässt sich aber v_{max} nur recht ungenau festlegen. Die grafische Bestimmung wird durch das Verfahren nach Lineweaver und Burk wesentlich erleichtert. Hierzu wird die Michaelis/Menten-Gleichung umgeformt.

$$\frac{1}{v} = \frac{k_m}{v_{max} \cdot c(S)} + \frac{1}{v_{max}}$$

Wenn im Diagramm $\frac{1}{v}$ gegen $\frac{1}{c(S)}$ aufgetragen wird, entsteht eine Gerade, aus deren Schnittpunkt mit der x- bzw. y-Achse sich k_m und v_{max} ermitteln lassen.

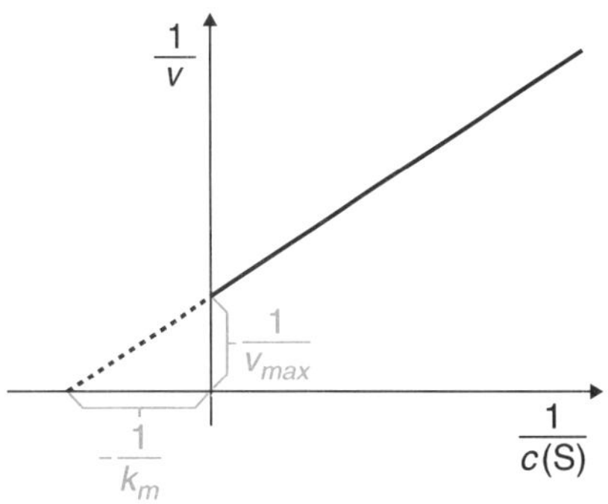

Leonor Michaelis

Maud Leonora Menten

ENZYMKINETIK NACH MICHAELIS UND MENTEN

Amylase-Reaktion

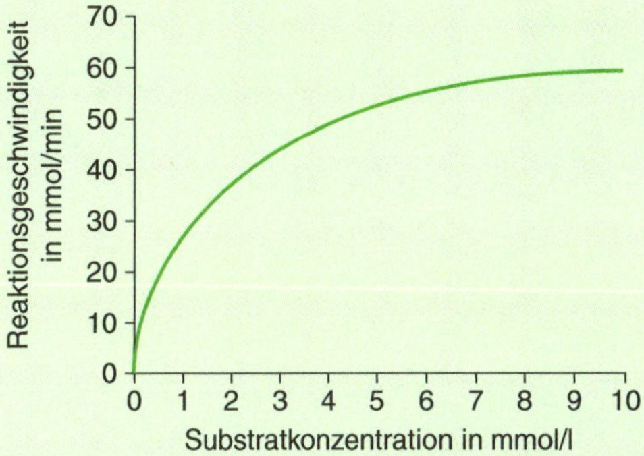

1. Interpretieren Sie den Kurvenverlauf und bestimmen sie zeichnerisch die Michaelis/Menten-Konstante k_m .
2. Geben Sie an, welche Bedeutung der Konstanten k_m zukommt. Was bedeutet es für eine Enzymreaktion im Vergleich, wenn die Konstante größer bzw. kleiner ist?

LÖSUNGEN

1. In zahlreichen Experimenten wird die Reaktionsgeschwindigkeit der Amylasereaktion bei konstanter Enzymkonzentration und unterschiedlichen Substratkonzentrationen bestimmt. Die Reaktionsgeschwindigkeit nimmt mit steigender Substratkonzentration zu und nähert sich asymptotisch einer Maximalgeschwindigkeit v_{max} an. Wegen des asymptotischen Verlaufs der Kurve ist die Konzentration, bei der v_{max} erreicht wird, nicht exakt zu bestimmen. Die Michaelis/Menten-Konstante gibt die Substratkonzentration an, bei der die halbmaximale Geschwindigkeit (½ v_{max}) vorliegt: $k_m \approx 1{,}2$ mmol/l.

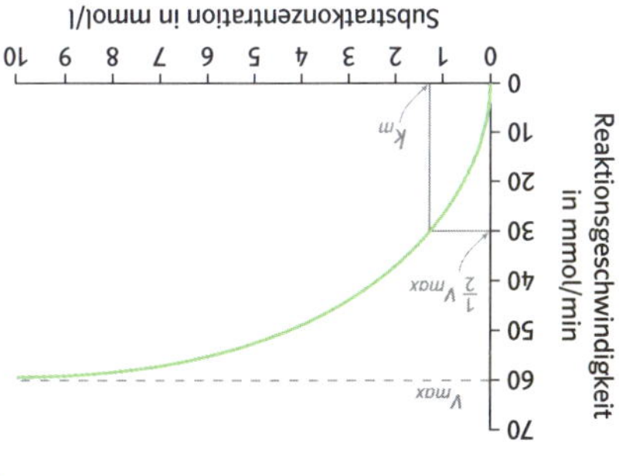

2. Enzym- (E) und Substratmoleküle (S) bilden Enzymsubstratkomplex-Moleküle (ES). Nach Michaelis und Menten besteht zwischen c(ES) und der Reaktionsgeschwindigkeit (v) Proportionalität. Die Maximalgeschwindigkeit v_{max} wird erreicht, wenn c(S) so hoch ist, dass nahezu alle Substratmoleküle in ES gebunden sind. Diese Konzentration ist aus dem Kurvenverlauf nicht abzulesen. Deshalb wird die Konzentration bestimmt, die bei halbmaximaler Geschwindigkeit vorliegt. Dieser Wert, die Michaelis/Menten-Konstante, erlaubt den Vergleich von Affinitäten zwischen Enzym und Substrat. Ein niedriger Wert bedeutet, dass eine geringe Substratkonzentration ausreicht, um 50 % der Enzymmoleküle zu besetzen. Ein hoher Wert zeigt, dass die Affinität zwischen Enzym und Substrat recht gering ist.

9 KUNSTSTOFFE

Kfz-Reparaturharz

KFZ-REPARATURHARZ

Ein handelsübliches Zwei-Komponenten-Kunstharz, das zur Reparatur von Kfz-Karosserien eingesetzt werden kann, besteht aus einer dreiteiligen Verkaufseinheit: Dose mit vorproduziertem Kunstharz, Tube mit Härter und Matte aus Glasfasern.

HERSTELLUNG DES UNGESÄTTIGTEN POLYESTERS

Das vorgefertigte ungesättigte Polyesterharz (UP) wird durch Polykondensation aus einer ungesättigten Dicarbonsäure (z. B. Maleinsäure) und einem zweiwertigen Alkohol (z.B. Ethandiol) bei einer Temperatur von 150 °C – 200 °C gewonnen. Bei dieser Temperatur erfolgt eine cis-trans-Isomerisierung an den Doppelbindungen, sodass sie anschließend in der Transform vorliegen. Um ein Harz mit einer bestimmten Kettenlänge der Moleküle und damit einer gewünschten Fließfähigkeit zu erhalten, wird das heiße Reaktionsgemisch in einer gekühlten Vorlage mit Styrol vermischt. Durch die Temperaturerniedrigung wird der weitere Ablauf der Polykondensation beendet. Die Temperatursteuerung ermöglicht es, fließfähige Harze zu gewinnen. Eine unerwünschte Polymerisation wird durch Inhibitoren (z. B. Hydrochinon) verhindert.

FORMBARKEIT

Die Verwendung von Maleinsäure und Ethandiol führt zu einer engmaschigen Vernetzung bei der Aushärtung. Als Folge entsteht ein sehr sprödes Produkt. Durch den Einbau von längerkettigen Einheiten (Dicarbonsäure oder Diol) liegen die C=C-Doppelbindungen weiter auseinander. Das Harz wird weicher bzw. in höherem Maße plastisch verformbar.

HÄRTUNG

Die Aushärtung mit Dibenzoylperoxid als Startsubstanz (Initiator) würde bei Zimmertemperatur nur sehr langsam in Gang kommen und mehrere Stunden oder Tage benötigten. Um das zu verhindern, wird ein Beschleuniger eingesetzt, der die Radikalbildung aus Dibenzoylperoxid katalysiert. Dazu werden tertiäre Amine verwendet.

Das Peroxid ist in einer Paste vorhanden und ist durch einen Zusatz von Diisobutylphthalat phlegmatisiert. Reines Peroxid wäre bei höheren Temperaturen oberhalb von 25° oder bei Einwirkung von Sonnenlicht gefährlich in der Handhabung.

Beschleuniger

Der Beschleuniger ist dem PU-Harz beigemischt, sodass die Radikalbildung erst nach dem Vermischen des Harzes mit dem Initiator einsetzt. Um die Durchmischung kontrollieren zu können, ist die Härterpaste eingefärbt.

Copolymerisation

Bei der folgenden Copolymerisation werden durchschnittlich zwei Styroleinheiten pro Querverbindung eingebaut.

Aushärtungsreaktion

Nach ca. 30 min ist die Aushärtungsreaktion so weit beendet, dass weitere Arbeitsgänge, z. B. Schleifen oder Lackieren, erfolgen können.

BEI DER HÄRTUNG ABLAUFENDE REAKTIONEN

Modellhafte Darstellung der bei der Härtung ablaufenden Reaktionen, ohne Berücksichtigung des Beschleunigers:

Start

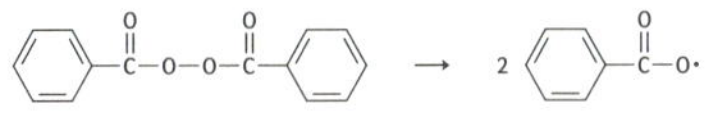

Kette

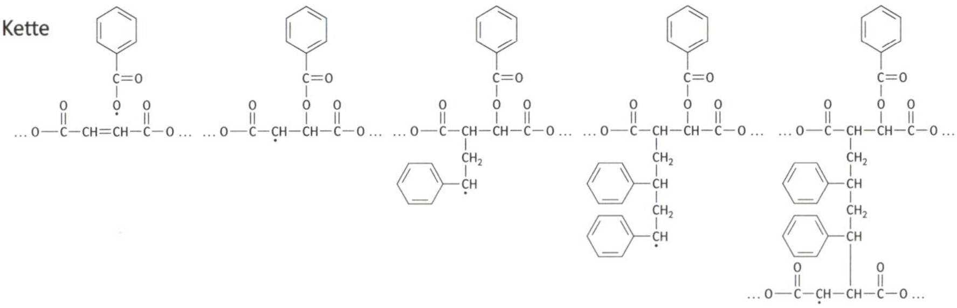

Der Abbruch der Reaktionskette erfolgt, wenn zwei Radikale miteinander reagieren, z.B.:

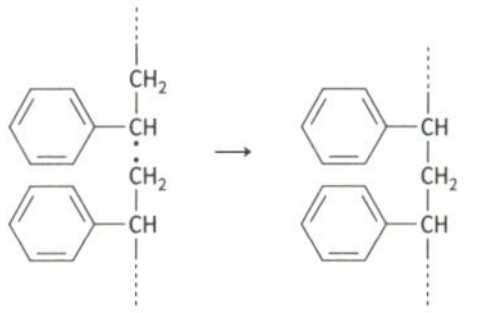

THERMOPLASTE

Thermoplaste sind Kunststoffe, die beim Erwärmen weich werden können. Sie bestehen aus linearen oder verzweigten Makromolekülen, die nicht miteinander vernetzt sind. Die sehr langen Moleküle (10^{-6} bis 10^{-3} mm) können verknäuelt, aber auch geordnet vorliegen. Statt bei einer bestimmten Temperatur zu schmelzen, werden diese Kunststoffe beim Erwärmen zunächst weich, bis sie in einem weiten Temperaturbereich nahezu flüssig werden. Das Fehlen einer definierten Schmelztemperatur zeigt, dass sich Thermoplaste aufgrund der unterschiedlichen Länge der Makromoleküle wie ein Stoffgemisch verhalten. So kann man auch lediglich eine mittlere molare Masse angeben; sie liegt bei den meisten Thermoplasten zwischen 10^4 und 10^6 g/mol.

DUROPLASTE

Duroplaste sind bei Zimmertemperatur hart und spröde. Im Gegensatz zu den Thermoplasten erweichen sie beim Erwärmen nicht, sie können demnach nicht verformt werden. Bei hohen Temperaturen zersetzen sie sich. Die Makromoleküle sind engmaschig vernetzt. Die Bestandteile des Molekülnetzes können sich dadurch nur wenig bewegen. Energiezufuhr über den Zersetzungstemperaturbereich hinaus führt zum Bruch von Atombindungen.

ELASTOMERE

Elastomere sind bei niedrigen Temperaturen spröde und hart, bei Zimmertemperatur elastisch, d.h., sie verändern ihre Form bei mechanischer Einwirkung, nehmen sie anschließend aber wieder ein. Sie können in Lösungsmitteln nur aufquellen, sind jedoch nicht löslich. Elastomere sind nicht schmelzbar. Die weitmaschig vernetzten Makromoleküle liegen verknäuelt vor, können jedoch beim Einwirken einer äußeren Kraft gestreckt werden. Nach der Krafteinwirkung kehren sie in den verknäuelten Zustand zurück.

KAUTSCHUK

Natürlich vorkommender Kautschuk (Naturkautschuk) wird fast ausschließlich aus Latex gewonnen, einem Milchsaft, der beim Anritzen der Rinde des Kautschukbaums ausfließt. Durch Zugabe von Essigsäure oder Ameisensäure gerinnt der Latex; der Kautschuk kann dann in fester Form von der Restflüssigkeit abgetrennt werden. Kautschuk hat eine Dichte von 0,93 g/cm³, er kann auf das Fünffache seiner Länge auseinandergezogen werden; unterhalb 4 °C wird er spröde. Kautschuk besteht aus Polyisoprenmolekülen, die aus Isoprenmonomeren aufgebaut sind. Er enthält Doppelbindungen im Molekül und ist daher oxidationsempfindlich. Naturkautschuk ist kein Elastomer. Nach Streckung kehrt eine Kautschukprobe nur sehr langsam und unvollständig in ihre alte Form zurück.

VULKANISATION

Bei der Vulkanisation, einem Verfahren, das bereits 1839 von dem amerikanischen Chemiker Ch. Goodyear entwickelt wurde, wird Kautschuk nach Verkneten mit Schwefel auf 130 bis 140 °C erhitzt. Bei dieser Vulkanisation entsteht Gummi, je nach Massenanteil des Schwefels Weichgummi (1 bis 4 %) oder Hartgummi (über 20 %). Die Eigenschaften des erhaltenen Gummis können durch weitere Zusätze beeinflusst werden. So fügt man als Füllstoffe z. B. Ruß (für Reifen), Kaolin und Kreide zu. Diese setzen sich in die Hohlräume der Polymernetze und bewirken so beispielsweise eine höhere Abriebfestigkeit und Hitzebeständigkeit.

SYNTHESEKAUTSCHUK

Naturkautschuk wird zum großen Teil durch synthetisch hergestellte Elastomere ersetzt. Sie werden als Synthesekautschuk bezeichnet und sind gegenüber dem Naturkautschuk abriebfester und gegen Chemikalien und Wärme beständiger. Am meisten wird Styrol-Butadien-Kautschuk verwendet. Hier sind Polybutadienketten durch Styroleinheiten vernetzt.

Styrol-Butadienen-Kautschuk

$$\left[-CH_2-CH=CH-CH_2-\right]$$ Butadien-Einheit

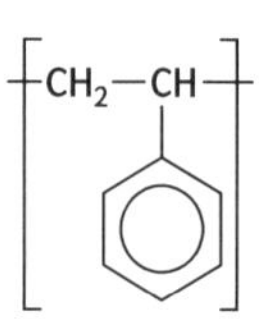

Styrol-Einheit

KFZ-REPARATURHARZ

Zwei-Komponenten-Kunstharz

Ein handelsübliches Zwei-Komponenten-Kunstharz, das zur Reparatur von Kfz-Karosserien eingesetzt werden kann, besteht aus einer Dose mit vorproduziertem Kunstharz, einer Tube mit Härter und einer Matte aus Glasfasern. Das dickflüssige Kunstharz wird mit Härterpaste vermischt. Eine passend zurechtgeschnittene Glasfasermatte wird mit der Mischung getränkt und auf die Schadstelle aufgebracht. Die Verarbeitung muss innerhalb von 15 min erfolgen.

Inhaltsstoffe:
Kunstharz: ungesättigtes Polyesterharz, Styrol
Härterpaste: Dibenzoylperoxid

1. Geben Sie für einen Molekülausschnitt eine Reaktionsgleichung für die Herstellung des Polyesters an. Gehen sie von Butendisäure (Maleinsäure) und Ethandiol aus.
2. Geben Sie mit einer übersichtlichen Darstellung an, welche Reaktionen nach Zugabe des Härters ablaufen.

Zusatzinformationen:

Molekülformel von Styrol: $C_6H_5{-}CH{=}CH_2$

Molekülformel von Dibenzoylperoxid:

$$C_6H_5{-}\overset{\overset{\large O}{\|}}{C}{-}O{-}O{-}\overset{\overset{\large O}{\|}}{C}{-}C_6H_5$$

LÖSUNGEN

1. $HO{-}CH_2{-}CH_2{-}OH + HOOC{-}CH{=}CH{-}COOH + HO{-}CH_2{-}CH_2{-}OH + HOOC{-}CH{=}CH{-}COOH + HO{-}\dots$

$$\downarrow$$

$$HO{-}CH_2{-}CH_2{-}O{-}CO{-}CH{=}CH{-}CO{-}O{-}CH_2{-}CH_2{-}O{-}CO{-}CH{=}CH{-}CO{-}O{-}\dots$$

$$+ H_2O \qquad + H_2O \qquad + H_2O \qquad + H_2O$$

2. Es läuft eine Copolymerisation nach dem Radikalkettenmechanismus ab. Eine ausführliche Darstellung in Teilschritten ist auf S. 232 und 233 zu finden.

REISSFESTE FASERN

Fasern aus aromatischen Polyamiden (⟶ Aramidfasern) wie z.B. Poly-1,4-phenylenterephthalamid (Kevlar®) sind extrem reißfest. Kevlarschnüre werden z.B. bei Hochleistungsdrachen, Kevlarfasern als Verstärkungsfasern im Flugzeugbau verwendet. Die Makromoleküle sind „kettensteif", ihre Struktur ist durch die aromatischen Ringe und die Amidgruppen festgelegt. Wird die Polymerschmelze beim Verspinnen durch eine Düse gedrückt, ordnen sich die stäbchenförmigen Makromoleküle parallel an.

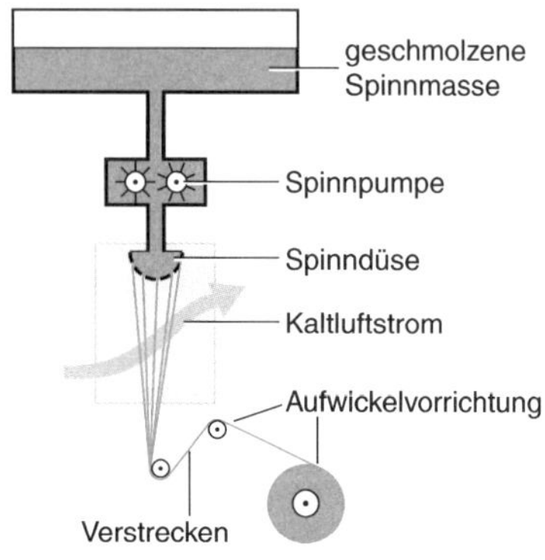

Schmelzspinnen und Verstrecken eines Polyamids

Aramidfasern schmelzen bei hohen Temperaturen nicht, sondern beginnen ab etwa 400 °C zu verkohlen.

Die starken zwischenmolekularen Kräfte bewirken, dass bei starkem Erhitzen der Fasern eher die Atombindungen innerhalb einer Kette zerbrechen, als dass die zwischenmolekularen Kräfte aufgehoben werden. Bei der Zersetzung der Fasern bilden sich Kohlenstoffkörnchen (Rußkörnchen).

POLYMER-BILDUNG

Terephtalsäure

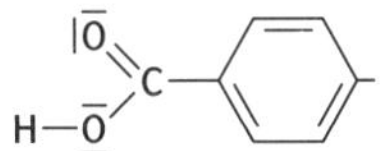

1,4-Diaminobenzol

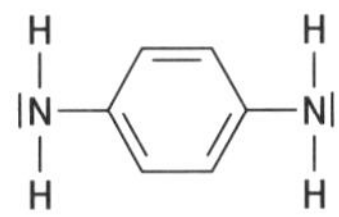

Die Reaktionsgleichung für die Bildung des Polymers durch Reaktion von 1,4-Diaminobenzol (Phenylendiamin) mit 1,4-Benzoldicarbonsäure (Terephthalsäure) lautet wie folgt.

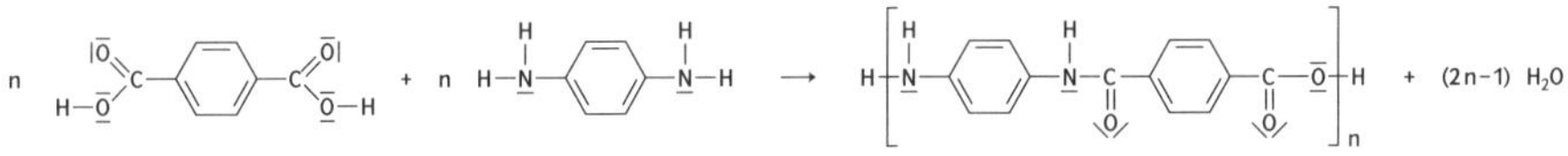

REAKTIONSTYP

Die Dicarbonsäure und das Diamin reagieren in einer Kondensationsreaktion miteinander. Die Moleküle werden über eine Amidbindung (Peptidbindung) unter Abspaltung von Wassermolekülen miteinander verbunden. Die Bildung der Makromoleküle gehört damit zu den Polykondensationsreaktionen, die Polymere sind Polyamide.

KETTENSTEIFHEIT DER ARAMIDMOLEKÜLE

Die Struktur eines solchen Polymermoleküls wird durch die Amidbindungen und die aromatischen Kerne bestimmt. Die Atome der Amidbindung liegen in einer Ebene (Mesomeriestabilität der Amidgruppe/Peptidgruppe).
Zwischen den Carbonylgruppen und den Aminogruppen benachbarter Molekül-ketten bilden sich Wasserstoffbrücken aus. Zwischen den aromatischen Kernen benachbarter Molekülketten wirken Van-der-Waals-Kräfte. In den Aramidfasern existieren kristalline Bereiche entlang der Streckrichtung.

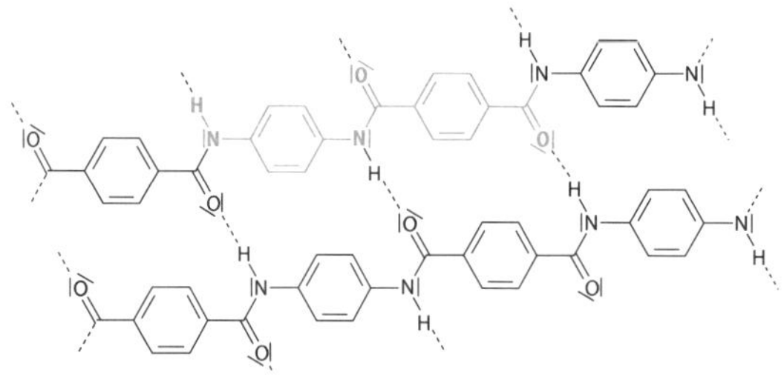

NYLON

Bevor Synthesefasern versponnen und z. B. für Strumpfhosen, Seile und Kleidungsstücke eingesetzt werden können, müssen die Fasern gewonnen werden.

REAKTIONSSCHRITTE

Im Folgenden werden die Reaktionsschritte der Nylondarstellung formuliert und erläutert.

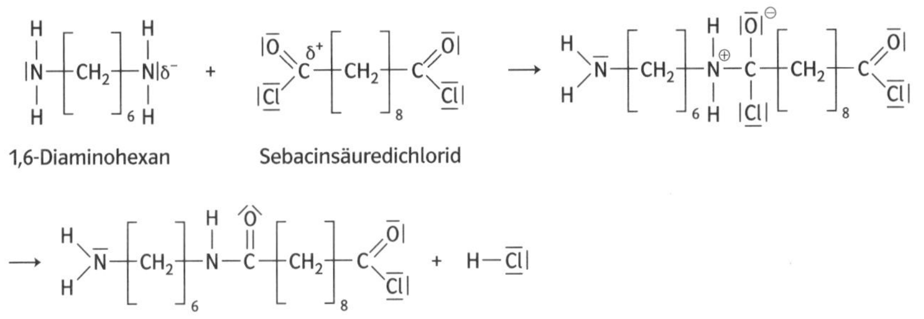

Das Stickstoffatom der Aminogruppe des 1,6-Diaminohexans ist negativ teilgeladen; das C-Atom der Säurechloridgruppe des Sebacinsäuredichlorids weist eine positive Partialladung auf. In einem Additionsschritt werden die Moleküle miteinander verknüpft. Das Additionsprodukt weist am Stickstoffatom eine positive und am Sauerstoffatom eine negative Ladung auf. Die Doppelbindung zwischen dem C-Atom und dem Sauerstoffatom der Säurechloridgruppe ist aufgehoben. In den anschließenden Schritten wird ein Chlorwasserstoffmolekül abgespalten (Eliminierung).

Die Bildung von Nylon gehört zu den Polykondensationsreaktionen.

Repräsentativer Kettenausschnitt: 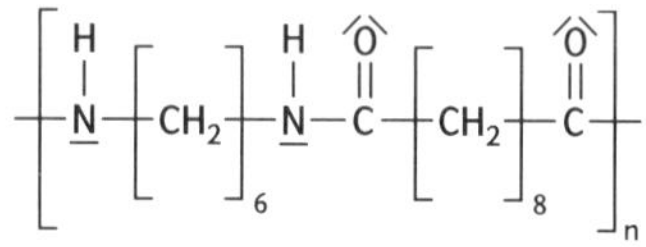

Das 1,6-Diaminohexan wird in verdünnter Natronlauge gelöst, dieses verhindert, dass die Aminogruppe protoniert wird. Die protonierte Aminogruppe würde keine Bindung mit dem positiv teilgeladenen C-Atom der Säurechloridgruppe eingehen. Außerdem reagiert ein Teil des gebildeten Chlorwasserstoffs mit der Natronlauge. Das Sebacinsäuredichlorid muss in dem unpolaren Heptan gelöst werden. Mit Wasser würde das Säurechlorid zur Carbonsäure und Chlorwasserstoff reagieren. Die Carbonsäure ist weniger reaktionsfreudig als das Carbonsäurechlorid.

Es müssen auch zwei nicht ineinander lösliche Lösungsmittel gewählt werden, damit die Polykondensation nur an der Grenzfläche erfolgt.

Würden sich die Lösungsmittel ineinander lösen, würden sehr viele kürzere Makromoleküle gebildet. Die wässrige Lösung bildet aufgrund ihrer größeren Dichte die untere Schicht.

NYLON-HERSTELLUNG

In einem Schulversuch kann die erste Stufe der Nylonherstellung, die Synthese des Polymers, nachgestellt werden.

Dazu wird eine Lösung aus 1 g 1,6-Diaminohexan in 10 ml verdünnter Natronlauge mit einer Lösung aus 1 ml Sebacinsäuredichlorid (Decandisäuredichlorid) in 10 ml Heptan überschichtet.
Zusatzinformationen

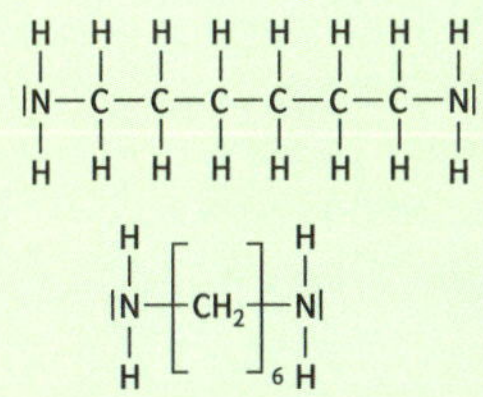

Hexamethylendiamin
1,6-Diaminohexan

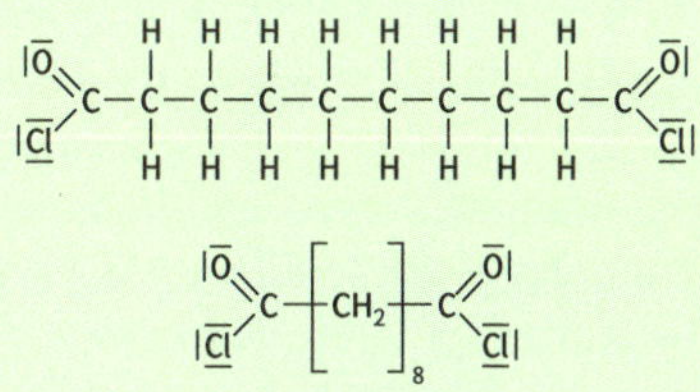

Sebacinsäuredichlorid
Decandisäuredichlorid

1. Stellen Sie die Reaktionsgleichung zur Bildung des Polymers auf. Benennen Sie den Reaktionstyp und die Bindung, durch die die Monomere miteinander verknüpft sind.
2. Handelt es sich bei Nylon um einen Thermoplast, Duroplast oder Elastoplast (Elastomer)? Begründen Sie Ihre Entscheidung.

LÖSUNGEN

1.

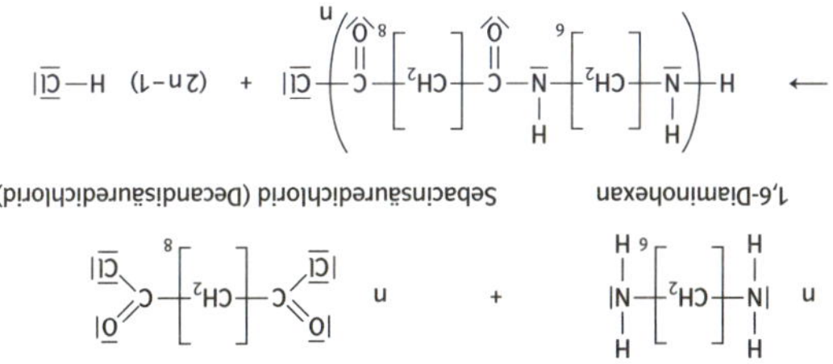

Es handelt sich um eine Polykondensation. Die Monomere sind durch die Amidbindung (Peptidbindung) miteinander verknüpft.

2. Es liegen unverzweigte Kettenmoleküle vor, zwischen denen im Wesentlichen Van-der-Waals-Kräfte und Wasserstoffbrücken wirken. Die Kettenmoleküle sind nicht durch Atombindungen miteinander vernetzt. Nylon gehört zu den Thermoplasten.

POLYETHYLENTEREPHTALAT

Einer der wichtigsten und mengenmäßig bedeutendsten Kunststoffe ist das Polyethylenterephthalat (kurz PET genannt), aus dem außer Flaschen auch Chemiefasern hergestellt werden. Polyethylenterephthalat kann aus Terephthalsäure und Ethandiol (Ethylenglykol) synthetisiert werden.

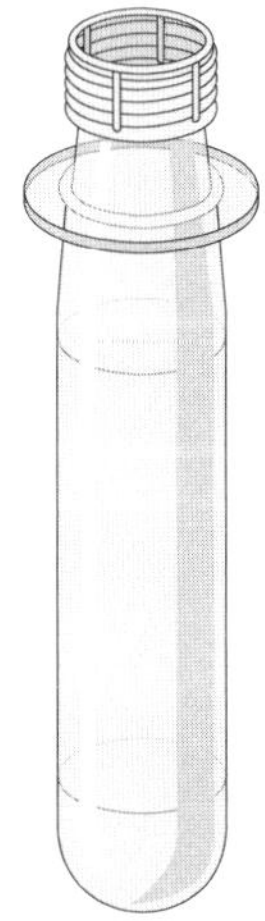

Aus Polyethylenterephthalat-Granulat werden im Spritzgießverfahren mithilfe eines Extruders, in dem das Granulat aufgeschmolzen wird, die so genannten Preforms gespritzt. Diese weisen etwa ein Drittel der Länge der späteren Flasche auf.

Später (z. B. beim Getränkeabfüller) werden durch erneutes Aufheizen auf ca. 110 °C die Preforms zu Flaschen aufgeblasen.

SYNTHESE

Die Synthese des Polyethylenterephthalats kann sehr vereinfacht im Schulversuch nachvollzogen werden. Dazu gibt man 1 bis 2 ml Ethandiol und 1,5 g Phthalsäure in ein Reagenzglas. Das Reagenzglas mit Inhalt wird mit der nicht leuchtenden Brennerflamme erhitzt. Dabei löst sich zunächst die Phthalsäure im Ethandiol. Erhitzt man unter ständigem Schütteln 5 bis 10 Minuten weiter, bildet sich Nebel, an den kalten Stellen des Reagenzglases kondensiert der Nebel zu Tröpfchen.

POLYKONDENSATION

Das Gemisch wird zunehmend zähflüssiger. Nach dem Abkühlen wird der Reagenzglasinhalt fest. Erwärmt man diesen anschließend, so wird er wieder flüssig (zähflüssig).

Die Schmelze wird zähflüssig, weil die **Polykondensation** voranschreitet, es bilden sich lange Molekülketten. Der Kunststoff ist bei Zimmertemperatur fest, beim Erwärmen schmilzt er und zersetzt sich nicht. Bei dem Nebel handelt es sich um Wasserdampf aus dem Reaktionswasser, der kondensiert.

DUROPLASTE

Ersetzt man Ethandiol durch **Glycerin** (Propantriol), so lässt sich ebenfalls ein Polyester herstellen, allerdings weisen die Glycerinmoleküle drei Hydroxy-Gruppen auf. Bei der Veresterung entstehen deshalb im Wesentlichen stark vernetzte Moleküle, die Duroplaste bilden. Duroplaste lassen sich nicht aufschmelzen und zu Flaschen blasen.

Kettenausschnitt für ein Makromolekül aus Terephthalsäure und Glycerin

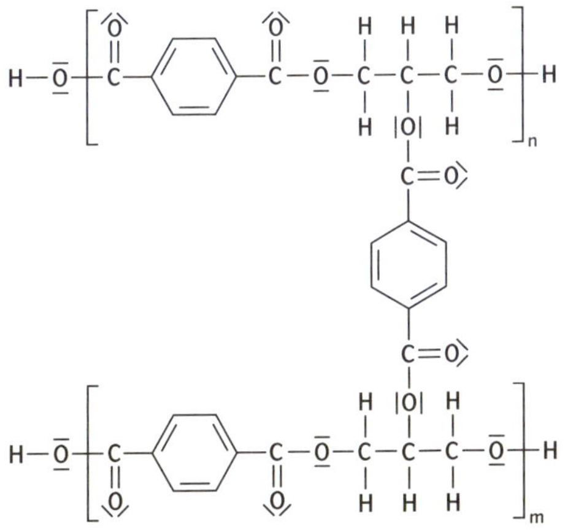

PET

PET, Polyethylenterephthalat, wird in vielen Formen verarbeitet und vielfältig eingesetzt. Zu den bekanntesten Verwendungszwecken zählt die Herstellung von Kunststoffflaschen aller Art und die Verarbeitung zu Textilfasern. Als Textilfaser (Polyester) wird PET wegen verschiedener günstiger Eigenschaften eingesetzt. Es ist knitterfrei, reißfest, witterungsbeständig und nimmt nur sehr wenig Wasser auf. Diese Eigenschaften machen PET als Stoff für Sportkleidung geeignet, die schnell trocknen soll.

FORMBARKEIT

Als thermoplastischer Kunststoff ist PET bei Temperaturen von 250° C wie Wachs formbar. Die Molekülketten werden dann so beweglich, dass der Kunststoff schmilzt und eine zähflüssige Masse entsteht, die in nahezu jede beliebige Form gebracht werden kann. Beim Erkalten erstarrt der Kunststoff in der vorgegebenen Form.

VERARBEITUNG

Dieses Verfahren wird z. B. bei der Herstellung von PET-Behältern angewandt. In einem ersten Schritt werden „Vorformlinge“, so genannte **Preforms**, hergestellt. Als Vorläufer der PET-Flaschen verfügen diese Vorformlinge bereits über fertige Schraubgewinde (siehe Seite 244). Damit man „richtige“ Flaschen erhält, werden sie bei 110° Celsius nochmals erweicht, mit Druckluft gestreckt und zu einer Flasche geblasen (Streckblasprozess). Ähnlich einfach sind auch die Herstellungsprozesse anderer PET-Produkte. Um beispielsweise Folien oder Bänder zu erhalten, wird die heiße Schmelze durch Schlitzdüsen gepresst und anschließend mit Hilfe von Walzen in die endgültige Form gebracht. Bei diesem Kalandrieren (von franz. calandre, Wäschemangel) wird die Kunststoffmasse in plastischem Zustand zwischen zwei oder mehreren gegenläufigen Walzen zu einem endlosen Folienband breitgewalzt.

RECYCLINGMÖGLICHKEITEN

Die Frage nach sinnvollen Recyclingmöglichkeiten stellt sich bei jeder Form von Verpackungen. Verpackungen aus Polyethylenterephthalat (PET) können unterschiedlich verwertet werden:

Beim werkstofflichen Recycling werden die PET-Altprodukte gereinigt und mechanisch zerkleinert. Aus dem so gewonnenen PET-Recyclat lassen sich durch Einschmelzen (unter Energieaufwand) direkt neue Produkte wie Fasern, Folien oder neue PET-Behälter herstellen. Zunächst wurden Verpackungen aus Recycling-PET nur in Non-Food-Bereichen eingesetzt. Die neuesten Verfahrenstechnologien sind zwar sehr aufwendig, aber mittlerweile so ausgereift, dass das Recyclingmaterial zu einem großen Teil auch für die Herstellung neuer Flaschen eingesetzt wird.

Bei einem anderen Verfahren, der Methanolyse, wird das PET mit Methanol umgesetzt. Die dabei entstehenden Produkte können, nach weiterer Aufbereitung, als reine Rohstoffe direkt in die Neuproduktion von PET fließen. Daneben kann PET als weitere Alternative auch energetisch verwertet, d. h. direkt in Kraftwerken verbrannt werden. PET verfügt dabei über einen hohen Brennwert und kann so andere Energieträger ersetzen. PET stehen damit – auch in Kombination – viele Wiederverwertungsformen offen.

ABLAUF DER METHANOLYSE

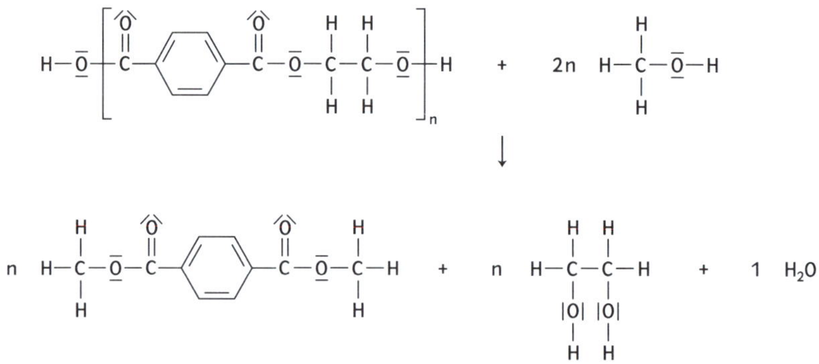

Bei der Methanolyse von Polyethylenterephthalat werden Ethandiol und der Dimethylester der Terephthalsäure gebildet. Es handelt sich um eine Umesterung. Der Diester oder (nach weiterer Aufbereitung z. B. durch eine Hydrolyse des Diesters) die Terephthalsäure können wieder zur Bildung von Polyethylenterephthalat eingesetzt werden.

ENERGETISCHE VERWERTUNG

Die Verbrennung von Polyethylenterephthalat führt zur Bildung von Kohlenstoffdioxid und Wasser. Die Verbrennung ist nicht bei allen Kunststoffen so unproblematisch. Bei der Verbrennung z.B. von PVC entstehen Chlorwasserstoff und weitere Chlorverbindungen, diese müssen aus dem Abgas der Verbrennungsanlage entfernt werden.

Die Entscheidung, nach welchem Verfahren Altkunststoffe verwertet werden, hängt zum großen Teil von den Kosten der Aufarbeitung ab. Die werkstofflichen Verwertungskosten erhöhen sich, je komplexer die Strukturen der Bauteile bei technischen Produkten und je kleinteiliger die Kunststoffabfälle z.B. bei Verpackungen sind. Für die werkstoffliche Verwertung von Kunststoffen eignen sich vor allem Verpackungskunststoffe wie Flaschen und Folien sowie Kunststoffprofile. Schwierig ist das Recycling bei Geräten wie z.B. Computern, die aus vielen Teilen unterschiedlicher Materialien zusammengesetzt sind. Kunststoffbauteile an Autos werden bereits demontagefreundlich konstruiert und eingesetzt. Damit erhöht sich die Möglichkeit, sortenreine Produkte zu vertretbaren Kosten zusammenzutragen und werkstofflich zu verwerten.

WERKSTOFFLICHE VERWERTUNG

Vorteil:

direkte und einfache Wiederverwendbarkeit durch Einschmelzen

Nachteile:

aufwändiges Verfahren (Säuberung der gebrauchten Kunststoffteile, evtl. Vorsortierung) und keine vollständige Wiederverwertung im Lebensmittelbereich

ENERGETISCHE VERWERTUNG

Vorteil:

ressourcenschonende und schadstofffreie Verbrennung bzw. Wärmenutzung von PET-Abfällen. Bei der vollständigen Verbrennung werden nur Kohlenstoffdioxid und Wasser gebildet, da die PET-Moleküle nur aus C-, H- und O-Atomen aufgebaut sind. Allerdings können durch die Verbrennung der Zusatzstoffe wie Stabilisatoren und Weichmacher auch andere Stoffe gebildet werden.

Nachteil:

Vernichtung von hochwertigen Werk- und Rohstoffen

ROHSTOFFLICHE VERWERTUNG

Vorteil:

die vollständige Verwertbarkeit (auch im Lebensmittelbereich), Rohstoffe werden eingespart

Nachteil:

im Vergleich zum Einschmelzen hoher energetischer und technischer Aufwand

SYNTHESE UND EIGENSCHAFTEN VON PET

Synthese der Moleküle des Polyethylenterephthalats aus Terephthalsäure und Ethandiol (Ethylenglykol)

Zusatzinformationen

Terephthalsäure

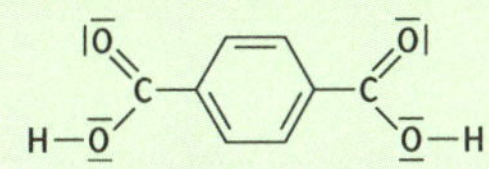

Ethandiol (Ethylenglykol)

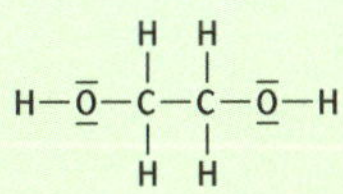

1. Geben Sie die Reaktionsgleichung zur Synthese der Moleküle des Polyethylenterephthalats an und benennen Sie den Reaktionstyp. Erläutern Sie auch die grundlegenden Voraussetzungen, die die Moleküle der Ausgangsstoffe aufweisen müssen, damit eine solche Synthese durchgeführt werden kann. Deuten Sie die beschriebenen Beobachtungen.
2. Erklären und erläutern Sie die beschriebenen Eigenschaften des Polyethylenterephthalats. Ordnen Sie den Kunststoff unter dem Gesichtspunkt der Struktur-Eigenschaft-Beziehungen ein.

LÖSUNGEN

1.

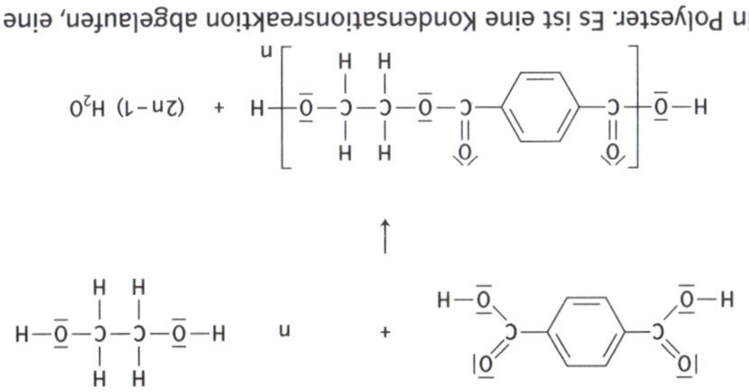

Es bildet sich ein Polyester. Es ist eine Kondensationsreaktion abgelaufen, eine Polykondensation, dabei wird Wasser frei.
Zur Bildung eines Polyesters benötigt man eine Carbonsäure mit mindestens zwei Carboxy-Gruppen (oder Carboxylderivate wie z.B. Disäuredichlorid) und einen Alkohol mit mindestens zwei Hydroxy-Gruppen. Es ist auch möglich, aus Molekülen, die sowohl eine Carboxy- als auch eine Hydroxy-Gruppe aufweisen (Hydroxycarbonsäure-Moleküle), Polyester zu bilden.

2. Polyethylenterephthalat gehört zu den Thermoplasten, da lange Molekülketten vorliegen, die nicht miteinander vernetzt sind. Zwischen den Molekülketten des Polyesters wirken im Wesentlichen Van-der-Waals-Kräfte und Dipol-Dipol-Kräfte.

POLYVINYLCHLORID

Polyvinylchlorid, PVC, ist ein viel verwendeter Kunststoff. Er wird industriell in großen Mengen produziert. Ausgangsstoff ist Vinylchlorid (Chlorethen). PVC wird hauptsächlich zur Herstellung von Fensterrahmen, Rohren, Kabelisolierungen, Bau- und Möbelprofilen eingesetzt.

Grundstoffe für die PVC-Herstellung sind Erdöl, Steinsalz und Luft. Das Monomer für die PVC-Herstellung, Vinylchlorid (Monochlorethen), wird über die Zwischenstufe des 1,2-Dichlorethans synthetisiert. Dieser Chlorkohlenwasserstoff kann auf zwei Wegen hergestellt werden: Einmal durch die so genannte Direktchlorierung von Ethen, also direkt aus Ethen und Chlor, oder durch die Oxychlorierung, d.h. die Chlorierung mit Chlorwasserstoff im Beisein von Sauerstoff.

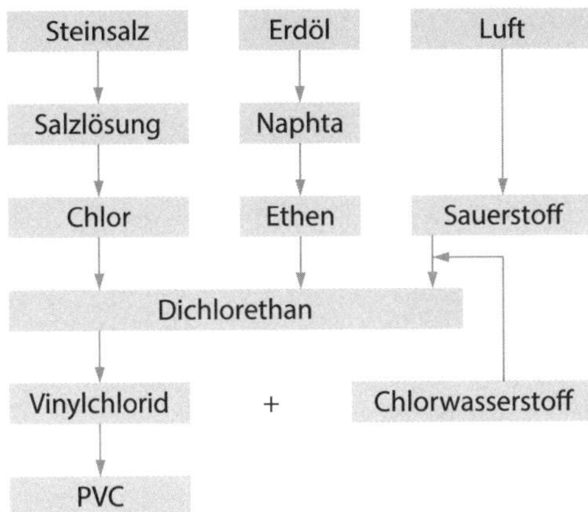

DIREKTCHLORIERUNG UND OXYCHLORIERUNG

Direktchlorierung:

$H_2C{=}CH_2 + Cl_2 \longrightarrow Cl{-}H_2C{-}CH_2{-}Cl$

Oxychlorierung:

$H_2C{=}CH_2 + 2\,HCl + \frac{1}{2}\,O_2 \longrightarrow Cl{-}H_2C{-}CH_2{-}Cl + H_2O$

Das gebildete 1,2-Dichlorethan wird thermisch unter Abspaltung von Chlorwasserstoff zu Vinylchlorid (Chlorethen) umgesetzt.

MASSENANTEIL CHLOR IM PVC

$M(C_2H_3Cl) = 62{,}5\,g/mol$

$w(\text{Chlor}) = \frac{35{,}5\,g/mol}{62{,}5\,g/mol} = 0{,}568 = 56{,}8\,\%$

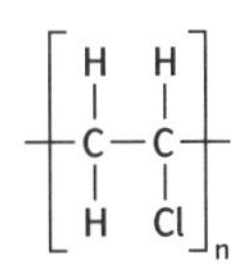

Der Massenanteil der Chloratome an den PVC-Molekülen beträgt ca. 57%, der Masssenanteil des organischen Teils und damit des Teils, der aus dem Erdöl stammt, beträgt nur 43%.

VERGLEICH VON PE UND PVC

Polyethen ist hingegen ein Kohlenwasserstoff und wird vollständig aus dem Grundstoff Erdöl hergestellt. Bei der Herstellung von z. B. 1 t PVC stammen nur 430 kg aus Erdölprodukten. Die Rohstoffsituation ist bei einem Vergleich der Kunststoffe ein zu beachtender ökologischer und ökonomischer Faktor.

Andererseits kann PVC z. B. bei Bränden durch die Bildung von Chlorwasserstoff und anderen giftigen Chlorverbindungen zu einer erheblichen Umweltbelastung führen.

POLYMERISATION

Für eine Polymerisation müssen die Ausgangsmoleküle, die Monomere, eine C—C-Doppelbindung aufweisen. Die Polymerisation kann durch Radikale, Kationen oder Anionen eingeleitet werden. Im Folgenden wird die radikalische Polymerisation am einfachsten Beispiel, der Bildung von Polyethen, dargestellt.

Erzeugung von Startradikalen aus einem Peroxid

$$R{-}O{-}O{-}R \longrightarrow 2\ R{-}O\cdot$$

1. Kettenstart (Erzeugung von Monomer-Radikalen)

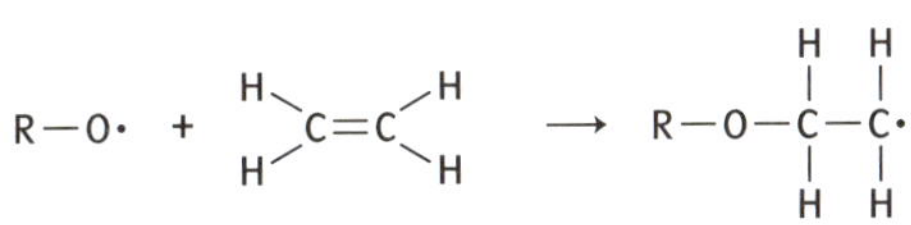

2. Kettenwachstum (Verlängerung der Radikalkette)

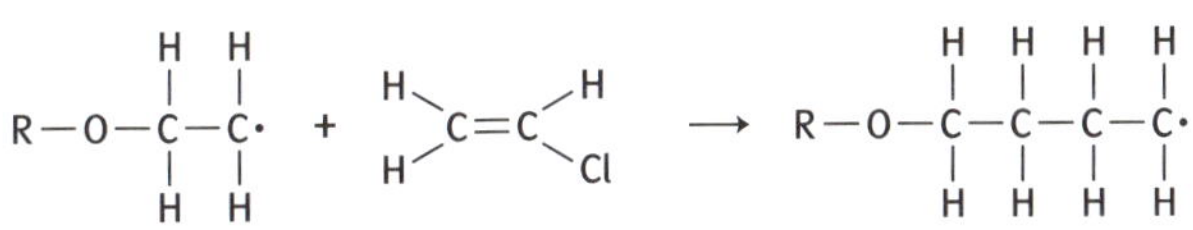

3. Kettenabbruch (Vernichtung von Radikalen)

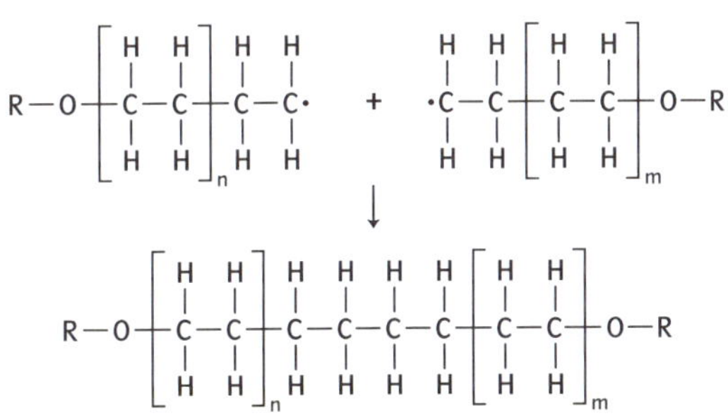

REPRÄSENTATIVER KETTENAUSSCHNITT

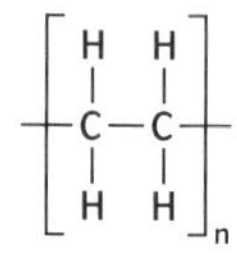

BEISPIEL FÜR DIE BILDUNG EINES POLYESTERS

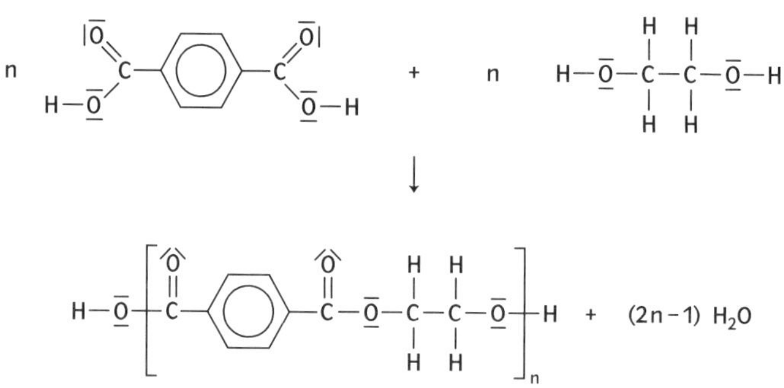

SYNTHESEN UND EIGENSCHAFTEN VON KUNSTSTOFFEN

Im Folgenden sind repräsentative Kettenausschnitte von Makromolekülen dargestellt.

a)

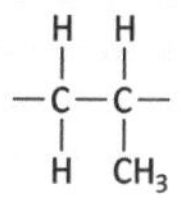

b)

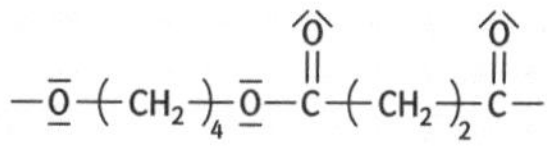

c)

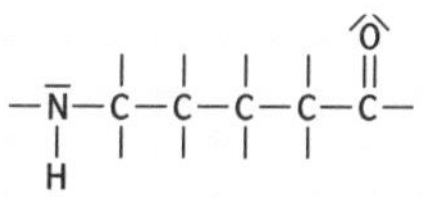

d)

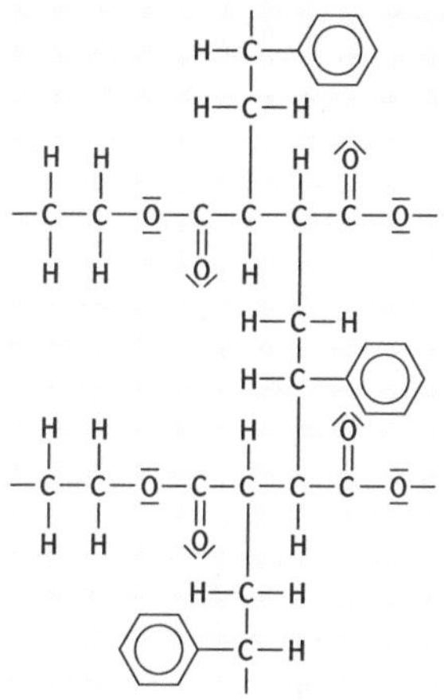

1. Welche dieser Makromoleküle lassen sich durch Polymerisation und welche durch eine Polykondensation gewinnen? Begründen Sie Ihre Entscheidungen.
2. Ordnen Sie die Kunststoffe, die aus den Makromolekülen aufgebaut sind, den Thermoplasten, Duroplasten oder Elastoplasten (Elastomeren) zu. Begründen Sie Ihre Entscheidungen.

LÖSUNGEN

1. Bei a) liegt ein Polymer vor, das aus Propen (Propylen) durch Polymerisation gebildet werden kann. Bei b) liegt ein Polykondensat vor, das durch eine Polykondensation aus 1,4-Butandiol (Butan-1,4)-diol und Butandisäure gebildet werden kann. Bei c) liegt ein Polykondensat vor, das durch Polykondensation aus 5-Aminopentansäure gebildet werden kann. Bei d) liegt ein Makromolekül vor, das durch Polymerisation und Polykondensation gebildet werden kann. Die Ausgangsstoffe für die Polykondensation sind Ethandiol und Butendisäure. Butendisäure kann als ungesättigte Verbindung mit Styrol eine Polymerisationsreaktion eingehen, dadurch können die Ketten der Polykondensate miteinander verknüpft werden.

2. Die Kunststoffe, die aus den langkettigen Makromolekülen von a) bis c) gebildet werden, sind Thermoplaste. Zwischen den Makromolekülen herrschen (im Wesentlichen) Van-der-Waals-Kräfte, in geringem Ausmaß bei b) und c) auch Dipol-Dipol-Wechselwirkungen, bei c) können sich auch Wasserstoffbrückenbindungen ausbilden.
   Bei d) liegen vernetzte Makromoleküle vor. Je nach dem Vernetzungsgrad handelt es sich um Duroplaste oder Elastoplaste.

10 WASCHMITTEL – TENSIDE

Alkylbenzolsulfonate

TENSIDE

Die Alkylbenzolsulfonate stellen die wirtschaftlich bedeutendste Tensidklasse dar. Sie werden hauptsächlich in Haushaltsreinigern, Wasch- und Geschirrspülmitteln eingesetzt. Die Alkylseitenketten der heute eingesetzten Alkylbenzolsulfonate sind linear (LAS: Lineare Alkylbenzolsulfonate).

LINEARE ALKYLBENZOLSULFONATE

$n = 4; 5$

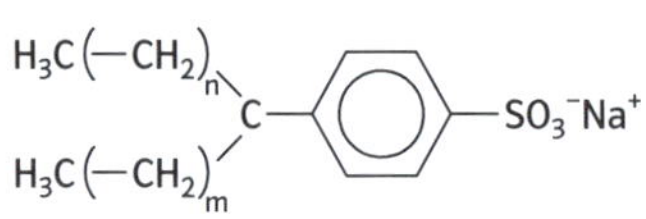

$7 \leqq m \geqq 10$

FRIEDEL-CRAFTS-ALKYLIERUNGEN

Die Bildung von Alkylbenzolen gehört zu den Friedel-Crafts-Alkylierungen. Benzol kann mit Halogenalkanen, Alkenen, Alkoholen in Gegenwart eines Katalysators reagieren. Die Reaktionen verlaufen nach dem Mechnismus der elektrophilen aromatischen Substitutionsreaktionen.

ELEKTROPHILE AROMATISCHE SUBSTITUTIONSREAKTIONEN

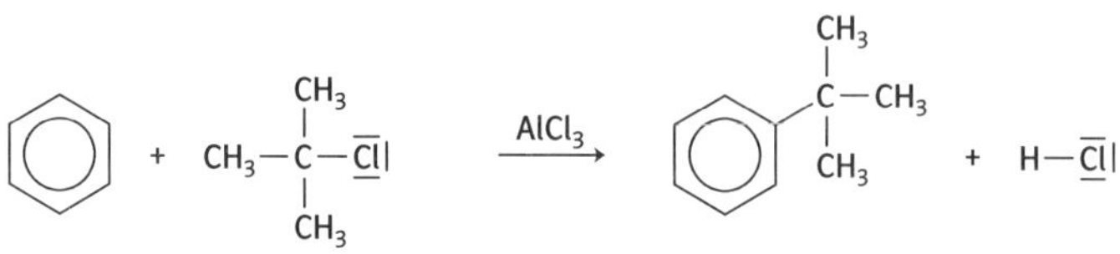

Benzol | 2-Chlor-methyl-propan | 1,1-Dimethyl-ethyl-benzol (tertiär-Butylbenzol) | Chlorwasserstoff

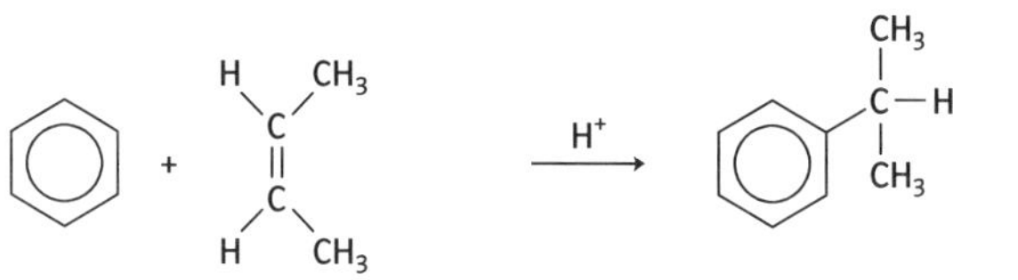

Benzol | Propen | 1-Methyl-ethyl-benzol (Isopropylbenzol, Cumol)

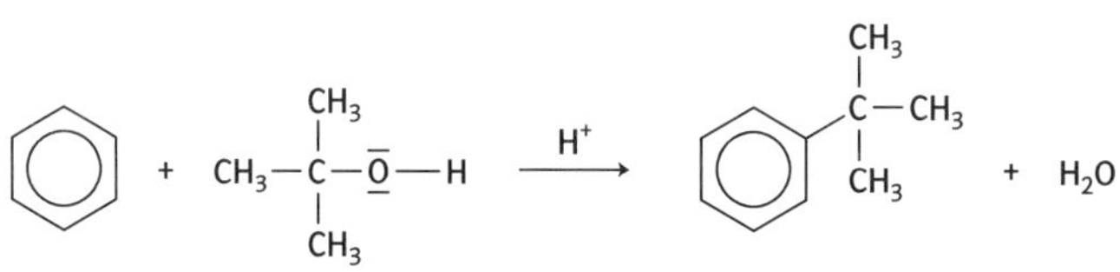

Benzol | 2-Methyl-propan-2-ol | 1,1-Dimethyl-ethyl-benzol (tertiär-Butylbenzol) | Wasser

SULFONIERUNG VON BENZOL

Mit konzentrierter Schwefelsäure, die noch gelöstes Schwefeltrioxid enthält (rauchende Schwefelsäure), reagiert Benzol (auch Alkylbenzole) zu Benzolsulfonsäure, einem Zwischenprodukt für die Herstellung von anionischen Tensiden (Benzolsulfonate), Farbstoffen und Arzneistoffen (Sulfonamide). Als elektrophile Teilchen wirken hier Schwefeltrioxidmoleküle.

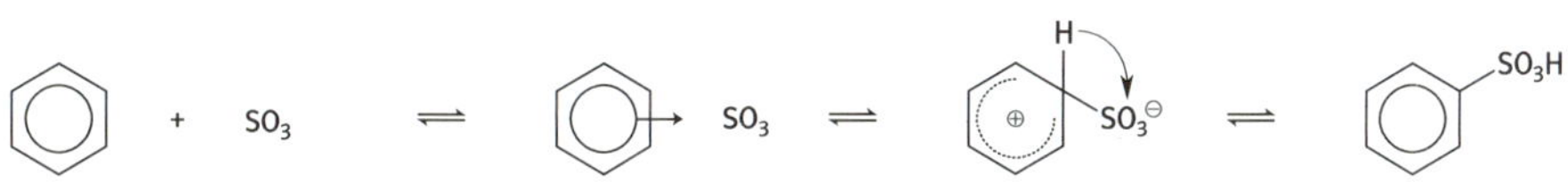

Benzol Schwefeltrioxid Benzolsulfonsäure

SLS/SDS

Natriumlaurylsulfat oder Natriumdodecylsulfat (Abkürzung: SLS aus dem engl. Sodium Lauryl Sulfate, SDS aus dem engl. Sodium Dodecyl Sulfate) dient in den meisten Shampoos und Duschgelen als reinigende Komponente. Darüber hinaus wird Natriumlaurylsulfat als Emulgator in Salben und Lotionen sowie Reinigungsmitteln verwendet.

EMULSIONEN

Man unterscheidet Wasser-in-Öl-Emulsionen (W/O), wie z. B. Butter oder feste Cremes, und Öl-in-Wasser-Emulsionen (O/W), wie z. B. Milch oder Körperlotionen. Bei einer O/W-Emulsion sind feinste Öltröpfchen in wässriger Phase dispergiert. Ist umgekehrt Wasser die innere Phase, so liegt eine W/O-Emulsion vor. Aufgrund dieser feinen Verteilung streuen die Emulsionen das einfallende Licht und sind meist weißlich-trüb. Der Tröpfchendurchmesser reicht von 1 µm bis 100 µm.

Emulgatoren sind Stoffe, die dafür sorgen, dass sich eine Emulsion nicht entmischt. Je nach Emulsionstyp und Anwendungsbereich benötigt man unterschiedliche Emulgatoren. Entscheidend sind die Wechselwirkungen der zu emulgierenden Stoffe mit dem hydrophilen (polaren) bzw. hydrophoben (unpolaren) Teil des Emulgatormoleküls.

EMULSIONSTYPEN

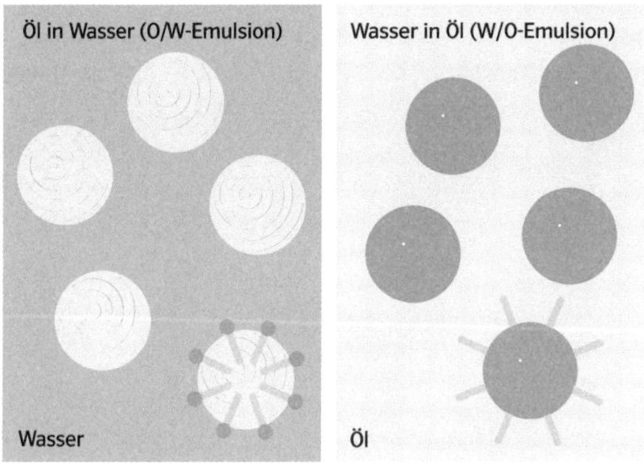

EMULGATOREN FÜR DIE UNTERSCHIEDLICHEN EMULSIONSTYPEN

O/W-Emulgatoren	O/W-Emulgatoren
Alkaliseifen $CH_3(-CH_2)_{16}-COO^-Na^+$	Sorbitanfettsäureester (Sorbitane sind vierwertige Alkohole)
Ammoniumseifen $CH_3(-CH_2)_{16}-COO^-NH_4^+$	Lanolinalkohole (Wollfett-, Wollwachsalkohole)
höhere Alkylsulfate $CH_3(-CH_2)_n-CH_2-OSO_3^-Na^+$	Cetylalkohol $C_{16}H_{31}OH$
Polyethylenglykolfettsäureester $C_{17}H_{35}-CO(-OCH_2CH_2)_n-OH$	Diacetylweinsäure $HOOC-CH-CH-COOH$ (an den beiden CH: $H_3C-OC-O$ und $O-OC-CH_3$)
Glycerophospholipide $H_2C-O-OC-R^1$ $R^2-CO-O-CH$ $H_2C-O-PO_3^{2-}$ (R^1 gesättigter Alkylrest, R^2 ungesättigter Alkylrest)	Lecithin $H_2C-O-OC-R^1$ $R^2-CO-O-CH$ $H_2C-O-P(=O)(-O^-)-O(-CH_2)_2-N^+(CH_3)_3$

SCHULVERSUCH

Im Schulversuch kann Natriumlaurylsulfat hergestellt werden, indem man in einem Reagenzglas etwa 1 cm³ Dodecanol (Laurylalkohol) bis zum Schmelzen erwärmt. Zu der Schmelze gibt man unter Schütteln tropfenweise konzentrierte Schwefelsäure. Sobald eine Gelbfärbung auftritt, wird gekühlt und so lange verdünnte Natronlauge zugegeben, bis eine neutrale Lösung entstanden ist.

$$CH_3-CH_2-CH_2-CH_2-CH_2-CH_2-CH_2-CH_2-CH_2-CH_2-CH_2-CH_2-\overline{O}-H$$

Dodecanol (Laurylalkohol)

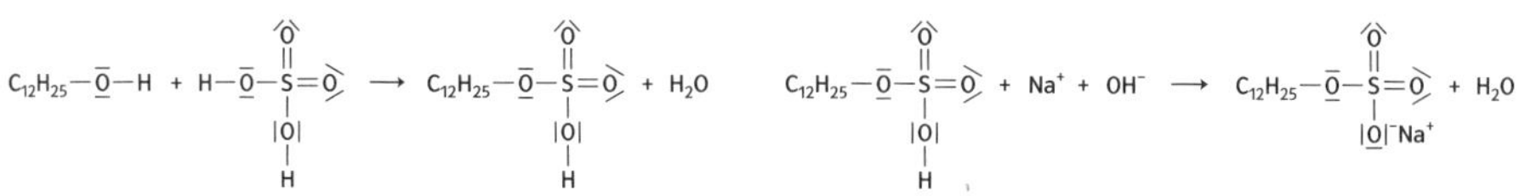

In der ersten Reaktion reagiert der Alkohol mit der Schwefelsäure zu dem Monoalkylester und Wasser. In der nachfolgenden Reaktion wird der Monoalkylester neutralisiert. Das Natriumdodecylsulfat ist das gewünschte Reaktionsprodukt.

SDS ALS REINIGENDE KOMPONENTE UND EMULGATOR

Das Natriumdodecylsulfat gehört zu den anionischen Tensiden. Einem anionischen Tensid liegt wie allen Tensiden folgendes Strukturprinzip zugrunde: Das Teilchen besitzt sowohl ein polares (hydrophiles) als auch ein unpolares (hydrophobes) Ende. Das polare Ende ist die negativ geladene Sulfatgruppe, das unpolare Ende die Alkylgruppe.

Das unpolare Ende sorgt bei der Ablösung von fettigem Schmutz dafür, dass die Tensidanionen in die Schmutzpartikel eindringen und diese umhüllen, während die polaren Enden dem Wasser zugewandt sind. Sind die Schmutzpartikel durch Schütteln oder andere mechanische Bewegungen in genügend kleine Partikel zerteilt, schweben sie im Wasser.

Salben und Lotionen enthalten als Grundkomponenten Wasser und Fett. Ein Emulgator sorgt durch die polaren Gruppen und die unpolaren Reste seiner Moleküle dafür, dass eine haltbare Emulsion entsteht.

ALKYLBENZOLSULFONATE

Alkylbenzolsulfonate stellen die wirtschaftlich bedeutendste Tensidklasse dar. Die Alkylseitenketten der heute eingesetzten Alkylbenzolsulfonate sind linear (LAS: Lineare Alkylbenzolsulfonate).

Lineare Alkylbenzolsulfonate (LAS)

$n = 4; 5$

$7 \leqq m \geqq 10$

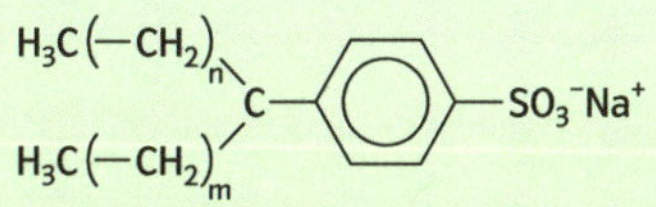

Erläutern Sie die Reaktionen zur Bildung eines Alkylbenzolsulfonats mit Hilfe der folgenden Verbindungen:

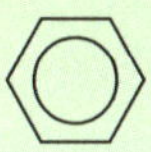 $H_3C(-CH_2)_4-HC{=}CH(-CH_2)_8-CH_3$ H_2SO_4 SO_3 NaOH

LÖSUNGEN

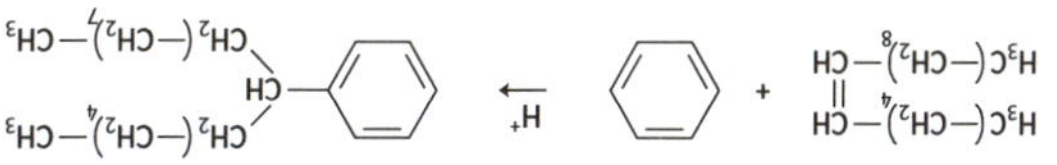

Der Reaktionsmechanismus ist der einer elektrophilen Substitution, wobei aus dem Alken durch die Säurekatalyse zuerst ein Carbokation gebildet wird, welches dann mit dem Benzolmolekül elektrophil reagiert.

Zur Bildung eines Natriumalkylbenzolsulfonats muss als Zweitsubstitution am Aromaten eine Sulfonierung stattfinden. Alkylgruppen als Erstsubstituenten dirigieren den Zweitsubstituenten in ortho- oder para-Stellung, wobei hier die para-Stellung aufgrund der sterischen Verhältnisse (sehr langer Alkylrest) eindeutig bevorzugt ist:

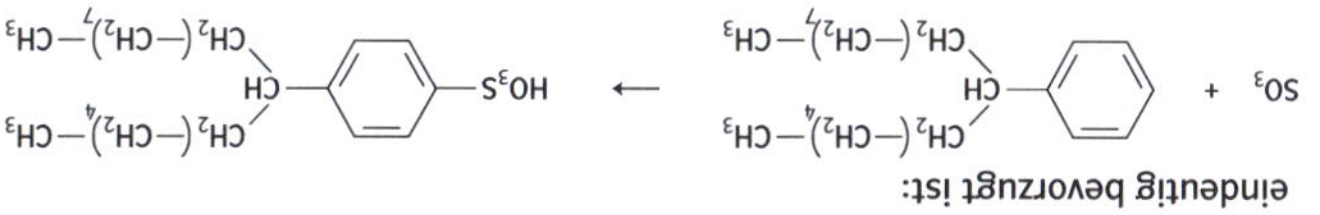

Die Bildung des Natriumalkylbenzolsulfonats kann dann mit Natronlauge erfolgen (Neutralisation).

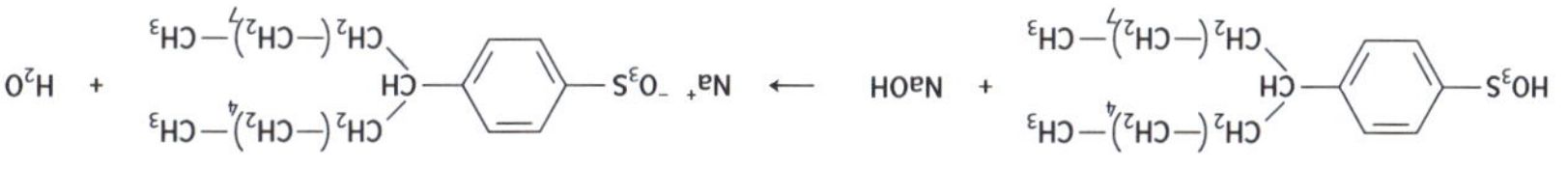

11 FARBSTOFFE UND PIGMENTE

Methylrot

AZOFARBSTOFFE ALS INDIKATOREN

Methylrot ist ein Azofarbstoff, der als Indikator eingesetzt wird, mit einem Umschlagsbereich zwischen pH = 4,4 und pH = 6,2.

Stellt man mesomere Grenzformeln für einen Azofarbstoff auf, so ergibt sich ein negativer Ladungsschwerpunkt an dem Stickstoffatom der Azogruppe, welches vom Elektronen liefernden Substituenten am weitesten entfernt ist. Dieses Stickstoffatom kann bevorzugt protoniert werden, wodurch es zu einer Veränderung des Chromophors und damit einer Farbänderung kommt.

METHYLORANGE

Ein weiterer Azofarbstoff, der als Indikator eingesetzt wird, ist Methylorange mit einem Umschlagsbereich zwischen pH = 3,1 (rot) und pH = 4,4 (gelborange).

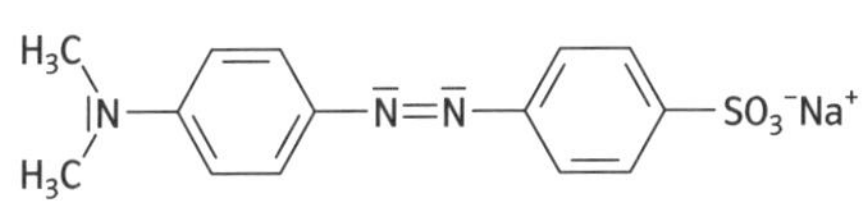

VERWENDUNG VON METHYLROT

Aufgrund seines Umschlagsbereiches eignet sich Methylrot z. B. als Indikator für eine Titration von schwachen Basen mit starken Säuren, z. B. Salzsäure oder Schwefelsäure. Um den Farbumschlag deutlicher hervortreten zu lassen, wird Methylrot oft zusammen mit Methylenblau als Mischindikator eingesetzt. Es ergibt sich ein Farbumschlag von Grün (pH > 6,2) nach Violett (pH < 4,4).

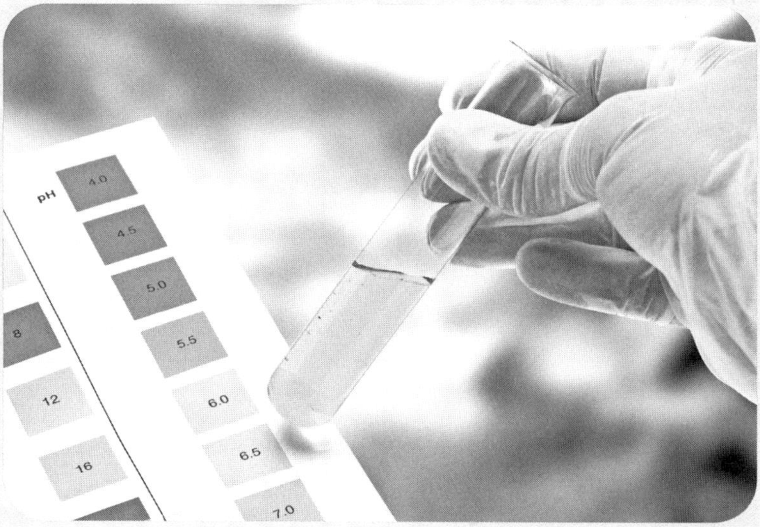

UNIVERSALINDIKATOR NACH McCRUMB

Methylrot findet auch als Bestandteil eines Universalindikators Verwendung.

Universalindikator nach McCrumb:

- Methylrot
- Phenolphthalein
- Thymolblau
- Bromthymolblau

ABSORPTION VON METHYLROTLÖSUNGEN

Wellenlänge in nm	400	420	440	460	480	500	520	540	560	580	600	620	640	660	680	700
Absorption in % bei pH < 4,4	0	1	9	23	41	58	63	56	39	3	1	0	0	0	0	0
Absorption in % bei pH > 6,2	59	62	63	58	45	21	2	0	0	0	0	0	0	0	0	0

ABSORPTIONSSPEKTREN VON METHYLROT

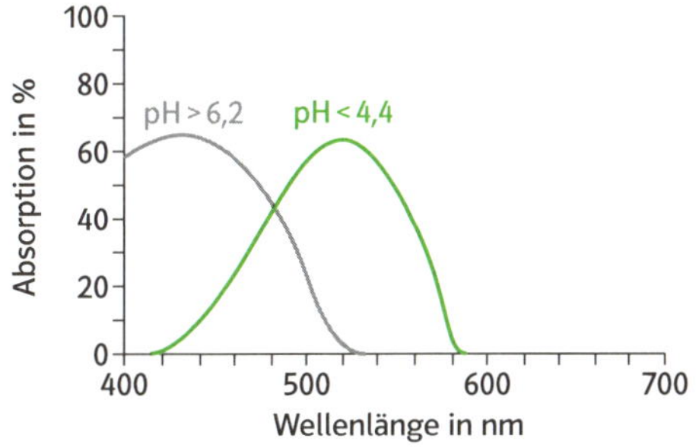

Die Lösung mit pH < 4,4 absorbiert im mittleren Bereich des Spektrums. Nicht betroffen ist der gesamte rote Bereich des Spekrums sowie der kurzwellige Bereich (blauviolett). Als Farbe der Lösung resultiert ein blaustichiges Rot (hier grün dargestellt).

Die gelbe Lösung (hier grau dargestellt) absorbiert den kurzwelligen Teil des Spektrums. Grün, Gelb, Orange und Rot sind nicht betroffen. Dem Farbeindruck „Gelb" liegt eine additive Farbmischung (Grün + Rot ⟶ Gelb) zugrunde.

BATHOCHROME VERSCHIEBUNG

Ein konjugiertes Doppelbindungssystem kann durch Hydroxy-Gruppen, Aminogruppen, Carbonylgruppen, Nitrogruppen oder Azogruppen erweitert werden. Diese Molekülgruppen haben entweder einen Elektronen liefernden + M-Effekt oder einen Elektronen ziehenden – M-Effekt. Sie vergrößern den Chromophor und ihre Elektronen beteiligen sich an der Mesomerie des Elektronensystems. Dadurch verursachen sie eine zu längerwelligem Licht verschobene Absorption. Man spricht von einer bathochromen (farbvertiefenden) Verschiebung.

Gruppen mit +M-Effekt (Elektronendonatoren)

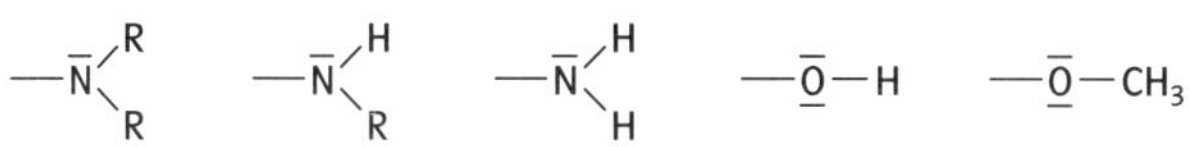

Gruppen mit –M-Effekt (Elektronenakzeptoren)

Eine Verstärkung der bathochromen Verschiebung tritt insbesondere dann ein, wenn eine Gruppe mit einem + M-Effekt mit einer solchen mit einem – M-Effekt am entgegengesetzten Ende eines Chromophors zusammenwirkt.

AUXOCHROME

Gruppen mit einem freien Elektronenpaar, die als Elektronendonatoren wirken und damit einen + M-Effekt ausüben, werden auch Auxochrome (von griech. auxanein, wachsen; chroma, Farbe) genannt. Die Gruppen, die als Elektronenakzeptoren wirken und damit einen – M-Effekt ausüben, werden Antiauxochrome genannt.

BEEINFLUSSUNG DURCH +M- UND +M-EFFEKT

Ein konjugiertes Doppelbindungssystem kann durch Elektronen liefernde und Elektronen aufnehmende Molekülgruppen beeinflusst werden.

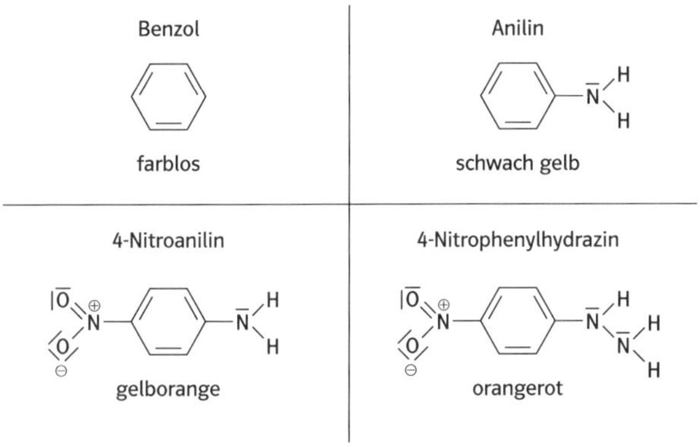

Benzol absorbiert im nicht sichtbaren UV-Bereich, es ist farblos. Beim Anilin wird das delokalisierte Elektronensystem durch den +M-Effekt der Aminogruppe erweitert.

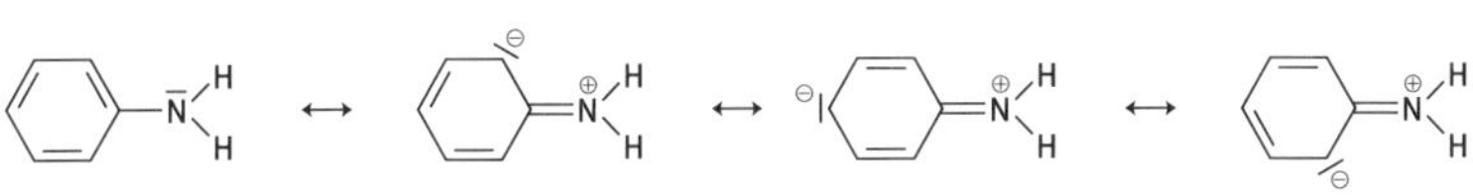

Durch den -M-Effekt einer Nitrogruppe in p-Stellung zur Aminogruppe wird die Delokalisierung verstärkt: 4-Nitroanilin (p-Nitroanilin) ist gelborange. Die Vergrößerung des Chromophors im 4-Nitrophenylhydrazin führt zu einer weiteren Farbvertiefung.

ABSORPTIONSMAXIMUM

Bei der Absorption von Licht bestimmter Wellenlänge werden Elektronen der Moleküle einer Verbindung von einem Grundzustand mit der Energie E_1 in einen angeregten Zustand mit der höheren Energie E_2 gebracht. Die dazu nötige Energie $\Delta E = E_2 - E_1$ ist gleich der Energie eines Strahlungsquants: $\Delta E = h \cdot f = h \cdot c \cdot \lambda^{-1}$. Die Elektronen nicht bindender Elektronenpaare, besonders aber Elektronen in Doppelbindungen, sind durch Lichtquanten geringer Energie ΔE anregbar. So liegt z. B. das Absorptionsmaximum von Ethen bei der Wellenlänge $\lambda_{max} = 190\,nm$, dasjenige von 1,3-Butadien (Buta-1,3-dien) bei $\lambda_{max} = 217\,nm$. Strahlung dieser Wellenlängen liegt nicht im sichtbaren Bereich, daher sind diese Verbindungen farblos.

Je länger das konjugierte Doppelbindungssystem eines Moleküls wird, desto mehr verschiebt sich das Absorptionsmaximum in den Bereich des sichtbaren Lichts. Die Ursache dafür liegt darin, dass mit steigender Molekülgröße die Abstände zwischen den Energieniveaus der Doppelbindungselektronen immer kleiner werden. Damit nimmt die Energiedifferenz zwischen dem höchsten mit Elektronen besetzten Energieniveau und dem energetisch niedrigsten unbesetzten Energieniveau ab, sodass die Energie der zur Anregung von Elektronen benötigten Strahlung geringer wird.

AUSWIRKUNG DER KONJUGATION AUF DIE ENERGIEDIFFERENZ ZWISCHEN GRUND- UND ANGEREGTEM ZUSTAND

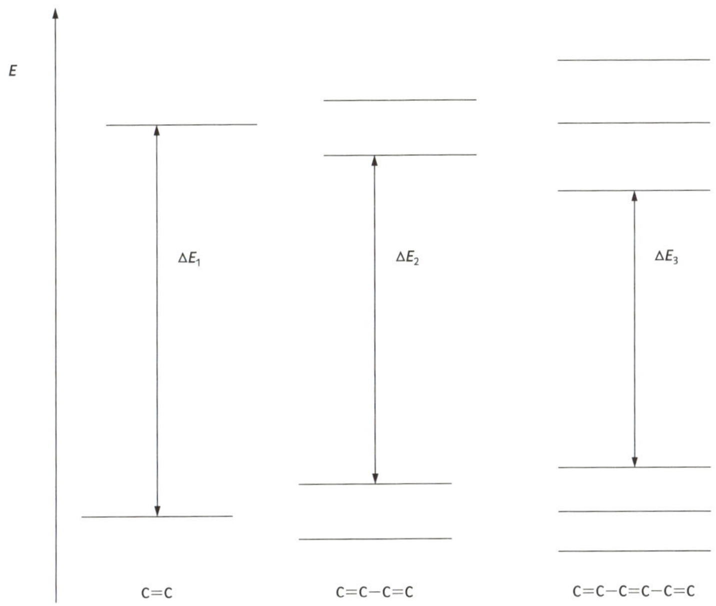

ABSORPTIONSMAXIMA (λ_{MAX})

Untersucht man farbige organische Verbindungen, so zeigt sich ein Zusammenhang zwischen der Farbe der Verbindung und der Struktur ihrer Moleküle.

Farbstoffmoleküle und Wellenlängen der Absorptionsmaxima (λ_{max}) des absorbierten Lichtes:

Polyene

a)

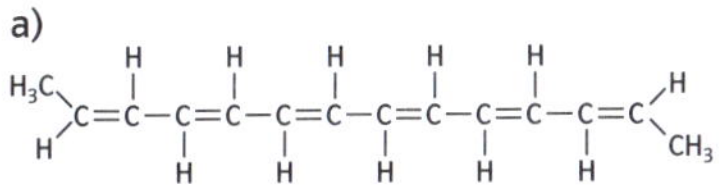

λ_{max} = 344 mm

b)

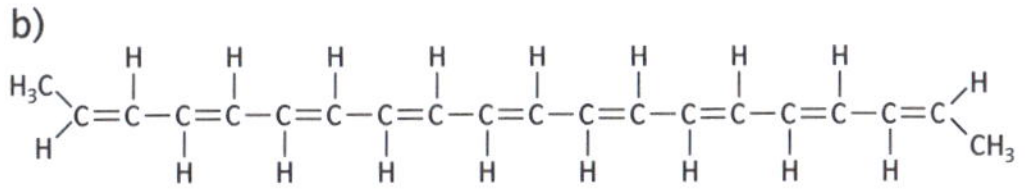

λ_{max} = 413 nm

Cyanine

c)

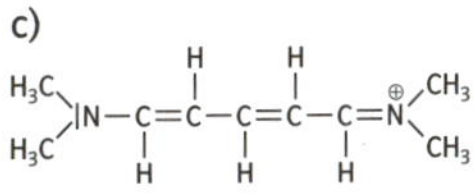

λ_{max} = 416 nm

d)

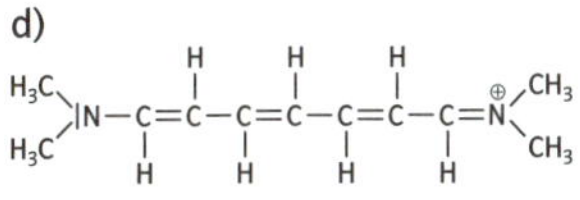

λ_{max} = 519 nm

VERGLEICH

Beim Vergleich der Verbindungen a) und b) bzw. c) und d) erkennt man: je ausgedehnter das konjugierte Doppelbindungssystem, desto größer die Wellenlänge des absorbierten Lichtes. Vergleicht man die Wellenlängen des absorbierten Lichtes bei Polyenen und Cyaninen, so zeigen letztere eine deutlich zu längerwelligem Licht verschobene Absorption. Ursache diese Effektes können nur die Gruppen an den Enden der Cyaninmoleküle sein.

Die längerwellige Absorption der Cyanine beruht auf der Vergrößerung des Doppelbindungselektronensystems durch die freien Elektronenpaare der Stickstoffatome in den Dimethylaminogruppen der Cyaninmoleküle. Das Maximum der Absorption liegt umso mehr im längerwelligen Bereich, je ausgedehnter das delokalisierte Elektronensystem ist. Das Ausmaß der Delokalisierung ist stark, wenn die mesomeren Grenzformeln energetisch ähnlich sind.

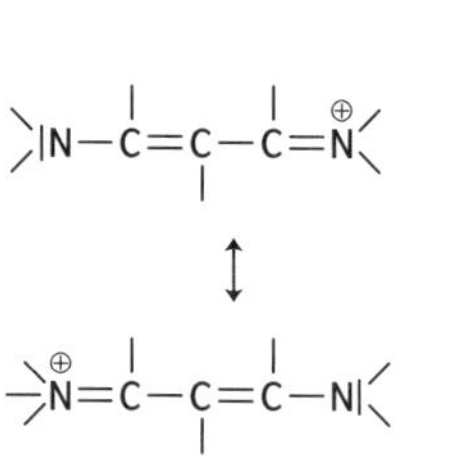

Die zweite, energiereichere Grenzformel hat nur einen geringen Anteil bei der Beschreibung des Moleküls.

Die beiden – energiegleichen – Grenzformeln haben gleichen Anteil bei der Beschreibung des Moleküls.

METHYLROT, BATHOCHROMIE

Methylrot

1. Begründen Sie mit einer energetischen Betrachtung, warum die Protonierung an dem einen N-Atom der Azogruppe erfolgt und nicht an einem der anderen N-Atome.

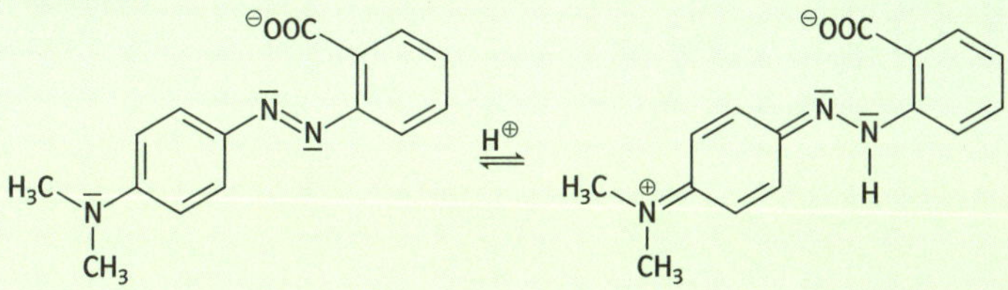

Bathochromie

2. Vergleichen Sie die Verbindungen auf S. 271 und erklären Sie die zu längerwelligem Licht verschobene Absorption.

LÖSUNGEN

1. Die Molekülformel von Methylrot zeigt drei N-Atome, die für eine Protonierung infrage kommen. Lediglich für den Fall der Protonierung des N-Atomes der Diazoniumgruppe, das der Anthranilsäuregruppe des Moleküls nahe liegt, lässt sich eine zusätzliche mesomere Grenzformel aufstellen. Dieses Molekül ist durch Mesomerieenergie stabilisiert.

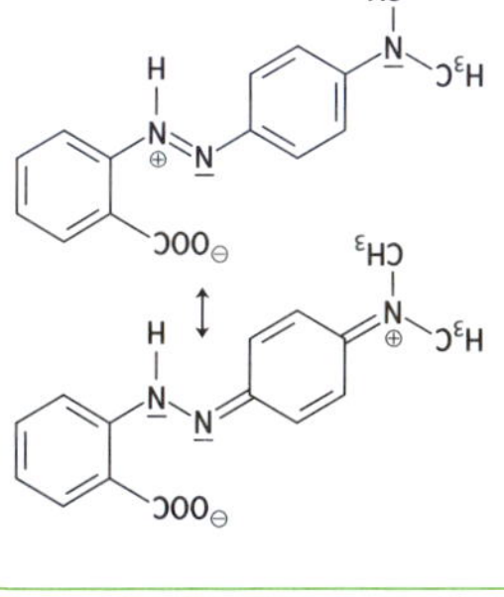

2. Benzol absorbiert im nicht sichtbaren UV-Bereich, es ist farblos. Beim Anilin wird das delokalisierte Elektronensystem durch den +M-Effekt der Aminogruppe erweitert.

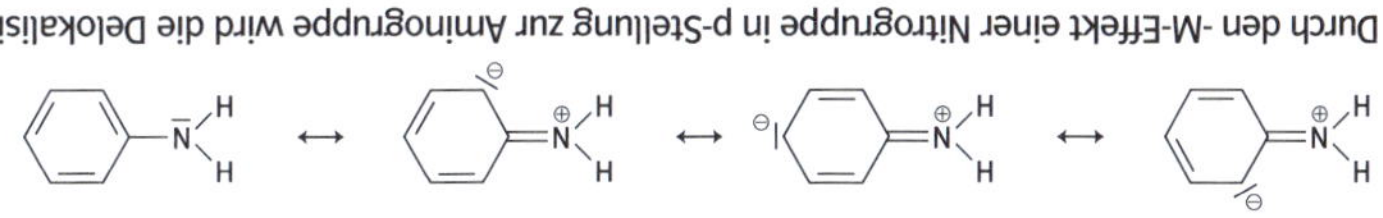

Durch den -M-Effekt einer Nitrogruppe in p-Stellung zur Aminogruppe wird die Delokalisierung verstärkt: 4-Nitroanilin (p-Nitroanilin) ist gelborange. Die Vergrößerung des Chromophors im 4-Nitrophenylhydrazin führt zu einer weiteren Farbvertiefung.

DER KÖNIG DER FARBSTOFFE

Indigo, der Farbstoff der Jeans, wird manchmal auch als König der Farbstoffe bezeichnet und hat die Strukturformel:

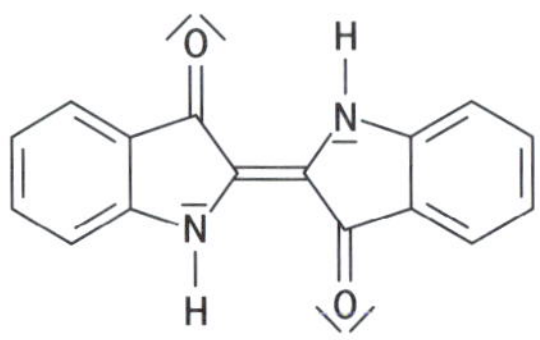

CARBONYLFARBSTOFFE

Indigo gehört in die Klasse der **Carbonylfarbstoffe**. Zu dieser Klasse werden alle Farbstoffe zusammengefasst, die mindestens zwei miteinander in Konjugation stehende Carbonylgruppen besitzen. Auch die Anthrachinonfarbstoffe gehören in diese Gruppe.

Indigo ist ein dunkelblaues Pulver, das kupferrot schimmert. Es ist in Wasser und Alkohol nicht löslich. Zum Färben wird es mit einem Reduktionsmittel in die lösliche Form des Indigoweiß (Leukoindigo) überführt. Die dabei entstehende Flüssigkeit, die Küpe, hat dem Färbeverfahren („Küpenfärbung") den Namen gegeben.

INDICAN

Indigo wird aus der in tropischen Ländern beheimateten Indigopflanze gewonnen, in früheren Jahrhunderten wurde er auch aus dem in Europa angebauten Färberwaid hergestelt. Er kommt in den Pflanzen in der gelblichen Vorstufe Indican vor.

STUFEN DER GEWINNUNG VON INDIGO AUS INDICAN

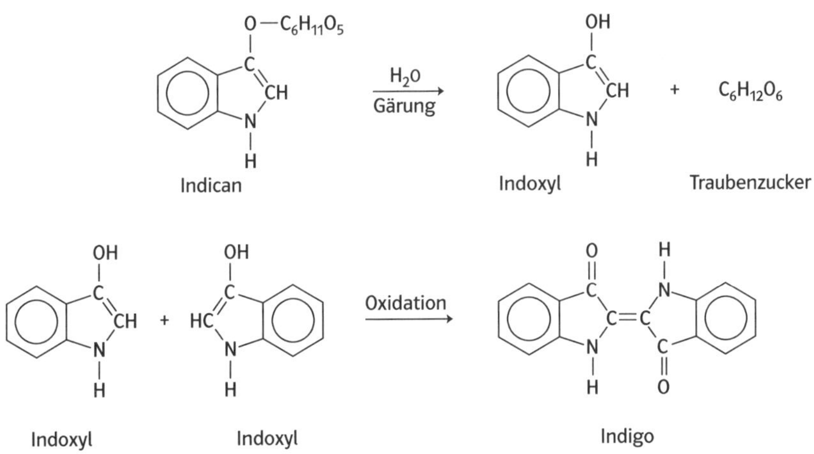

CHROMOPHOR DES INDIGOMOLEKÜLS

Seit dem Ende des 19. Jahrhunderts wird synthetischer Indigo hergestellt, der heute überwiegend Verwendung findet.

Beim Indigomolekül liegt ein gekreuzter Chromophor vor, der von den NH-Gruppen (Elektronendonatoren, Auxochrome) bis zu den C=O-Gruppen (Elektronenakzeptoren, Antiauxochrome) reicht. Die Elektronen sind stärker delokalisiert als bei entsprechenden linear gebauten Molekülen. Die Aufstellung mesomerer Grenzformeln kann dies belegen. Das heißt, die Elektronen sind bei höheren Wellenlängen anregbar.

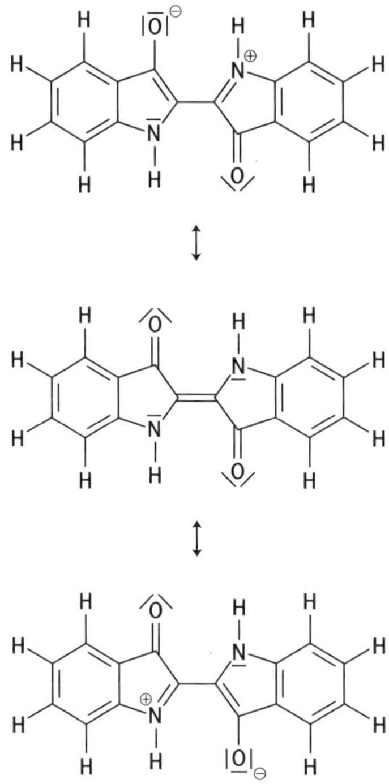

INDIGO

Indigo ist wasserunlöslich und muss zum Färben in eine lösliche Form gebracht werden

Das geschieht mit dem Reduktionsmittel Natriumdithionit ($Na_2S_2O_4$) in alkalischem Medium. Dabei entsteht eine schwach gelbliche Lösung von Indigoweiß (Leukoindigo). Nach dem Durchtränken des Färbegutes entsteht unter Sauerstoffeinwirkung wieder der blaue Farbstoff.

Formulieren Sie Redoxgleichungen
1. für die Reduktion von Indigo mit Natriumdithionit.
2. für die Rückoxidation beim Trocknen an der Luft.

LÖSUNGEN

1. Oxidation $2\,Na^+ + S_2O_4^{2-} + 4\,OH^- \longrightarrow 2\,Na^+ + 2\,SO_3^{2-} + 2\,H_2O + 2\,e^-$

Reduktion

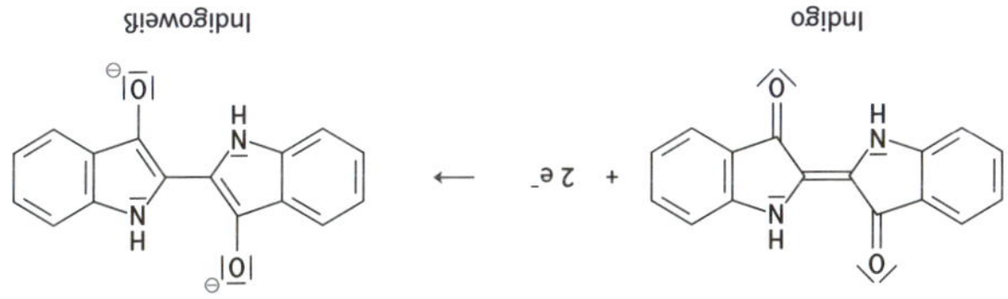

Indigo Indigoweiß

2. Oxidation

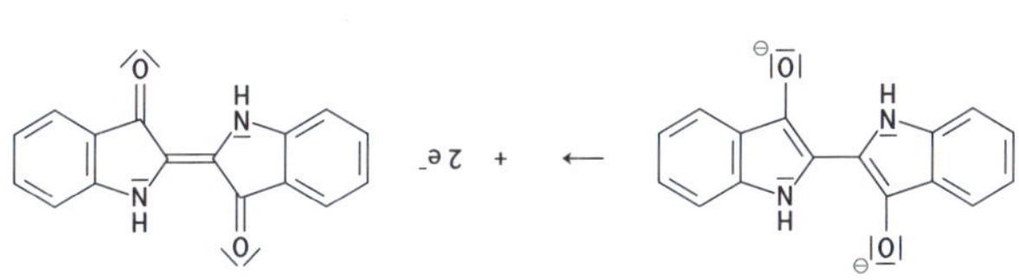

Reduktion $\frac{1}{2}\,O_2 + H_2O + 2\,e^- \longrightarrow 2\,OH^-$

SYNTHESE VON AZOFARBSTOFFEN

Im Allgemeinen erfolgt die Darstellung von Azoverbindungen in zwei Schritten, der Diazotierung und der Azokupplung.

1. DIAZOTIERUNG

Ausgangsstoffe für die Diazotierung sind primäre aromatische Amine. Diese werden in salzsaurer Lösung mit Natriumnitrit versetzt. Da das entstehende Diazoniumion schon bei Zimmertemperatur Stickstoff abspaltet, muss unterhalb einer Temperatur von 5 °C gearbeitet werden. Eine genauere Untersuchung des Reaktionsmechanismus zeigt, dass nicht das Molekül der salpetrigen Säure mit dem Aminmolekül reagiert, sondern das stark elektrophile Nitrosylkation (NO^+).

$$HNO_2 + H^+ \longrightarrow H_2O + NO^+$$

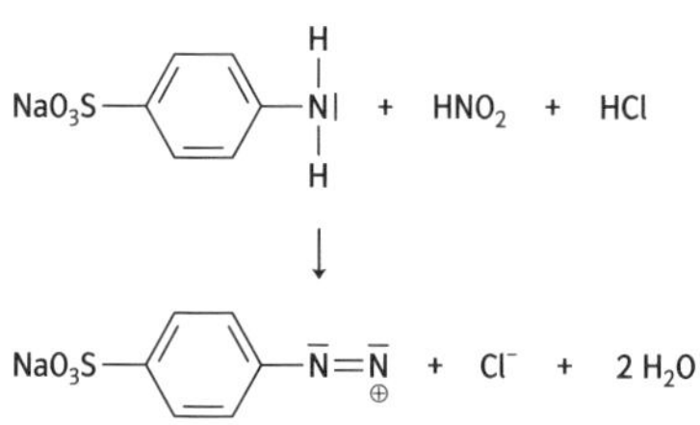

2. AZOKUPPLUNG

(Reaktion des Diazoniumions mit der Kupplungskomponente). Die Kupplungsreaktion verläuft nach dem Mechanismus einer elektrophilen Substitution. Das positiv geladene Diazoniumion wird mit einer geeigneten aromatischen Verbindung, der Kupplungskomponente, zur Reaktion gebracht. Die Azokupplung wird sowohl durch elektronenziehende Substituenten an der Diazokomponente begünstigt als auch durch Kupplungskomponenten, die Substituenten mit einem + M-Effekt besitzen, wie z. B. Phenol oder Dimethylanilin.

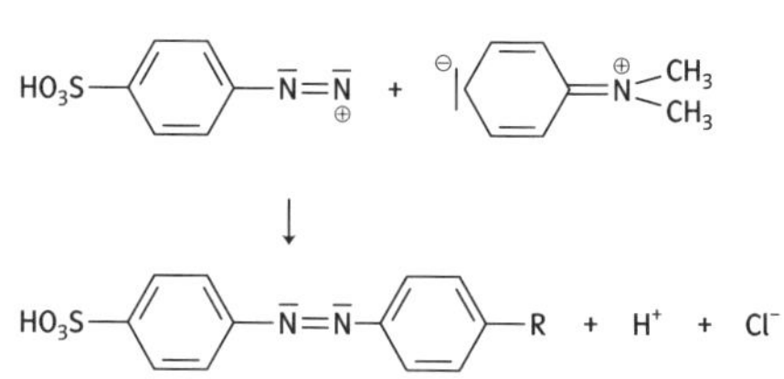

SUDANROT

Moleküle von Azofarbstoffen können eine oder mehrere Azogruppen enthalten. Sudanrotmoleküle enthalten z. B. zwei Azogruppen. Es ist ein Bisazofarbstoff.

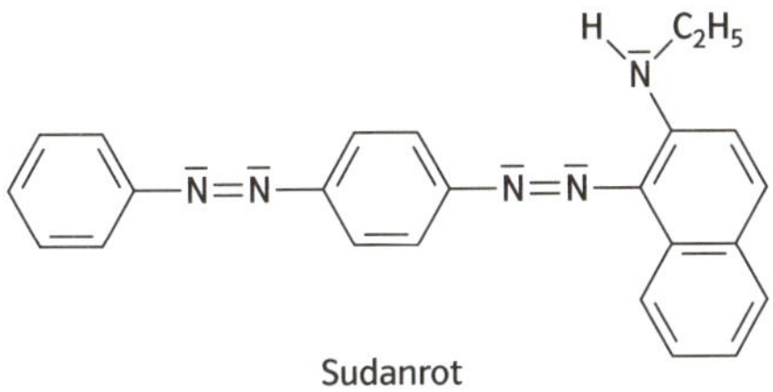

Sudanrot

VERWENDUNG VON AZOFARBSTOFFEN

Es gibt ca. 2000 Azofarbstoffe. Sie zeichnen sich durch große Farb- und Lichtechtheit aus und sind daher sehr beliebte Färbemittel. Für ihre Verwendbarkeit zum Färben sind die Substituenten an den aromatischen Systemen der Farbstoffmoleküle von entscheidender Bedeutung. So wird durch das Einführen von Sulfonsäuregruppen die für die Textilfärberei erforderliche Wasserlöslichkeit der Azofarbstoffe verbessert.

Saure und basische Azofarbstoffe eignen sich besonders als **Wollfarbstoffe**, Azofarbstoffe mit Sulfonsäuregruppen als **Lederfarbstoffe**. Der Grund liegt darin, dass solche Azofarbstoffe sich mit den amphoteren Seitenketten der Polypeptide von tierischen Fasern (Wolle, Seide) oder von Leder durch eine Ionenbindung verbinden können. Auch zum Anfärben von z. B. Kerzenwachs, Bohnerwachs, Schuhcremes, vor allem aber zum Anfärben von Heizöl, werden Azofarbstoffe verwendet.

Ein Nachweis auf Nitrat- bzw. Nitrit-Ionen in der analytischen Chemie, z. B. bei der Wasseranalyse, beruht auf der Bildung eines Azofarbstoffes aus Sulfanilsäure und Naphthylamin.

GESUNDHEITSGEFÄHRDUNG

Auch viele **Lebensmittelfarbstoffe** sind Azoverbindungen. Im menschlichen Organismus können Azofarbstoffe jedoch an der Azogruppe gespalten werden. Dabei können gesundheitsgefährdende Amine freigesetzt werden. Es dürfen nur solche Farbstoffe eingesetzt werden, die toxikologisch unbedenklich sind. Deshalb ist die Verwendung von Azofarbstoffen im Lebensmittelbereich zurückgegangen.

METHYLORANGE

Der Azofarbstoff Methylorange kann aus Sulfanilsäure, N,N-Dimethylamin und weiteren Reaktionspartnern hergestellt werden.

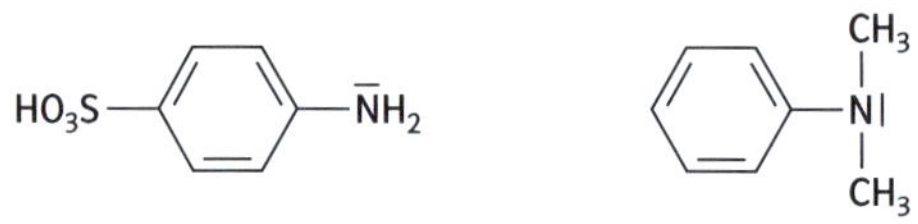

Sulfanilsäure N,N-Diethylanilin

Stufen der Herstellung

Bereitstellen des Natriumsalzes der Sulfanilsäure und Salpetriger Säure

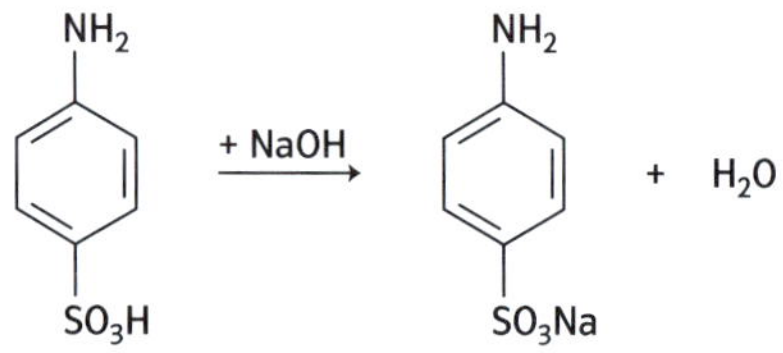

$$NaNO_2 + HCl \longrightarrow HNO_2 + NaCl$$

Diazotierung

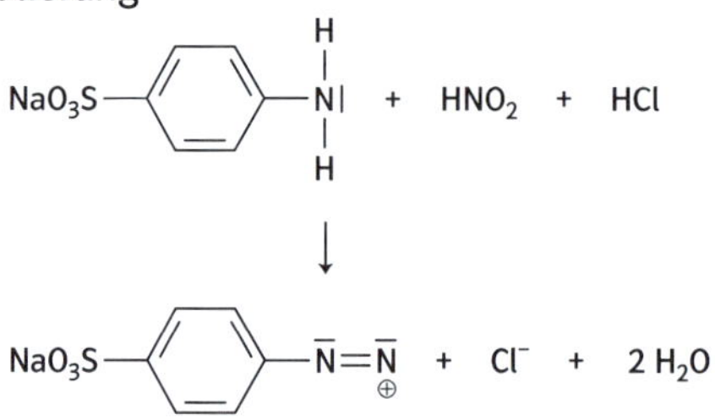

Azokupplung

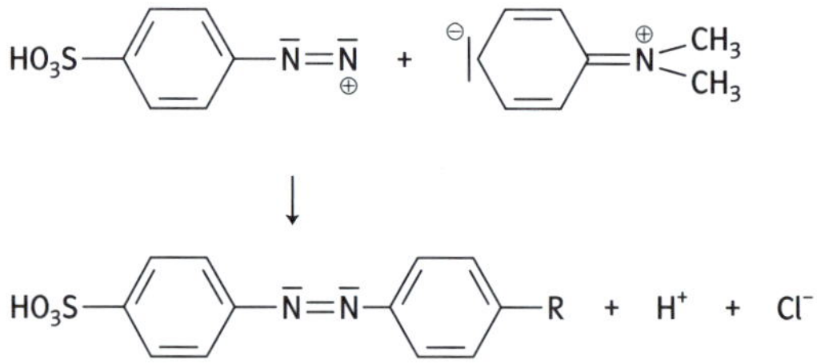

HERSTELLUNG VON FLUORESCIN

Fluorescein kann aus Phthalsäureanhydrid und Resorcin unter Verwendung von wasserfreiem Zinkchlorid hergestellt werden.

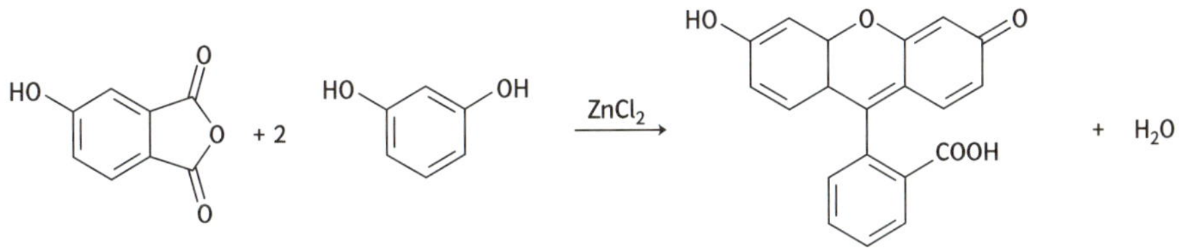

VERWENDUNG

Statt des wasserunlöslichen Fluoresceins wird häufig das Natriumsalz „Uranin" eingesetzt. Es wird Badezusätzen, Shampoos und auch Kfz-Frostschutzmitteln zugefügt. Da es als biologisch unbedenklich gilt, wird es auch zur Verfolgung von unterirdischen Grundwasserströmen verwendet. Es dient auch zur Dekoration, z. B. um Gegenstände „neongrün" einzufärben.

ENERGETISCHE BETRACHTUNG ZUR FLUORESZENZ

Um den energetischen Zusammenhang zwischen Absorption und Fluoreszenz darzustellen, wird oft ein Jablonski-Diagramm eingesetzt.

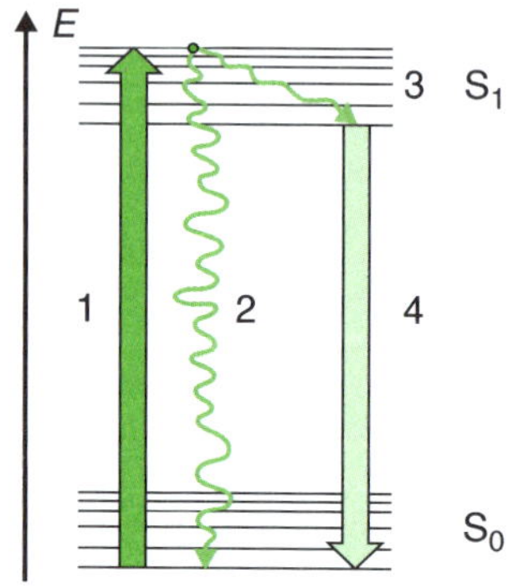

S_1 angeregter Zustand des Moleküls
1 Absorption
2,3 Strahlungslose Energieabgabe, Wärme
4 Fluoreszenz
S_0 Grundzustand des Moleküls

FLUORESZENZLICHT

Im Grundzustand S_0 des Moleküls befinden sich die p-Elektronen in mehreren einander ähnlichen Energieniveaus. Auch im angeregten Zustand S_1 stehen ihnen mehrere Niveaus zur Verfügung.

Bei der Absorption von z. B. blauem Licht werden Elektronen in höhere Energiezustände überführt (1). Das Molekül wird angeregt. Dieser Zustand ist sehr instabil. Nach ca. 10^{-9} s fallen die Elektronen wieder zurück und geben die aufgenommene Energie z. B. vollständig als Wärme ab (2). Das blaue Licht ist unter Energieumwandlung absorbiert worden.

Bei der Entstehung von Fluoreszenzlicht wird nur ein kleiner Teil der aufgenommenen Energie als Wärme abgegeben (3). Die Emission von Fluoreszenzlicht (4) erfolgt vom untersten Niveau des angeregten Zustandes aus. Das Fluoreszenzlicht ist längerwellig als die anregende Strahlung.

Die angeregten Moleküle des Fluoresceins geben ihr grünes Fluoreszenzlicht in alle Richtungen ab. Die Fluoreszenz ist aber am besten wahrnehmbarbei bei einer Betrachtungsrichtung, die senkrecht zur Ausbreitungsrichtung der Erregerstrahlung liegt. Im Gegenlicht ist sie nur indirekt zu erkennen als Anteil der additiven Farbmischung (rot + grün ⟶ gelb), die das Auge wahrnimmt.

OPTISCHE AUFHELLER

Eine besondere Anwendung der Fluoreszenz liegt bei den optischen Aufhellern vor. Sie absorbieren UV-Licht und emittieren blaues Licht. Damit erhöhen sie den Blauanteil des weißen Lichtes und lassen so ein vergilbtes Gewebe wieder weiß erscheinen. Auch die Erzeugung von Fluoreszenz auf Parties durch „Schwarzlicht" (UV-A-Strahlung) geht auf den gleichen Effekt zurück.

SÄURE-BASE-INDIKATOR

Ein Säure-Base-Indikator ist im Allgemeinen eine schwache, farbige organische Säure, deren korrespondierende Base eine andere Farbe als die Säure aufweist. In wässriger Lösung stellt sich für einen Indikator HInd ein Säure-Base-Gleichgewicht ein, das pH-abhängig ist.

$$\mathrm{HInd} + \mathrm{H_2O} \rightleftharpoons \mathrm{Ind^-} + \mathrm{H_3O^+}$$

Indikatorsäure (Farbe 1)	korrespondierende Indikatorbase (Farbe 2)

$$K_S = \frac{c(\mathrm{H_3O^+}) \cdot c(\mathrm{Ind^-})}{c(\mathrm{HInd})} \qquad \mathrm{pH} = \mathrm{p}K_S + \lg\frac{c(\mathrm{Ind^-})}{c(\mathrm{HInd})}$$

Ein Indikator ist dann für eine Titration geeignet, wenn innerhalb seines Umschlagsbereiches der pH-Wert des Äquivalenzpunktes liegt.

Indikator	**Farbe der Säure**	**pH-Bereich des Farbumschlags**	**Farbe der Base**	**pK_S (HInd)**
Thymolblau	rot	1,2 – 2,8	gelb	1,7
Methylorange	rot	3,0 – 4,4	gelb-orange	3,4
Bromkresolgrün	gelb	3,8 – 5,4	blau	4,7
Methylrot	rot	4,2 – 6,2	gelb	5,0
Lackmus	rot	5,0 – 8,0	blau	6,5
Bromthymolblau	gelb	6,0 – 7,6	blau	7,1
Thymolblau	gelb	8,0 – 9,6	blau	8,9
Phenolphthalein	farblos	8,2 – 10,0	purpur	9,4
Thymolphthalein	farblos	9,3 – 10,5	blau	10,0
Alizaringelb R	gelb	10,1 – 12,1	rot	11,2

METHYLORANGE

Zur Bestimmung des Äquivalenzpunktes einer Säure-Base-Titration wird häufig ein Säure-Base-Indikator eingesetzt.

pH > 4,4
λ = 473 nm
Farbe: Gelborange

pH < 3,1
λ = 510 nm
Farbe: Rot

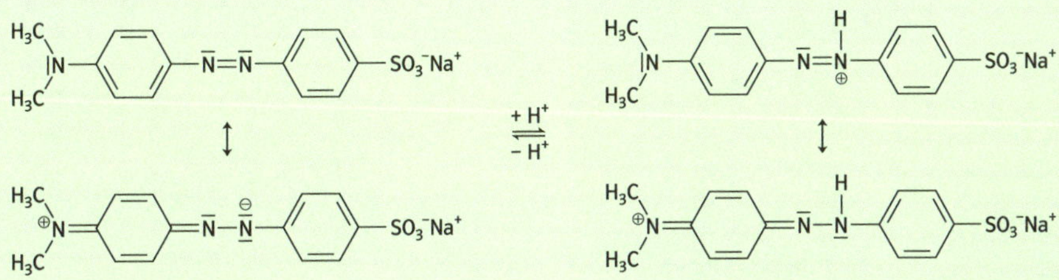

1. Begründen Sie, zu welcher Farbstoffklasse Methylorange gehört.
2. Erklären Sie, warum Methylorange als Säure-Base-Indikator eingesetzt werden kann.
3. Erläutern Sie die Verschiebung des Absorptionsmaximums von 473 nm nach 510 nm.

LÖSUNGEN

1. Methylorange gehört zu den Azofarbstoffen. Alle Moleküle der Azofarbstoffe lassen sich von der folgenden Formel ableiten: R—N̄=N̄—R'. Dabei verknüpft die Azogruppe —N̄=N̄— als Teil eines Chromophors zwei meist aromatische Systeme R und R' miteinander.
2. Stellt man mesomere Grenzformeln für einen Azofarbstoff auf, so ergibt sich ein negativer Ladungsschwerpunkt an dem Stickstoffatom der Azogruppe, welches vom Elektronen liefernden Substituenten am weitesten entfernt ist. Dieses Stickstoffatom kann protoniert werden. Dadurch kommt es zu einer Veränderung des Chromophors und damit einer Farbänderung. Daher kann Methylorange als Säure-Base-Indikator verwendet werden.
3. Die protonierte Form hat ihr Absorptionsmaximum in einem längerwelligeren Bereich als die nicht protonierte Form. In der protonierten Form ist das Ausmaß der Delokalisierung stärker, weil die mesomeren Grenzformeln energetisch nahezu gleichwertig sind. In der unprotonierten Form weist eine Grenzformel eine Ladungstrennung auf, die beiden Grenzformeln sind energetisch nicht gleichwertig, das Ausmaß der Delokalisierung ist geringer.

12 PHARMA-PRODUKTE

Paracetamol

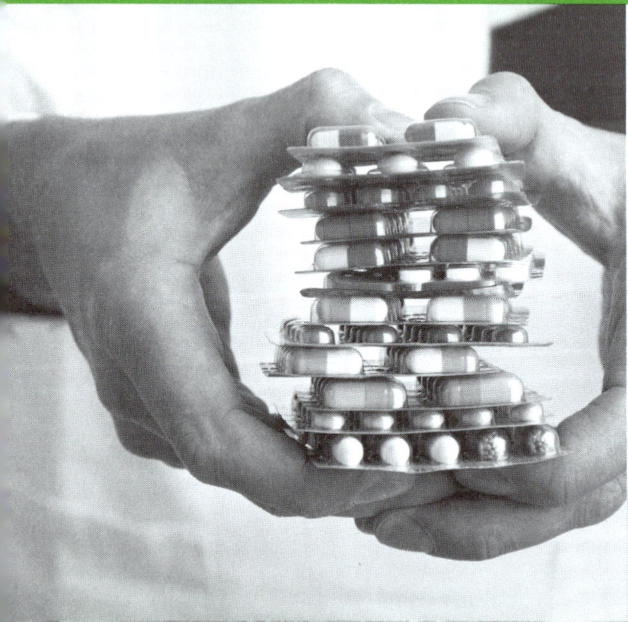

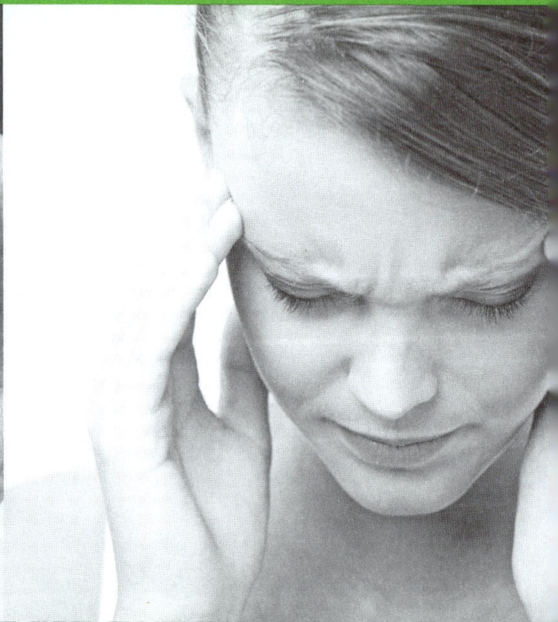

PHYSIOLOGISCHE WIRKUNG

Paracetamol wirkt fiebersenkend, schmerzstillend und wird auch bei grippalen Infekten eingesetzt. Obwohl es schon seit dem Ende des 19. Jahrhunderts bekannt ist, wird es erst ab 1956 in größerem Umfang eingesetzt. Es findet sich in zahlreichen Medikamenten kombiniert mit anderen Wirkstoffen unter vielen bekannten Handelsnamen.

Es hemmt die Bildung von Prostaglandin, das an der Weiterleitung der Schmerzinformation beteiligt ist, aber auf andere Weise als Acetylsalicylsäure.

Paracetamol gilt in geringen Dosen als weitgehend unschädlich, sollte jedoch nach Alkoholgenuss nicht eingenommen werden. Unter dem Einfluss von Alkohol können leberschädigende Abbauprodukte entstehen.

VERSUCH

Eine Probe Paracetamol (Molekülbau s. rechts) wird zerkleinert und mit verdünnter Salzsäure erhitzt. Ein eindeutig zu identifizierender Geruch ist bemerkbar. Die neutralisierte Lösung wird mit Ammoniak- und Silbernitrat-Lösung versetzt. Die Flüssigkeit wird schwarz.

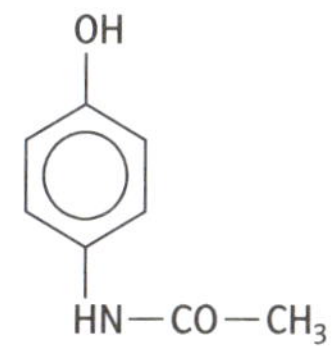

1. Es liegt eine protonenkatalysierte Esterspaltung vor.

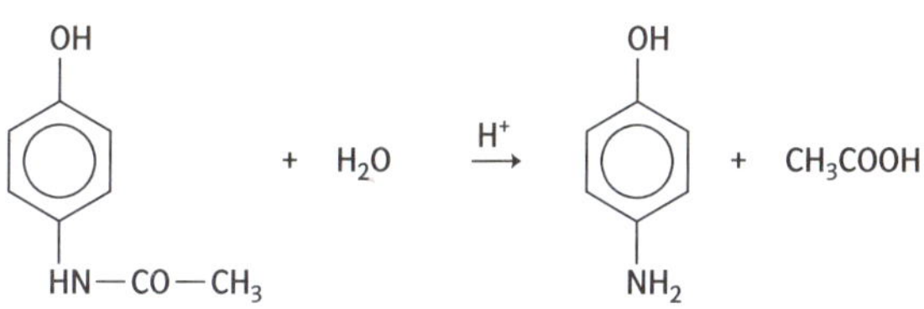

2. Die Schwarzfärbung ist das Ergebnis einer Redoxreaktion, die zur Bildung von Benzochinonimin und zur Entstehung einer schwarzen Suspension von fein verteiltem Silber führt.

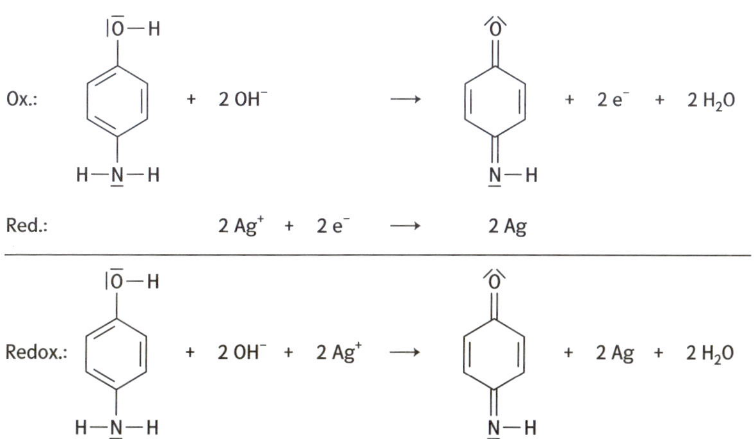

MECHANISMUS DER SAUREN ESTERHYDROLYSE

Die protonenkatalysierte Esterspaltung des Paracetamols läuft in den folgenden Schritten ab.

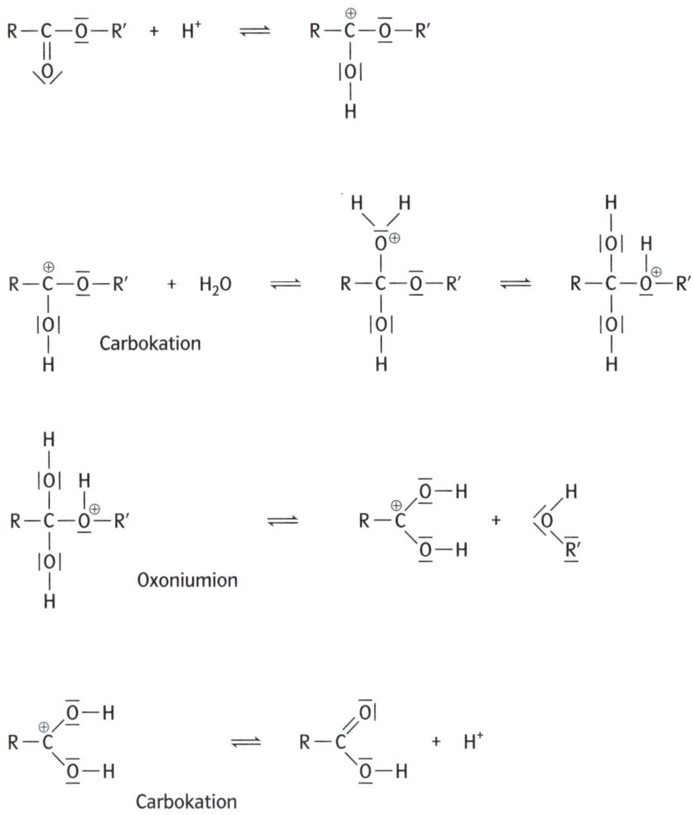

REDUZIERENDE WIRKUNG VON P-AMINOPHENOL

Das Experiment zeigt, dass Silberionen reduziert werden. Dabei entsteht Benzochinonimin. Entsprechend findet p-Aminophenol als fotografischer Entwickler bei der Schwarz-Weiß-Fotografie Anwendung.

PHYSIOLOGISCHE WIRKUNG

Acetylsalicylsäure (Abk.: ASS) ist ein schmerzlindernder, fiebersenkender und entzündungshemmender Wirkstoff, der in vielen Medikamenten mit bekannten Handelsnamen enthalten ist. Wegen der hemmenden Wirkung auf die Blutgerinnung wird er auch zur Vorbeugung und Behandlung von Herz- und Gefäßkrankheiten eingesetzt.

Bereits aus dem Altertum ist bekannt, dass aus Weidenrinde ein fiebersenkendes Mittel gewonnen werden kann. Der Wirkstoff Salicylsäure (von lat. salix, Weide) wurde zuerst durch Auskochen von Birkenrinde, später synthetisch hergestellt. Wegen des bitteren Geschmacks und auftretender Magenbeschwerden erwies sich der Einsatz jedoch als problematisch. Diese Nebenwirkung konnte durch den Einsatz des Veresterungsproduktes Actylsalicylsäure (Ersthersteilung 1897) gemildert werden.

An der Schmerzentstehung im Körper sind verschiedene Botenstoffe beteiligt. Einer dieser Botenstoffe ist das Gewebshormon Prostaglandin, welches z. B. bei Verletzungen ausgeschüttet wird. Es ist an der Weiterleitung des Schmerzsignals an das Gehirn beteiligt, wo die eigentliche Schmerzempfindung entsteht. Acetylsalicylsäure hemmt die Bildung von Prostaglandin und unterbricht damit die Signalkette zur Weiterleitung der Information.

EINIGE EIGENSCHAFTEN VON SALICYLSÄURE UND ACETYLSALICYLSÄURE IM VERGLEICH

	Salicylsäure	Acetylsalicylsäure
Molare Masse	138 g/mol	180 g/mol
Dichte	1,44 g/ml	1,35 g/ml
Schmelztemperatur	159 °C	135 °C
Siedetemperatur	211 °C	(Zersetzung ab 140 °C)
Löslichkeit in Ethanol – in Wasser, warm – in Wasser, kalt	gut gut kalt: schlecht (0,2 g/100 g)	gut gut kalt: mäßig (0,33 g/100 g)
p*Ks*-Wert	2,97	3,49

MECHANISMUS DER PROTONENKATALYSIERTEN REAKTION VON ESSIGSÄUREANHYDRID MIT SALICYLSÄURE

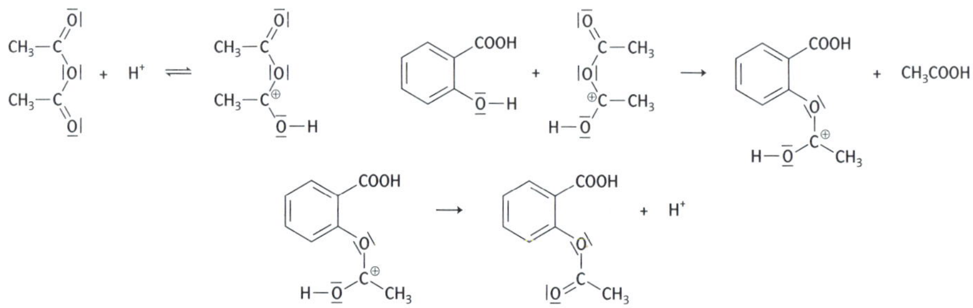

REINHEITSKONTROLLE DES VERESTERUNGSPRODUKTES

Ein Verfahren, die Reinheit der hergestellten Acetylsalicylsäure zu prüfen, ist die Dünnschichtchromatografie. Außerdem gibt es weitere Möglichkeiten. Dazu gehören neben spektroskopischen Methoden eine Bestimmung der Schmelztemperatur und ein Test auf Verbindungen mit phenolischen OH-Gruppen, wie sie im Falle der Salicylsäure vorliegen.

Dazu wird ausgenutzt, dass Phenolmoleküle mit Fe^{3+}-Ionen Komplexverbindungen eingehen, die eine violett gefärbte Lösung entstehen lassen. Mit reiner Acetylsalicylsäure fällt dieser Test negativ aus. Das im Labor hergestellte Produkt enthält i. A. geringe Mengen an Salicylsäure, die sich im Test mit einer geringeren oder stärkeren Färbung bemerkbar macht. Durch Anlegen einer Verdünnungsreihe und einen kolorimetischen Vergleich kann der Anteil der Verunreinigungen abgeschätzt werden.

Auf diese Weise kann auch getestet werden, ob Tabletten mit Acetylsalicylsäure als Wirkstoff überaltert sind. Bei offener Lagerung kann es zur Hydrolyse durch Einwirkung von Luftfeuchtigkeit kommen. Der Geruch nach Essig ist ein wahrnehmbares Signal.

UMKRISTALLISIEREN VON ACETYLSALICYLSÄURE

Um ein reines Produkt zu erhalten, kann die Umkristallisation Anwendung finden. Hierbei werden Flüssigkeiten eingesetzt, in denen sich die zu trennenden Stoffe unterschiedlich gut lösen. Das kann prinzipiell mit Wasser geschehen. In der Laborpraxis werden aber z. B. Mischungen aus Ethanol und Wasser bzw. aus 1,4-Dioxan und Wasser mit größerem Erfolg eingesetzt.

ACETYLSALICYLSÄURE

In einem Laborversuch wird Acetylsalicylsäure durch Veresterung aus Essigsäureanhydrid (Acetanhydrid) und Salicylsäure (2-Hydroxybenzoesäure) mit Schwefelsäure als Katalysator hergestellt.

Bei der Reinheitskontrolle mithilfe der Dünnschichtchromatografie lässt sich unter UV-Licht neben dem erwarteten Produkt noch ein weiterer Stoff als Verunreinigung erkennen.

1. Erstellen Sie die Reaktionsgleichung für die Synthese.
2. Erläutern Sie das Prinzip der Stofftrennung durch Dünnschichtchromatografie.
3. Stellen Sie unter Verwendung der vorgegebenen Daten ein Verfahren zur Reinigung des hergestellten Rohproduktes vor.

LÖSUNGEN

1.

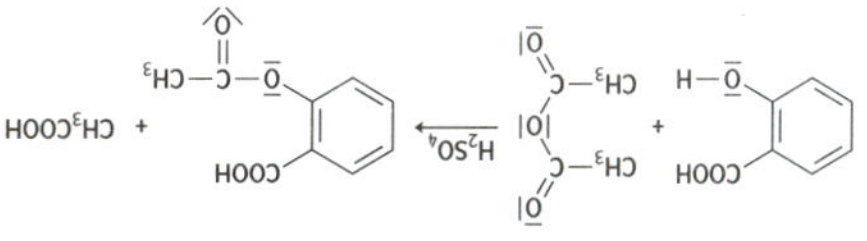

Salicylsäure Acetanhydrid Acetylsalicylsäure Essigsäure

2. Bei der Dünnschichtchromatografie werden dünne Schichten von z. B. Kieselgel auf Kunststofffolien eingesetzt (stationäre Phase). Darauf wird das zu trennende, gelöste Gemisch aufgetragen. Stellt man diese Platte in eine geeignete Flüssigkeit oder ein Flüssigkeitsgemisch (mobile Phase), so wandert diese aufgrund der Kapillarwirkung nach oben. Die Anteile des Stoffgemisches wandern unterschiedlich schnell mit. Sie können bei Farbstoffen direkt erkannt werden, bei nicht gefärbten Stoffen muss eine geeignete Nachweismethode angewandt werden, z. B. Besprühen mit einem farbgebenden Reagenz oder Bestrahlung mit UV-Licht. Steigt die mobile Phase auf, werden Teilchen der zu trennenden Stoffe gelöst und weiter oben wieder durch die stationäre Phase adsorbiert. Dabei wandern die Teilchen schneller mit der Flüssigkeitsfront nach oben, die von der stationären Phase weniger stark adsorbiert und von der mobilen Phase leicht aufgenommen werden. Die anderen bleiben entsprechend weiter zurück. Durch ständige Neueinstellung des Gleichgewichtes zwischen Adsorbieren und Lösen bilden sich getrennte Stoffportionen.

3. Aus den Angaben zur Löslichkeit ergibt sich als Reinigungsmethode die Umkristallisation. Dabei wird ausgenutzt, dass Acetylsalicylsäure und Salicylsäure in heißem Wasser gelöst werden und dass im abgekühlten kalten Wasser die Verunreinigung besser löslich ist als der zu reinigende der Stoff. Nur die Acetylsalicylsäure kristallisiert aus und kann abgetrennt werden. Dieses Verfahren ist mit dem Verlust eines Teils der hergestellten Actylsalicylsäure verbunden.

13 RADIOAKTIVITÄT – KERNREAKTIONEN

Zerfallsreihen

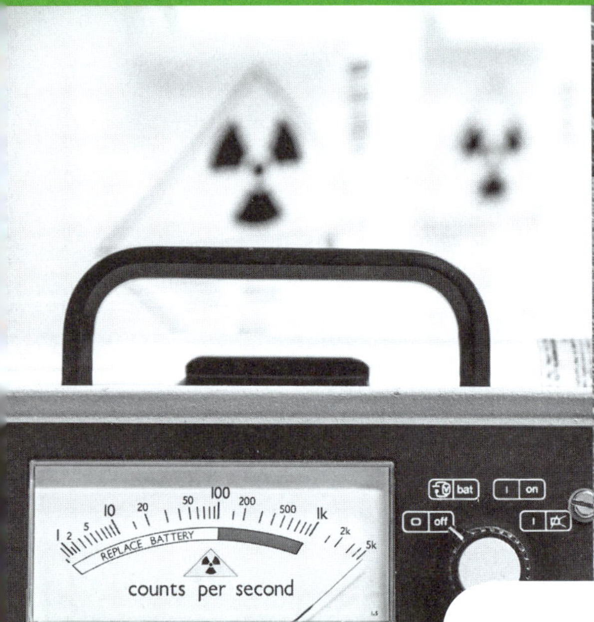

Beim Zerfall radioaktiver Elemente können ganze „Zerfallsreihen" auftreten, die bei einem stabilen Isotop enden. So z. B. die Uran-Radium-Reihe, die vom $^{238}_{92}U$ bis zu $^{206}_{82}Pb$ geht.

NATÜRLICHE RADIOAKTIVITÄT

Die natürliche Radioaktivität ist auf den **Zerfall instabiler Atomkerne** (Radionuklide) zurückzuführen, der ohne äußere Einwirkung unter Aussendung von radioaktiver Strahlung (α-, β- und γ-Strahlen) vonstatten geht. Beim α-Zerfall wird aus dem Kern eines Atoms ein **Heliumatomkern** (α-Teilchen) herausgeschleudert, es entsteht ein „Tochternuklid" mit einer um zwei verringerten Protonenanzahl und einer um vier verringerten Nukleonenanzahl, z. B.

$$^{210}_{84}Po \longrightarrow {}^{206}_{82}Pb + {}^{4}_{2}He$$

HINWEIS

Kernchemische Gleichungen werden ohne Ladungsangabe geschrieben, die Symbole kennzeichnen also stets den betreffenden Atomkern.

TOCHTERNUKLID

Das Tochternuklid entsteht häufig in einem angeregten Zustand. Der Übergang in den Grundzustand erfolgt durch Emission von γ-Quanten. Die Aussendung von γ-Strahlen aus dem Atomkern verändert die Art des Kernes nicht.

β^--ZERFALL

Beim β^--Zerfall wird aus dem Kern eines Radionuklids ein Elektron (β^--Teilchen; e^-) herausgeschleudert, das durch Umwandlung eines Neutrons in ein Proton entsteht:

$$^{1}_{0}n \longrightarrow \, ^{1}_{1}p + \, ^{0}_{-1}e^-.$$

Der neue Atomkern hat eine um eins größere Protonenanzahl und eine gegenüber dem Ausgangskern unveränderte Nukleonenanzahl, z. B.

$$^{227}_{89}Ac \longrightarrow \, ^{227}_{90}Pb + e^-$$

Auch beim β^--Zerfall kann es parallel zu einer Emission von γ-Strahlen kommen.

RADIOAKTIVE VERSCHIEBUNGSSÄTZE

Zusammengefasst gelten die von Fajans und Soddy aufgestellten radioaktiven Verschiebungssätze:

1. Wenn ein Radionuklid α-Teilchen aussendet, entsteht ein Nuklid eines neuen Elements, das im Periodensystem zwei Stellen vor dem Ausgangselement steht. Seine Massenzahl hat sich um vier verringert.

$$^{A}_{Z}X \longrightarrow \, ^{A-4}_{Z-2}Y + \, ^{4}_{2}He$$

2. Wenn ein Radionuklid ein β^--Teilchen aussendet, entsteht ein Nuklid eines neuen Elements, das im Periodensystem eine Stelle hinter dem Ausgangselement steht. Seine Massenzahl bleibt gleich, da das Elektron im Kern aus der Umwandlung eines Neutrons in ein Proton entsteht.

$$^{A}_{Z}X \longrightarrow \, ^{A}_{Z+1}Y + e^-$$

β^--Zerfall zeigen v. a. Radionuklide, die einen Neutronenüberschuss besitzen. Der α-Zerfall ist auf sehr schwere Kerne mit einem Überschuss an Protonen und Neutronen beschränkt.

ZERFALLSREIHEN

1. **Beschreiben Sie kurz die verschiedenen Arten der natürlichen radioaktiven Strahlung.**

2. **Berechnen Sie die Zahl und Art der Zerfallsschritte in der Uran-Radium-Reihe von $^{234}_{90}Th$ bis $^{218}_{84}Po$ und nennen Sie die Gesetzmäßigkeiten, die die Grundlage der Berechnung bilden.**

3. **Formulieren Sie die Zerfallsreihe für das Isotop $^{143}_{56}Ba$ zu $^{143}_{60}Nd$.**

LÖSUNGEN

1. α-Strahlen: Zweifach positiv geladene Heliumkerne ($^{4}_{2}He^{2+}$). Der zurückbleibende Atomkern besitzt zwei Neutronen und zwei Protonen weniger als vor Aussendung des α-Teilchens. β-Strahlen: Elektronen mit hoher Geschwindigkeit (aus dem Kern!). Da das Elektron aus der Umwandlung eines Neutrons in ein Proton entsteht, besitzt der entstehende Kern eine um 1 erhöhte Protonenanzahl (Ordnungszahl). γ-Strahlen: Elektromagnetische Strahlung. Dabei wird der Kern energieärmer, das Nukleo-nenverhältnis verändert sich jedoch nicht.
2. Grundlage sind die radioaktiven Verschiebungssätze von Fajans und Soddy.
   Berechnung: $^{234}_{90}Th \longrightarrow {}^{218}_{84}Po$
   Differenz der Massenzahlen: 16 u; das entspricht 4 α-Zerfällen, dabei müsste jedoch die Protonenanzahl um 8 abnehmen auf 82. Also müssen zu-sätzlich 2 β^--Zerfälle ablaufen, um zur Protonenanzahl 84 zu kommen.
3. Da die Massenzahl gleich bleibt, müssen β^--Zerfälle ablaufen. Dabei steigt die Protonenanzahl um jeweils eine Einheit:
   $^{143}_{56}Ba \xrightarrow{\beta^-} {}^{143}_{57}La \xrightarrow{\beta^-} {}^{143}_{58}Ce \xrightarrow{\beta^-} {}^{143}_{59}Pr \xrightarrow{\beta^-} {}^{143}_{60}Nd$

RADIOAKTIVER ZERFALL UND HALBWERTSZEIT

Radioaktive Kerne senden Strahlen aus, dabei ändert sich z.B. die Anzahl der Nukleonen oder das Anzahlverhältnis von Protonen und Neutronen. Die Anzahl der Zerfälle pro Zeiteinheit, die Aktivität, wird mit abnehmender Anzahl der noch vorhandenen radioaktiven Kerne immer geringer, entsprechend der Zerfallskurve eines radioaktiven Isotops.

Innerhalb eines jeweils gleichen Zeitabschnitts – der Halbwertszeit $T_{1/2}$ – verringert sich die Aktivität einer Probe auf den jeweils halben Wert. Da die nach etwa zehn Halbwertszeiten sehr geringen Aktivitäten nur noch mit großen Fehlern gemessen werden können, liegt die Grenze für die Verwendung der Isotope zur Altersbestimmung bei etwa zehn Halbwertszeiten, für die Radiocarbonmethode also bei ca. 50 000 Jahren.

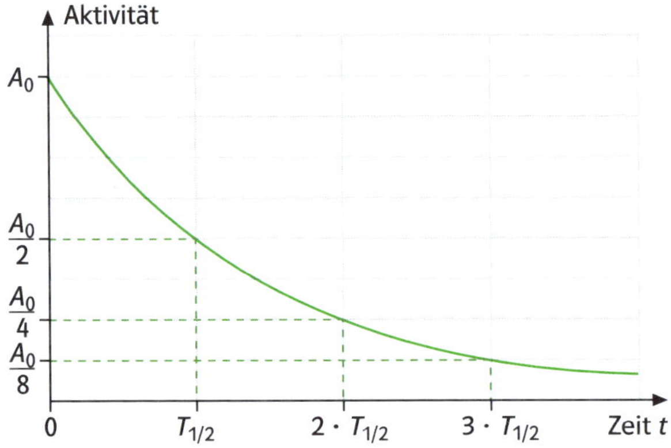

Halbwertszeit. In jeweils gleichen Zeitabschnitten verringert sich die Aktivivät auf den halben Wert.

RADIOCARBONMETHODE

Die Altersbestimmung durch die Radiocarbonmethode ergibt immer ein zu geringes Alter. Die Ursache dafür ist der über lange Zeiträume nicht gleich bleibende $^{14}_{6}C$-Anteil in der Atmosphäre. Damit ist die Anfangsaktivität der Probe eines Fundes mit der Aktivität der entsprechenden heutigen Probe nicht identisch. Gründe für den nicht gleich bleibenden Anteil in der Atmosphäre sind:

a) die nicht konstante Sonnenaktivität, die zu einer kosmischen Strahlung mit sich verändernder Zusammensetzung führt,

b) die Verbrennung großer Mengen fossiler Kohlenstoffverbindungen setzt den Anteil von $^{14}_{6}C$ im Kohlenstoffdioxid der Luft stark herab,

c) die bis in die 60iger Jahre durchgeführten Atom- und Wasserstoffbombenexplosionen führten zu einem Anstieg des $^{14}_{6}C$-Gehalts.

Diese Faktoren führen dazu, dass die Radiocarbonmethode – um sichere Angaben über das Alter des Fundes zu erhalten – mit anderen Methoden der Altersbestimmung, wie z. B. mit der Jahresringdatierung bei Holz, kombiniert werden muss.

BEDEUTUNG DER RADIONUKLIDE

Radionuklide besitzen große Bedeutung in der chemischen Analytik und in der medizinischen Diagnostik. So werden heute nuklearmedizinische Diagnoseverfahren in großem Umfang angewandt, z. B. zur Funktionsprüfung von Organen und zur Erkennung von Tumoren. In der Schilddrüsendiagnostik wird das Radionuklid $^{131}_{53}I$ in Form von Natriumiodid eingesetzt, wobei sich die Iodkerne (in Form von Iodidionen) in der Schilddrüse anreichern. Damit lässt sich die Morphologie der Schilddrüse durch radiochemische Messungen mit einen Detektor als Szintigramm darstellen. $^{131}_{53}I$ ist ein ß⁻-Strahler und zerfällt in einer Halbwertszeit $T_{½}$ = 8,02 d.

ANWENDUNG DER RADIONUKLIDE

Die Möglichkeiten der Anwendung der Radionuklide sind sehr vielseitig. Generell beruhen sie auf zwei Merkmalen, der hohen Nachweisempfindlichkeit der radioaktiven Strahlung und der Möglichkeit der Markierung von Teilchen. Ersetzt man in einer Verbindung ein inaktives Atom durch ein radioaktives Atom desselben Elements, können Reaktionsmechanismen und Transportvorgänge – insbesondere Stoffwechselvorgänge in lebenden Organismen – aufgeklärt werden („Tracermethode").

Es lässt sich z.B. auch zeigen, dass das entstehende Wassermolekül bei der Veresterungsreaktion zwischen Carbonsäure- und Alkoholmolekülen aus der OH-Gruppe der Carboxy-Gruppe gebildet wird:

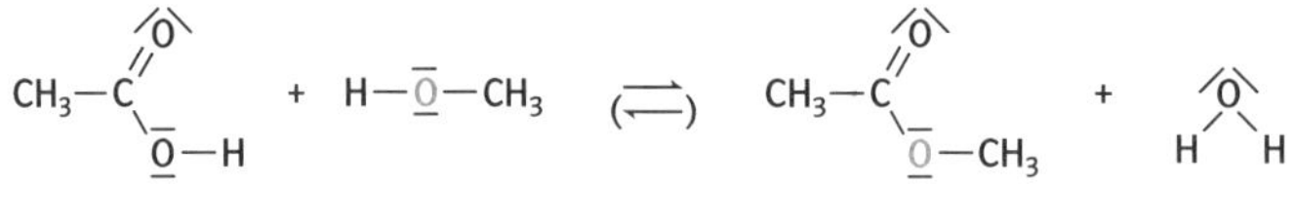

O: $^{18}_{8}O$-Isotop

Führt man die Veresterung mit Alkoholmolekülen durch, deren Sauerstoffatome teilweise aus dem Isotop ^{18}O bestehen, so findet man bei der Untersuchung der Produkte das Sauerstoffisotop in den Estermolekülen.

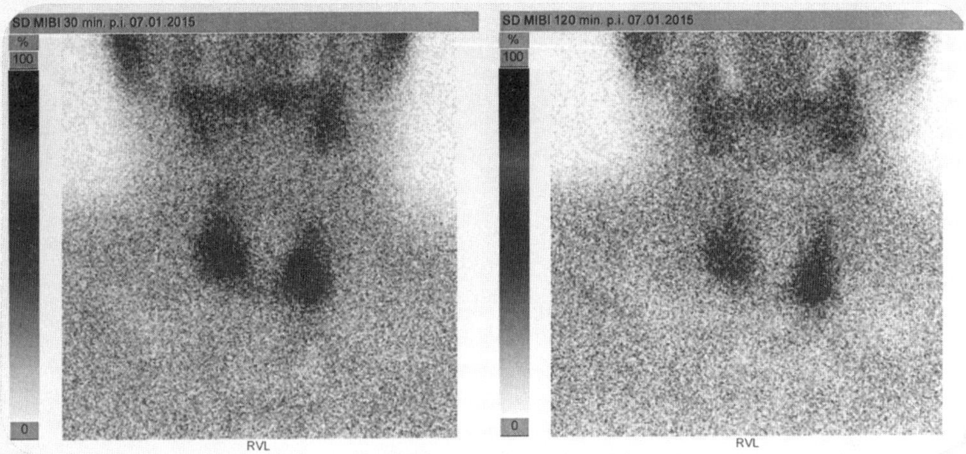

Szintigramm der Schilddrüse

AKTIVIERUNGSANALYSE

Zur Spurenanalyse (Analyse geringster Substanzmengen) eignet sich die Aktivierungsanalyse. Eine Substanzprobe wird dabei meist mit Neutronen beschossen, wodurch ein bestimmter Anteil der beschossenen Atome Radionuklide bildet. Durch Messung der emittierten Strahlen kann man auf Art und Menge der ursprünglich vorhandenen Elemente schließen.

MEDIZINISCHE DIAGNOSTIK

In der medizinischen Diagnostik dient vor allem das Radionuklid $^{99}_{34}Tc$ (γ-Strahler, $T_{½}$ = 6 h) zur Untersuchung vieler Organe (Schilddrüse, Nieren, Lunge, Herz). Die ausgesandten Strahlen werden von außen von einem Detektor registriert und als Szintigramm grafisch dargestellt.

Zur Diagnose von Gehirn- oder Herzerkrankungen kann das Radionuklid $^{18}_{9}F$ ($β^+$-Strahler, $T_{½}$ = 109,7 min) benutzt werden. Ein Tomograf liefert dreidimensionale Darstellungen der Verteilung des Radionuklids.

$β^-$- UND $β^+$-STRAHLER

Das Radionuklid $^{131}_{53}I$ wird z. B. auch in der Therapie bei Erkrankung der Schilddrüse eingesetzt, in Form von Natriumiodid, wobei sich die Iodkerne (in Form von Iodidionen) in der Schilddrüse anreichern. Damit lässt sich die Morphologie der Schilddrüse durch radiochemische Messungen mit einen Detektor als Szintigramm darstellen. $^{131}_{53}I$ ist ein $ß^-$-Strahler und zerfällt in einer Halbwertszeit $T_{½}$ = 8,02 d.

Ein $β^+$-Strahler, wie das Nuklid $^{18}_{9}F$, sendet Positronen aus, Teilchen mit einer positiven Elementarladung und derselben Masse wie das Elektron („Antiteilchen" zum Elektron). Sie entstehen im Atomkern durch Umwandlung eines Protons in ein Neutron. Diese Zerfallsart tritt nur bei künstlichen Radionukliden auf.

Zerfallsgleichung:

$$^{131}_{53}I \longrightarrow e^- + ^{131}_{54}Xe$$

RADIOCARBONMETHODE

Im Jahr 1991 fanden Bergsteiger in den Ötztaler Alpen eine mumifizierte Leiche im Gletschereis, deren Alter mittels der Radiocarbonmethode bestimmt wurde.

1. Erläutern Sie die prinzipiellen Grundlagen der Radiocarbonmethode zur Altersbestimmung. Geben Sie auch die Bildungs- und Zerfallsgleichung von ${}^{14}_{6}C$-Atomen an.
2. Berechnen Sie das ungefähre Alter eines Kleidungsstücks von Ötzi, wenn die Aktivität A_F der Probe 55 % der ursprünglichen Aktivität beträgt ($A_F = 0{,}55\,A_0$); $T_{½} = 5736\,a$.
3. In Pflanzen an stark befahrenen Autobahnen liegt ein anderes Verhältnis $N({}^{12}_{6}C):N({}^{14}_{6}C)$ vor als in autobahnfernen Regionen. Geben Sie die Art der Veränderung an und erläutern Sie diese.

LÖSUNGEN

1. Unter dem Einfluss kosmischer Strahlung entsteht aus Stickstoffatomen das radioaktive Kohlenstoff-Isotop ${}^{14}_{6}C$:

$$ {}^{14}_{7}N + {}^{1}_{0}n \longrightarrow {}^{14}_{6}C + {}^{1}_{1}p $$

Parallel dazu verläuft der radioaktive Zerfall des gebildeten Isotops C:

$$ {}^{14}_{6}C \longrightarrow {}^{14}_{7}N + e^{-} $$

Dies führt zu einem bestimmten Verhältnis $N({}^{12}_{6}C):N({}^{14}_{6}C)$ im Kohlenstoffdioxid der Luft und auch in jeder lebenden Pflanze und in jedem Glied der Nahrungskette, solange der Organismus lebt. Nach dem Tod eines Organismus verringert sich wegen des fehlenden Nachschubs der Anteil des ${}^{14}_{6}C$-Isotops durch seinen radioaktiven Zerfall.

Um das Alter einer Probe zu ermitteln, benötigt man aus dem Fund eine Probe, die gleich viele Kohlenstoffatome enthält wie eine Vergleichsprobe aus unserer Zeit. Aus den beiden unterschiedlichen Aktivitäten kann das Alter der Probe berechnet werden.

2. $\frac{A_F}{A_0} = \frac{N_F}{N_0} = e^{-\frac{\ln 2 \cdot t}{T_{½}}}$; $\quad t = \frac{T_{½}}{\ln 2} \cdot \ln \frac{A_0}{A_F}$

$$ t = \frac{5736\,a}{\ln 2} \cdot \ln \frac{1}{0{,}55} = \frac{5736\,a}{0{,}693} \cdot 0{,}5978 = 4948\,a $$

3. Das Verhältnis verändert sich zugunsten von ${}^{12}_{6}C$, da im fossilen Erdöl das Isotop ${}^{14}_{6}C$ bereits in hohem Maße zerfallen ist, sodass beim Verbrennen nur Kohlenstoffdioxidmoleküle mit ${}^{12}_{6}C$-Kernen gebildet werden.

14 CHEMISCHE BINDUNG

Ionengitter

SCHMELZTEMPERATUR

Salze haben im Vergleich zu molekularen Stoffen hohe Schmelztemperaturen. Zum Schmelzen von Salzen sind **große Schmelzwärmen** notwendig, um die Kräfte zwischen den verschieden geladenen Ionen so weit zu überwinden, dass diese ihre Plätze im Gitter verlassen können und in der Schmelze beweglich sind. In der Reihe der Natriumhalogenide nehmen die Schmelztemperaturen vom Natriumfluorid zum Natriumiodid ab. Entsprechendes gilt auch für die anderen Alkalimetallhalogenide.

NaF 992	NaCl 800	NaBr 747	NaI 650	MgO 2800
KF 855	KCl 770	KBr 730	KI 686	CaO 2600
RbF 775	RbCl 720	RbBr 690	RbI 647	SrO 2430
CsF 683	CsCl 645	CsBr 636	CsI 626	BaO 1920

Schmelztemperaturen einiger Ionenverbindungen in °C.

GITTERENERGIE

Betrachtet man die Gitterenergien dieser Salze (die Gitterenergie ist die Differenz der Energieinhalte der im Gitter gebundenen Ionen und der freien Ionen. Sie wird also frei, wenn sich freie Ionen zu einem Ionengitter zusammenlagern), so erkennt man eine Abnahme der Beträge in der gleichen Reihenfolge. Dies lässt sich durch die Tatsache erklären, dass die Gitterenergie von den elektrostatischen Kräften zwischen den Ionen abhängt. Je geringer der Abstand zwischen den Ladungsschwerpunkten der entgegengesetzt geladenen Ionen ist, desto größer sind die Coulomb-Anziehungskräfte und desto stabiler ist das Gitter des Alkalimetallhalogenids. Zur Vergrößerung des Abstandes zwischen den Ionen müssen die Anziehungskräfte überwunden werden. Damit nimmt auch die Energie und mit dieser die Temperatur zu, die erforderlich ist, um die Ionen aus dem Gitterverband in den beweglichen Zustand der Schmelze zu überführen.

IONENLADUNGEN

Von großem Einfluss sind die **Ionenladungen**. Mit zunehmender Ladungszahl der Ionen nehmen die Beträge der Gitterenergien stark zu, wie die Beispiele der Oxide der Erdalkalimetalle zeigen. Auch die Schmelztemperaturen sind sehr viel höher als die der Halogenide der Alkalimetalle.

Anion / Kation	F^-	Cl^-	Br^-	I^-	O^{2-}	S^{2-}
Li^+	−1029	−849	−804	−753		
Na^+	−915	−781	−743	−699		
K^+	−813	−710	−679	−643		
Rb^+	−779	−685	−656	−624		
Ag^+	−943	−890	−877	−667		
Mg^{2+}	−2883	−2489	−2414	−2314	−3933	−3255
Ca^{2+}	−2582	−2197	−2125	−2038	−3523	−3021
Sr^{3+}	−2427	−2109	−2046	−1954	−3310	−2874
Ba^{2+}	−2289	−1958	−1937	−1841	−3125	−2745
Al^{3+}					−15110	

Gitterenergien von Ionenverbindungen bei 25 °C in kJ/mol

ABSTAND DER LADUNGSSCHWERPUNKTE

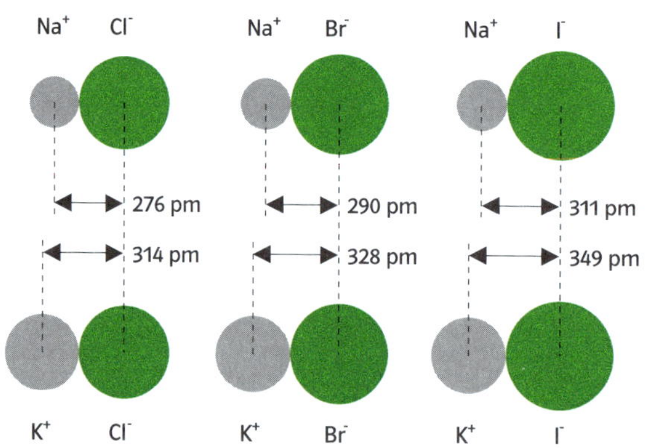

Abstand der Ladungsschwerpunkte in den Ionengittern von Natrium- und Kaliumhalogeniden

IONENGITTER

Es liegen folgende Salze vor: Caesiumiodid, Natriumchlorid, Natriumbromid, Natriumiodid und Magnesiumoxid.

1. Formulieren Sie die Verhältnisformeln dieser Salze und geben Sie an, aus welchen Ionen sie aufgebaut sind.
2. Ordnen Sie die Salze nach steigenden Gitterenergien und begründen Sie ihre Anordnung.
3. Ordnen Sie die folgenden Schmelztemperaturen den angegebenen Salzen zu und begründen Sie ihre Zuordnung: 626 °C; 2800 °C; 650 °C; 800 °C; 747 °C.

LÖSUNGEN

1. Caesiumiodid: CsI; Cs^+- und I^--Ionen;
   Natriumchlorid: NaCl; Na^+- und Cl^--Ionen;
   Natriumbromid: NaBr; Na^+- und Br^--Ionen
   Natriumiodid: NaI; Na^+- und I^--Ionen
   Magnesiumoxid: MgO; Mg^{2+}- und O^{2-}-Ionen

2. Ordnen nach steigenden Gitterenergien:
   CsI < NaI < NaBr < NaCl < MgO
   Die Gitterenergien hängen ab vom Abstand der Ladungsschwerpunkte der Ionen (d. h. von der Summe ihrer Ionenradien) und von der Ladung der Ionen. Je kleiner und höher geladen sie sind, umso größer ist vom Betrag her auch die Gitterenergie. Von Natriumiodid zum Natriumchlorid wird der Radius des Anions kleiner; bei Natriumiodid und Caesiumiodid ist das Caesiumion das wesentlich größere Kation; Magnesiumoxid besteht aus sehr kleinen Ionen mit zweifacher Ladung.

3. Je größer die Gitterenergie vom Betrag her ist, desto höher ist die Schmelztemperatur der Salze, daher:

Verbindung, Formel	CsI	NaCl	NaBr	NaI	MgO
Schmelztemperatur (°C)	626	800	747	650	2800

ZWISCHENMOLEKULARE KRÄFTE

Neben den Schmelz- und Siedetemperaturen wird auch die Viskosität einer Flüssigkeit stark von den herrschenden zwischenmolekularen Kräften beeinflusst. Beim Fließen gleiten die Moleküle der Flüssigkeit aneinander vorbei. Dieser Vorgang wird durch größer werdende zwischenmolekulare Kräfte immer stärker verlangsamt, sodass die Flüssigkeiten viskoser werden. Dies kann z. B. durch starke Wasserstoffbrücken oder durch zunehmende Van-der-Waals-Kräfte aufgrund zunehmender Molekülgröße, wie z. B. bei der homologen Reihe der Alkane, geschehen.

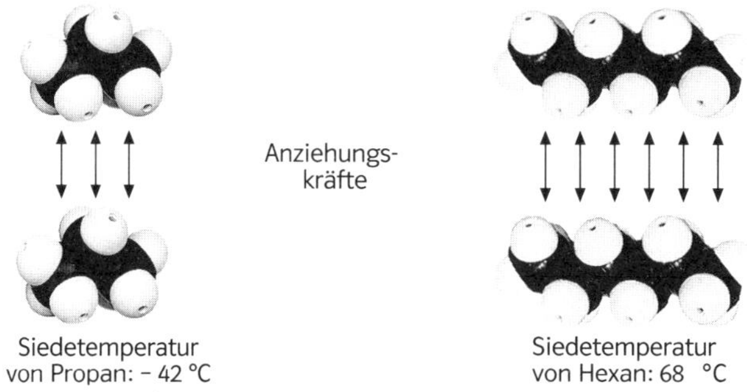

Da Stoffe mit hoher Viskosität im Allgemeinen eine gute Schmierwirkung besitzen, werden z. B. Gemische höherer Alkane als Schmieröle eingesetzt. Wegen der starken Bewegung der Moleküle nimmt die Viskosität mit steigender Temperatur ab. Deshalb verwendet man zum Schmieren von Maschinen für unterschiedliche Betriebstemperaturen auch Schmieröle verschiedener Zusammensetzung. Für Motoren wurden Mehrbereichsöle entwickelt, die gute Kaltlaufeigenschaften mit Hitzebeständigkeit verbinden.

VISKOSIMETER

Die Bestimmung der Viskosität erfolgt in sog. **Viskosimetern**, z. B. in einem Kapillarviskosimeter. Das zugrunde liegende Messprinzip ist hier der Fluss der zu bestimmenden Flüssigkeit durch ein dünnes Rohr (Kapillare). Die benötigte Zeit zum Ausfließen einer festgelegten Flüssigkeitsportion wird gemessen. Im Kugelfallviskosimeter befindet sich die zu messende Flüssigkeit in einer Röhre, zur Messung fällt eine Kugel durch die Flüssigkeit. Die Zeit bis zum Erreichen des Bodens wird bestimmt.

TYPISCHE VISKOSEWERTE (20°C)

Flüssigkeit	Viskosität η (mPa/s)
Wasser	1,0
n-Hexan	0,32
Glycerin	100–1600
Paraffinöl	100–1000000
Diethylether	0,23
Essigsäureethylester	0,45
Schwefelsäure konz.	ca. 25

ZWISCHENMOLEKULARE KRÄFTE

Das Ausmaß der zwischenmolekularen Kräfte kann über die Höhe der Schmelz- und besonders der Siedetemperaturen, v. a. beim Vergleich verschiedener Verbindungen, abgeschätzt werden. Sind die zwischenmolekularen Kräfte hoch, benötigen die Moleküle eine besonders hohe kinetische Energie, um sich voneinander zu lösen und z. B. in den Gaszustand überzugehen. Umgekehrt lassen sich bei Kenntnis der zwischenmolekularen Kräfte im Vergleich verschiedener Verbindungen Siedetemperaturen zuordnen.

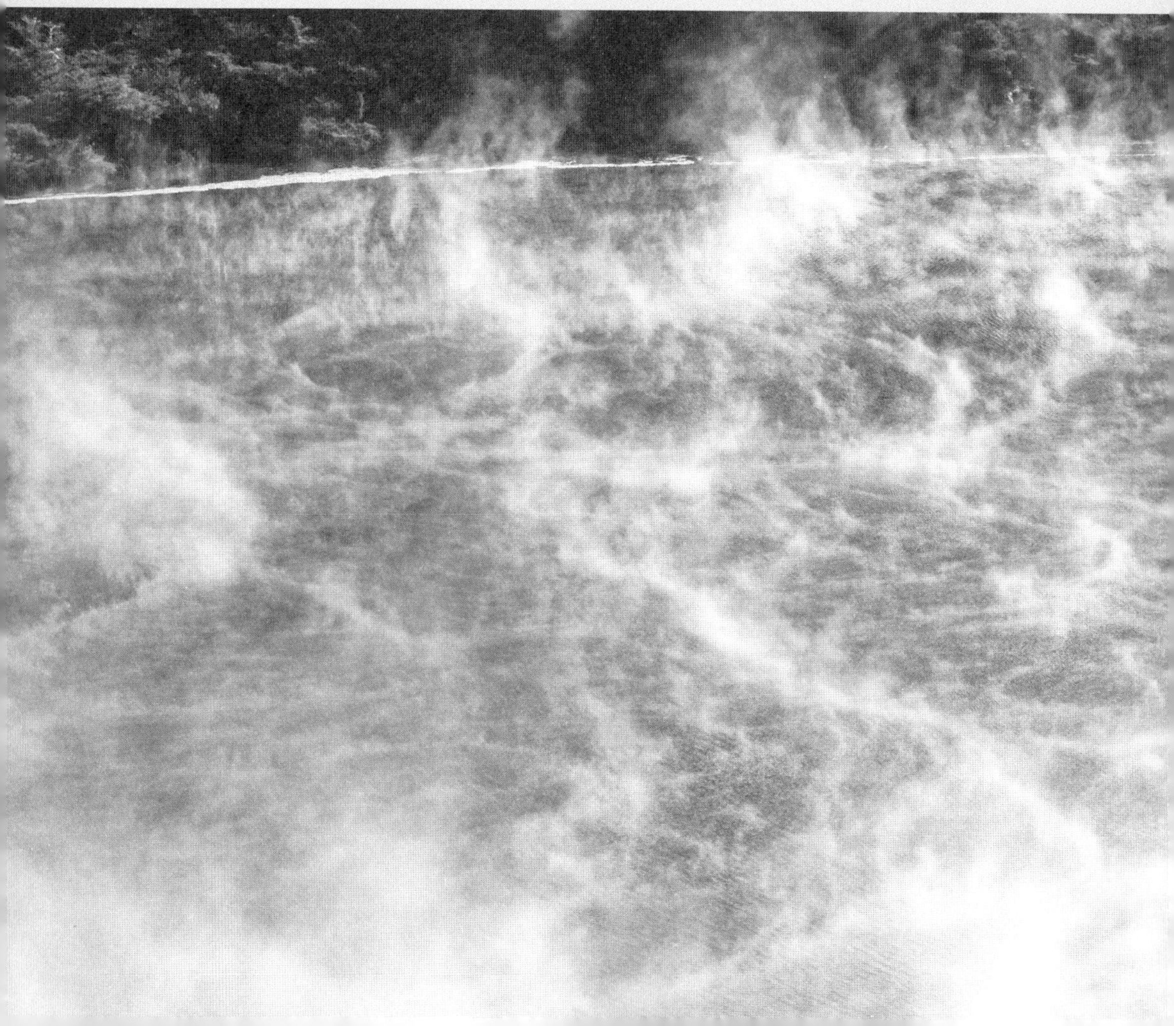

ÜBERSICHT ÜBER DIE ZWISCHENMOLEKULAREN KRÄFTE

Wasserstoffbrücken können Moleküle ausbilden, bei denen H-Atome an besonders elektronegative Atome (mit freien Elektronenpaaren) gebunden sind (N-, O-, F-Atome). Sie sind die stärksten zwischenmolekularen Kräfte.

Dipol-Dipol-Kräfte bilden Moleküle aus, die polare Bindungen besitzen (unterschiedliche Elektronegativität der Bindungspartner) und nicht „symmetrisch" gebaut sind (die Schwerpunkte der positiven und negativen Teilladung dürfen nicht zusammenfallen). Bei größeren als zweiatomigen Molekülen muss also neben der Bindungspolarität auch immer die Struktur der Teilchen berücksichtigt werden.

Van-der-Waals-Kräfte sind die schwächsten zwischenmolekularen Kräfte, hervorgerufen durch eine zufällige, kurzfristig unsymmetrische Elektronenverteilung in einem Teilchen, die bei benachbarten Teilchen einen Dipol induziert. Sie nehmen mit der Anzahl der Elektronen im Molekül und mit der Oberfläche des Teilchens zu.

LÖSLICHKEIT

Die Löslichkeit eines Stoffes in einem Lösungsmittel wird von der **Polarität** seiner Moleküle und die der Lösungsmittelmoleküle nach der Regel „Ähnliches löst sich in Ähnlichem" bestimmt, denn nur dann können auch die verschiedenen Teilchen zueinander relativ starke Wechselwirkungen ausbilden und in den Teilchenverband der jeweils anderen Molekülsorte eindringen.

Stoffe mit guter Wasserlöslichkeit (stark polare Moleküle des Wassers) werden als **hydrophile Stoffe** (mit polaren Molekülen) bezeichnet, Stoffe mit einem entgegengesetzten Lösungsverhalten als **hydrophobe Stoffe** (mit unpolaren Molekülen).

VISKOSITÄT

Gegeben sind folgende Flüssigkeiten:

N-Hexan, konz. Schwefelsäure, n-Pentadecan (Paraffinöl), konzentrierte Phosphorsäure, Glycerin (Propantriol), Diethylether, Essigsäureethylester.

Ordnen Sie diese Flüssigkeiten nach ihrer Viskosität (Zähflüssigkeit) bei Zimmertemperatur in zwei Gruppen. Formulieren Sie zunächst die Halbstruktur- oder Strukturformeln der einzelnen Verbindungen. Begründen Sie ihre Zuordnung.

LÖSUNGEN

Halbstruktur- oder Strukturformeln:

$CH_3-CH_2-CH_2-CH_2-CH_2-CH_3$ n-Hexan

$CH_3-CH_2-CH_2-CH_2-CH_2-CH_2-CH_2-CH_2-CH_2-CH_2-CH_2-CH_2-CH_2-CH_2-CH_3$ n-Pentadecan

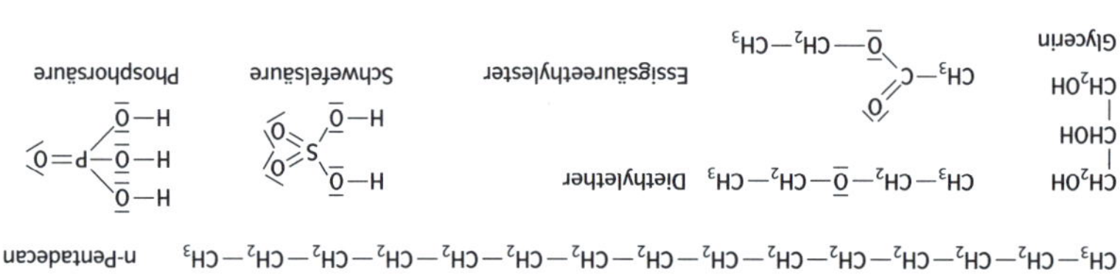

Dünnflüssig (geringe Viskosität, weil generell schwache zwischenmolekulare Kräfte): n-Hexan (schwache Van-der-Waals-Kräfte); Diethylether (schwache Van-der-Waals-Kräfte, schwache permanente Dipole, Essigsäureethylester (permanente Dipole).

Zähflüssig (hohe Viskosität, weil generell starke zwischenmolekulare Kräfte): Pentadecan (starke Van-der-Waals-Kräfte wegen Molekülgröße); Glycerin, Schwefelsäure, Phosphorsäure (zwei bis drei starke Wasserstoffbrücken pro Molekül).

Siehe auch S. 310 f. „Siedetemperatur und Löslichkeit".

SIEDETEMPERATUR UND LÖSLICHKEIT

Die Moleküle folgender Verbindungen besitzen ähnliche Molekülmassen: Methansäure (Ameisensäure), Ethanal (Acetaldehyd) und Propan.

1. Formulieren Sie die Strukturformeln der jeweiligen Moleküle.
2. Ordnen Sie die nachfolgenden Siedetemperaturen diesen Verbindungen zu und begründen Sie Ihre Zuordnung: 21 °C; 101 °C; – 42 °C.
3. Machen Sie eine Aussage über die Wasserlöslichkeit der Verbindungen und begründen Sie.

LÖSUNGEN

1.

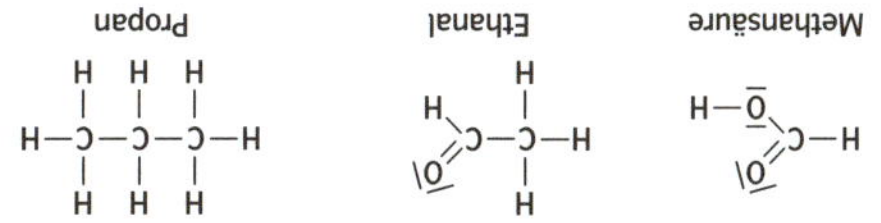

Methansäure Ethanal Propan

2. Die Siedetemperaturen hängen vom Ausmaß der zwischenmolekularen Kräfte ab. Starke zwischenmolekulare Kräfte führen zu hohen Siedetemperaturen. Da die Moleküle ähnlich groß sind, können die Unterschiede bei den Van-der-Waals-Kräften gegenüber den anderen zwischenmolekularen Kräften vernachlässigt werden.
   Methansäure: 101 °C; stärkste zwischenmolekulare Kräfte: Wasserstoffbrücken, Dipol-Dipolkräfte
   Ethanal: 21 °C, mittelstarke Dipol-Dipol-Kräfte, keine Wasserstoffbrücken
   Propan: – 42 °C; nur schwache Van-der-Waals-Kräfte.

3. Methansäure: Stark polares Molekül, gute Löslichkeit durch Ausbildung von Wasserstoffbrücken zu den ebenfalls polaren Wassermolekülen und umgekehrt, zusätzlich läuft eine Protolysereaktion der Methansäuremoleküle mit den Wassermolekülen ab.
   Ethanal: Polares Molekül, gute Löslichkeit durch Dipol-Dipol-Wechselwirkungen zwischen polaren Ethanal- und polaren Wassermolekülen; Wasserstoffbrücken von den Wassermolekülen aus.
   Propan: Unpolares Molekül, sehr geringe Löslichkeit in Wasser.

METALLGITTER

Ähnlich wie bei Ionengittern sind in einem Metallkristall die Atome regelmäßig angeordnet, sie nehmen **feste Gitterplätze** ein. Die Strukturverhältnisse in Gittern reiner Metalle sind gegenüber Ionengittern dadurch vereinfacht, dass alle Bausteine des Gitters gleiche Größe und Ladung besitzen, sodass sich die Metallatome zu sehr viel dichteren Strukturen zusammenlagern können.

Der größte Teil der Elemente zählt aufgrund gemeinsamer charakteristischer Eigenschaften zu den Metallen.

ANORDNUNGSMÖGLICHKEITEN IM KUGELGITTER

Im Metall betrachtet man vereinfacht die Atome als gleich große Kugeln. Ordnet man diese möglichst dicht in einer Ebene, so ist jede Kugel von sechs anderen umgeben. Beim Darüberlegen einer zweiten Schicht kommt jede hinzukommende Kugel in einer Vertiefung der ersten Schicht zu liegen. Für die Kugeln der dritten Schicht ergeben sich zwei Anordnungsmöglichkeiten:

Zum einen können sich die Kugeln genau senkrecht über denen der ersten Schicht befinden, man erhält die Schichtfolge AB – AB – AB. Man bezeichnet diese Anordnung wegen der hexagonalen Symmetrie auch als **hexagonal dichteste Kugelpackung** (Magnesiumtyp, Abb. a).

Die zweite Möglichkeit besteht in einer anderen Anordnung der Kugeln der dritten Schicht, sodass erst die Kugeln der vierten Schicht eine zur ersten Schicht identische Lage besitzen. Die Schichtfolge ist ABC – ABC – ABC. Dies ergibt eine **kubisch dichteste Kugelpackung** (Kupfertyp; kubisch flächenzentrierte Packung, Abb. b).

Während die beiden dichtesten Kugelpackungen jeweils die Koordinationszahl 12 besitzen, ist in dem dritten wichtigen Gittertyp der Metalle, dem **kubisch innenzentrierten Gitter** (Wolframtyp, Abb. c), die Koordinationszahl 8. Dieses Gitter ist keine dichteste Kugelpackung.

GITTERTYPEN BEI METALLEN

a) hexagonal dichteste Kugelpackung

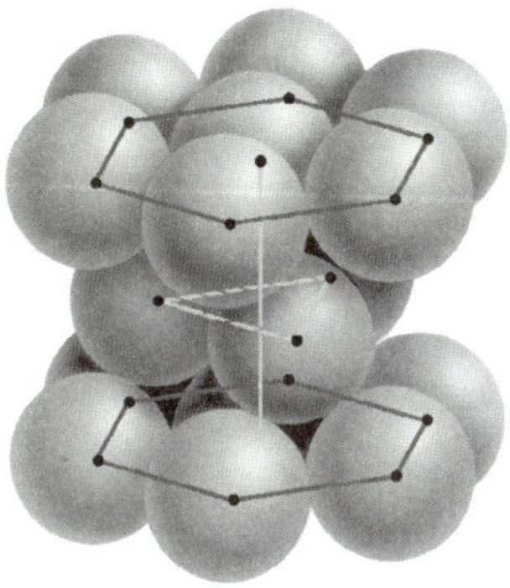

b) kubisch dichteste Kugelpackung

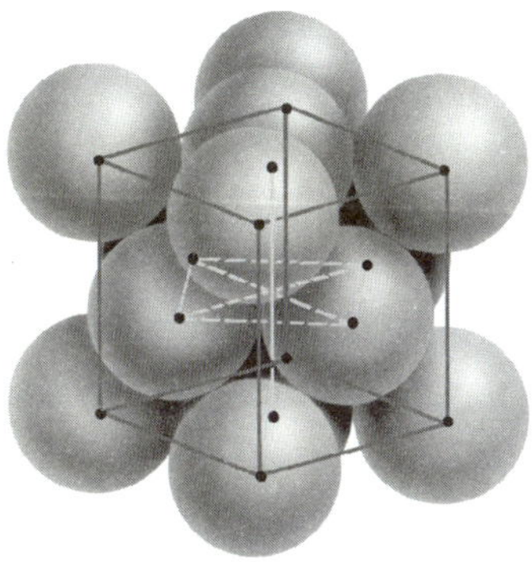

c) kubisch innenzentriertes Gitter

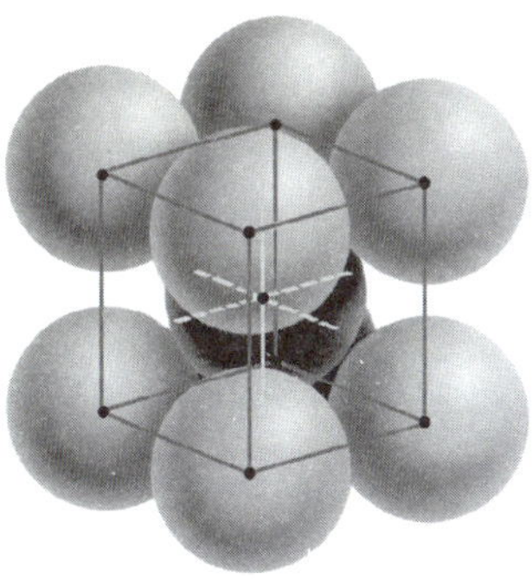

SCHICHTFOLGE BEI DICHTESTEN KUGELPACKUNGEN

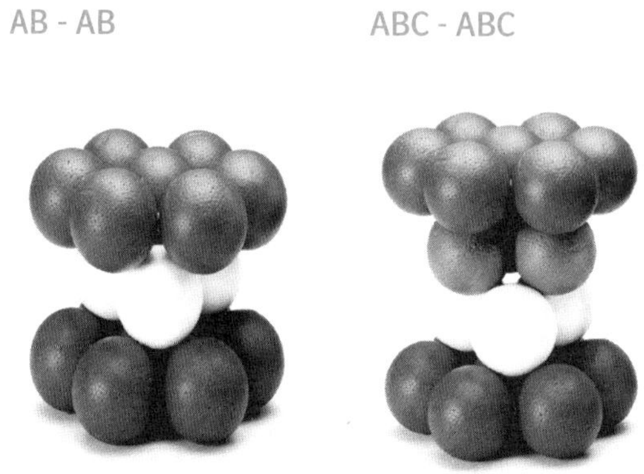

METALLE

1. **Erläutern Sie ein Modell der Metallbindung.**

2. **Geben Sie zwei typische Eigenschaften von Metallen an und deuten Sie diese auf der Basis des in 1. beschriebenen Modells.**

3. **Worauf beruht die Duktilität des metallischen Kupfers im Unterschied zur Sprödigkeit eines Kupfersulfat-Kristalls? Erläutern Sie.**

LÖSUNGEN

1. Die Metallbindung wird mit dem Elektronen-gasmodell erläutert: Man nimmt modellhaft an, dass die im Gitter dicht beieinander sitzenden Metallatome ihre Valenzelektronen nicht im Einflussbereich jeweils eines Kerns halten. Diese Elektronen können sich zwischen den positiven Atomrümpfen im ganzen Kristall bewegen. Sie bilden ein „Elektronengas", das die positiven Atomrümpfe im Gitter zusammenhält.

2.
   - Z. B. Elektrische Leitfähigkeit: Beim Anlegen einer Spannung können diese leicht beweglichen Elektronen im elektrischen Feld fließen.
   - Z. B. die mit der Temperatur abnehmende Leitfähigkeit: Mit höherer Temperatur schwingen die Atomrümpfe stärker um ihre Gitterplätze, dadurch wird der Elektronenfluss immer stärker behindert, sodass die elektrische Leitfähigkeit eines Metalls mit steigender Temperatur abnimmt.
   - Z. B. Duktilität: Die positiv geladenen Atomrümpfe können durch äußeren Druck ohne wesentliche Veränderung der Bindungsverhältnisse auf Gleitebenen verschoben werden, ohne dass dabei das Gitter zerstört wird.
   - Z. B. gute Wärmeleitfähigkeit: Aufgrund der dichten Packung der Atomrümpfe können Schwingungen des Gitters (Wärmebewegung) rasch von einem Ende des Metallstücks zum anderen weitergeleitet werden.

3. Zur Duktilität des Metalls siehe Lösung 2. Kupfersulfat bildet ein Ionengitter. Beim Verschieben von Gitterebenen des Ionengitters überwiegen durch die Annäherung gleichgeladener Ionen die Abstoßungskräfte, der Kristall zerbricht.

BILDNACHWEIS

S. 3: sitzendes Mädchen, Fotolia (Yuri Arcurs); S. 6: Sprinter beim Start, Fotolia (Stefan Schurr); S. 7 li: Sportwagen, Fotolia (apfelweile); S. 7 re: Pipette, Fotolia (kwanchaift); S. 8: Salzsäure, Fotolia (voluta); S. 10: Versuchsanordnung, Fotolia (JS); S. 12 li: Füße, Fotolia (sek_gt); S. 12 re: Wippe, Fotolia (Syda Productions); S. 13: Tropfsteinhöhle, Fotolia (Niko Endres); S. 14 li: Henri Le Chatelier, iStockphoto (denisk0); S. 14 re: Karl Ferdinand Braun, Wikimedia Commons; S. 16: Industrieanlage, Fotolia (saoirse2013); S. 19: Kohle, Fotolia (Coprid); S. 19: Förderturm Bochum, Fotolia (reeel); S. 21: Tropfsteinhöhle, Shutterstock (Im stocker); S. 22: T-Shirts auf Leine, Fotolia (momanuma); S. 24 li: Lagerfeuer, Fotolia (yuratosno); S. 24 re: Kondenswasser auf Bierglas, Fotolia (rcfotostock); S. 25: Eisberge, Shutterstock (ssguy); S. 26: Gasflammen, Fotolia (yo camon); S. 29: Geysir, Fotolia (Andrew Bayda); S. 30: Erlenmeyerkolben, Shutterstock (Olivier Le Queinec); S. 33: Germain Henri Hess, Wikimedia Commons (Литография П. А. Смирнова); S. 34: Hermann von Helmholtz, Shutterstock (Nicku); S. 35: Josiah Willard Gibbs, Shutterstock (catwalker); S. 36: Eiswürfel im Glas, Fotolia (fox17); S. 38 li: Erde mit Pflanze, Fotolia (amenic181); S. 38 re: Eier, Fotolia (Volodymyr Chaban); S. 39: düngender Traktor, Fotolia (photo 5000); S. 40: Eierschalen, Fotolia (Bert Folsom); S. 46: Ameisen, Fotolia (Andrey Armyagov); S. 54: Titration, Fotolia (tonaquatic); S. 56: Cola mit Eiswürfeln, Fotolia (kucherav); S. 58: Kolanüsse, Shutterstock (HandmadePictures); S. 61: Salzkristalle, Shutterstock (Kuttelvaserova Stuchelova); S. 62: Lakritzschnecken, Shutterstock (Francisco Javier Gil); S. 65: Eisenbahnpuffer, Fotolia (tommitt); S. 66: Federkern, Fotolia (animaflora); S. 68: Blutbahn, Shutterstock (adike); S. 70 li: verrostetes Auto, Shutterstock (Adkasai); S. 70 re: Blattadern, Shutterstock (komkrit Preechachanwate); S. 71: Wunderkerze, iStockphoto (pattilabelle); S. 73: Feuerwerk, Shutterstock (Botond Horvath); S. 74 o: Streichholz, iStockphoto (Sunnybeach); S.74 u: Flammen, Shutterstock (Lukas Gojda); S. 78: T-Shirts auf Leine, iStockphoto (Grafner); S. 79: verschmutztes T-Shirt, iStockphoto (Vichly44); S. 80: Seifenschaum, Shutterstock (aga7ta); S. 82: Schwarzwald, Fotolia (Funny Studio); S. 84: Wasservogel, Fotolia (isonphoto); S. 86: See mit Steg, Fotolia (Jenny Sturm); S. 89: Zitrone mit Lämpchen, Fotolia (Csati); S. 98: Michael Faraday, Shutterstock (Nicku); S. 99: Kupfertöpfe, Shutterstock (Karpenkov Denis); S. 110: Erlenmeyerkolben, Farbwolke, Fotolia (onWolkenegg); S. 113: Wasserkrone, Shutterstock (Olga Nikonova); S. 118: Aluminiumdosen, iStockphoto (w-ings); S. 120: verchromter Auspuff, Motorrad, Fotolia (yoma_1986); S. 121: Goldrahmen, Fotolia (Unclesam); S. 123: Silberbesteck, Fotolia (bidaya); S. 124: Goldbarren, Shutterstock (Pics-xl); S. 130: Batterien, Shutterstock (Flegere); S. 132: Hybridbus, Shutterstock (Bjoern Wylezich); S. 134: Auspuffgase, iStockphoto (Tramino); S. 136: Rapsfeld, Fotolia (mirkograul); S. 137 li: Gasflammen, Shutterstock (Dmitry Naumov); S. 137 re: Reflexion, Thinkstock (scyther5); S. 138: Bambuswald, Fotolia (Tran-Photography); S. 139: Wolke, Fotolia (detshana); S. 141: Wladimir Wassiljewitsch Markownikow, Fotolia (Juulijs); S. 142: Schneckenrennen, Fotolia (Sergey Lavrentev); S. 144: Tetraeder Bottrop, Thinkstock (seewhatmitchsee); S. 145: Kohlenstoff Molekülmodell, Shutterstock (Mark Lorch); S. 146: Dampflokomotive, Shutterstock (Steve Heap); S. 150: Motor, Shutterstock (supergenijalac); S. 152: Zapfsäulen, Fotolia (devnenski); S. 153: Oldtimerbus, Fotolia (goldpix); S. 156: Seifenschaum, Fotolia (Phils Photography); S. 158: Raps in Auspuff, Fotolia (Jürgen Fälchle); S. 159: Tankstutzen, Thinkstock (Tutye); S. 160: Benzin, Fotolia (Zffoto); S. 162: Bogenbrücke, iStockphoto (Chalabala); S. 163 li: Hände im Kreis, Fotolia (ARochau); S. 163 re: Benzolring, Shutterstock (Modella); S. 164: kreisförmiges Pflanzenteil, iStockphoto (debibishop); S. 166: Benzolring, Thinkstock (MichaelJay); S. 170: Wassertropfen im Wasser, iStockphoto (phive2015); S. 171: Schneckenhaus, iStockphoto (aga7ta); S. 173: Justus von Liebig, Shutterstock (Nicku); S. 177: Löwenzahn Nahaufnahme, iStockphoto (Jasmina); S. 178+179: Löwenzahn, iStockphoto (iSci); S. 182 li: Orangenschnitze, Thinkstock (anna1311); S. 182 re: Olivenöl, Shutterstock (DUSAN

ZIDAR); S. 183: Weizenfeld, Fotolia (denis_333); S. 185: Walnüsse, Fotolia (karepa); S. 184: Doradenschwarm, Fotolia (noxmox); S. 188: Gummibärchen, iStockphoto (deepblue4you); S. 189: Zuckerrübe, Fotolia (ExQuisine); S. 190: Zuckersirup, Thinkstock (Magone); S. 193: Briefmarke Walter Norman Haworth, Fotolia (laufer); S. 194: Bonbons, Fotolia (karandaev); S. 196: Zitrone, Shutterstock (Tim UR); S. 198 o li: Hagebutte, Shutterstock (jaroslava V); S. 198 o re: Getreide, Shutterstock (ifong); S. 198 u li: schwarze Johannisbeeren, Shutterstock (_LeS_); S. 198 u re: Sanddorn, Shutterstock (lavizzara); S. 198 u Mitte: Kiwis, Shutterstock (Peter Kotoff); S. 199: Brote, Shutterstock (symbiot); S. 200: aufgeschlagenes Buch, iStockphoto (northlightimages); S. 201: Zeitungen, Shutterstock (Mitrija); S. 205: Baumstämme, Shutterstock (Dmitry Kalinovsky); S. 208: Glycin, Shutterstock (molekuul_be); S. 210: Peptide, Thinkstock (Molekuul); S. 212: Lebensmittel reich an Proteinen, Shutterstock (Africa Studio); S. 214 o: Sojabohnen, Shutterstock (domnitsky); S. 214 u: Sojabohnenfeld, Shutterstock (Fotokostic); S. 216: Seide, iStockphoto (Günay Mutlu); S. 218: Kreislauf der Seidenraupe, Fotolia (full image); S. 220: Teig kneten, Shutterstock (Africa Studio); S. 221: Locken, Shutterstock (schankz); S. 226: Ananas, Shutterstock (Ozgur Coskun); S. 228 li: Leonor Michaelis, Wikimedia Commons (H. Noack); S. 228 re: Maud Leonora Menten, Wikimedia Commons (Smithsonian Institution); S. 230 li: Auto mit Delle, Shutterstock (PopTika); S. 230 re: Harfe, Shutterstock (Oleksiy Avtomonov); S. 231 li: Gitarrensaiten, Shutterstock (Be Good); S. 231 re: Kautschuk aus Kautschukbaum, Shutterstock (Noppharat4569); S. 233: Autounfall, Fotolia (Thaut Images); S. 235: Kautschuk aus Kautschukbaum, Shutterstock (jipatafoto89); S. 236: Kautschukbogen, Shutterstock (photofriday); S. 238: Kite-Boarding, Shutterstock (Elpis Ioannidis); S. 240: Kevlar, Polyamid, Shutterstock (TLaoPhotography); S. 242: Nylonnetz, Shutterstock (Nuk2013); S. 246: Kunststoffgranulat, Shutterstock (aeva); S. 247: PET-Flaschen, Shutterstock (Pressmaster); S. 249: PET-Flaschen fürs Recycling, Shutterstock (Warut Chinsai); S. 252: PVC-Fenster, Thinkstock (Csaba Toth); S. 254: PVC-Rohre, Shutterstock (enterphoto); S. 256: Polyesterschnur, Shutterstock (-V-); S. 258 li: Seifenschaum, Shutterstock (Phils Photography); S. 258 re: Putzmittelflaschen, Shutterstock (oleandra); S. 259: Waschmaschinen, Shutterstock (Pung); S. 260+261: Seifenblasen, Shutterstock (ILYA AKINSHIN); S. 262: Wischmop auf Eimer, Thinkstock (indigolotos); S. 266 li: Jeans-Stapel, Shutterstock (mongione); S. 266 re: Hände, mit Henna bemalt, Shutterstock (AnnaTamila); S. 267 li: Malerpalette, Shutterstock (Kuznetcov_Konstantin); S. 267 re: Augen-Make-up, Shutterstock (Dutko); S. 268: pH-Test, Shutterstock (Shawn Hempel); S. 270: Reagenzgläser, Shutterstock (Jag_cz); S. 272: Buntstifte, Shutterstock (Lisa S.); S. 276: Indigopflanze, iStockphoto (Mantonature); S. 277: Frauen mit Jeans, Luftsprung, Thinkstock (fotojog); S. 280: Wolle im Korb, Shutterstock (lenina11only); S. 283: Badezusatz, Shutterstock (hlphoto); S. 285: Wäsche auf der Leine, Shutterstock (Gaby Kooijman); S. 288 li: Tablettenpackungen, Shutterstock (Robert Kneschke); S. 288 re: Frau mit Kopfschmerzen, Thinkstock (cyano66); S. 289: Birkenwald, Thinkstock (USO); S. 290: Tabletten, Shutterstock (piotr_pabijan); S. 294 li: Geigerzähler, Shutterstock (Dennis van de Water); S. 294 re: Timmelsjoch, Ötztal, Shutterstock (LandscaperY); S. 295: Baumscheibe mit Jahresringen, Fotolia (gisik22); S. 298: Oberschenkelknochen, Shutterstock (sNike); S. 299: Massenspektrometer, Fotolia (Bernd Kröger); S. 301: Szintigramm, Fotolia (stylefoto24); S. 304: Heißluftballons, Shutterstock (topseller); S. 305 li: Eisengitter, Shutterstock (elxeneize); S. 305 re: Salz, Thinkstock (Julia_Sudnitskaya); S. 309: Motoröl, Shutterstock (Love the wind); S. 310: Dampf über Wasser, Shutterstock (patjo); S. 316: Carbongitter, Fotolia (123dartist).